U0303531

中央民族大学2018年度“建设世界一流大学（学科）和
特色发展引导专项资金”之民族学学科经费资助

| 日本现代人类学译丛 |　　麻国庆 周星 主编

学术世界体系与本土人类学

近现代日本经验

〔日〕桑山敬已 著
姜娜 麻国庆 译

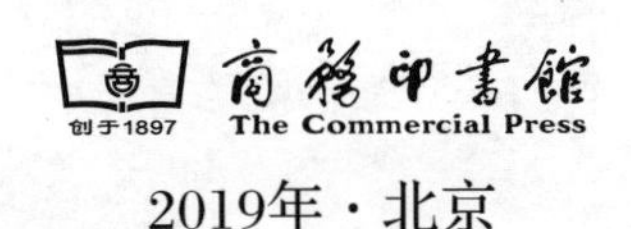

2019年·北京

桑山敬己

ネイティヴの人類学と民俗学 — 知の世界システムと日本

NEITIVU NO JINRUIGAKU TO MINZOKUGAKU:

CHI NO SEKAI SHISUTEMU TO NIHON

by KUWAYAMA Takami

Copyright ©2008 KUWAYAMA Takami

All rights reserved.

Originally published in Japan by KOBUNDO, LTD., Tokyo.

Chinese (in simplified character only) translation rights arranged with

KOBUNDO, LTD., Japan

through THE SAKAI AGENCY and BARDON-CHINESE MEDIA AGENCY.

根据日本弘文堂出版社 2008 年版译出

日本现代人类学译丛
总　序

对于中国和日本而言，人类学都是舶来品，只是因历史和社会文化背景不同，相较而言，日本人类学更加靠近以英美为主导的世界人类学知识体系。因此，中国人类学在大规模学习、借鉴西方人类学经验的同时，也受到日本人类学的深刻影响。

1884 年，以坪井正五郎为核心的日本人类学会的建立昭示着日本人类学的发端。彼时的日本人类学研究内容庞杂，其学科特点是以人种学为核心，形成自然科学、医学、考古学、民俗学、人种学与体质人类学的互动和统一，热衷于研究日本民族起源问题。这一时期的另一位代表人物鸟居龙藏更是引入西方人类学的实地调查方法，开始在东亚和太平洋岛屿展开田野调查。坪井去世后，日本人类学分化，日本人类学会成为专门的体质人类学研究部门，而民族学、人类学、史学相关学科的学者，如冈正雄、江上波夫、岩村忍等则于 1925 年成立了 APE 会（Anthropology Prehistory Ethnopology），创立学术期刊杂志《民族》，成为具有人文学科色彩的日本文化人类学前身。后因与民俗学者柳田国男在学术理念上的分歧，文化人类学与民俗学日益分离。前者更强调海外民族文化研究，后者则倾向于国内研究，但日本人类学身上的民俗学烙印依然深刻。

中日甲午战争之后，日本开始在海外扩展自己的势力，具有人文学科倾向的文化人类学越来越受到日本政府的重视。直至第二次世界大战结束，日本人类学的研究都与军方有着不可否认的密切关联，这使得日本人类学从建立起就被打上了帝国主义和殖民主义的烙印。但在理论和方法上，这一时期的人类学受到了欧美人类学，特别是欧洲大陆人类学的很大影响。其研究也进一步系统化、组织化，其标志就是 1932 年日本民族学会的建立以及人类学研究机构在大学的设立。当时，日本人类学在理论上受人类学结构功能主义的影响很深，将人类学视为一种应用科学。到了 20 世纪 30 年代中期，随着日本军国主义的扩张，日本人类学对殖民地的实证研究进一步得到深化，对中国台湾地区、中国大陆、朝鲜与南洋群岛的研究成为研究重点。因应战争需要，日本人类学还建立了很多相关的研究机构，如日本文部省民族研究所、(财团法人)民族学协会、“满铁”调查委员会、太平洋学会、学士院东亚民族调查室、东京大学东洋文化研究所、蒙古善邻协会西北研究所等。这些组织通过调查和研究，积累了很多田野调查资料，成为认识和了解海内外传统社会的重要材料。

第二次世界大战结束后，日本人类学进入过渡时期，这一阶段一直持续到 20 世纪 70 年代。过渡时期的日本人类学有如下几个特点：一是对军国主义时期的人类学做了反思，为了摆脱其殖民主义色彩的诟病，比起应用，研究更倾向于对纯粹学理的追求；二是对侵略战争时期的一些调查资料进行了整理、研究和出版，如《惯行调查》就是这一时期的重要成果；三是战争期间常用的"民族学"一词在大学的体制内开始改为"文化人类学"（如在东京大学）、"社会人类学"（如在原东京都立大学）或"人类学"（如在南山大学）这样的名称。欧美人类学的大学制度由此开始导入日本，欧美人类学的理论也进一步影响到日本学界。在这个时期，特别是20世纪60年代末期以后，由于日本经济的高速增长，日本企业在海外市场的拓展，各种海外研究经费大量增加，日本人类学者开始对世界各地开展调查和研究，这一状况一直延续至今。

综观日本人类学从发轫到20世纪70年代的百年发展历程，其研究成果主要有三类。第一类是在日本以外的地区进行实地调查，并以此为基础写就的研究成果。其研究区域涵盖东亚、印度、东南亚、非洲、波利尼西亚、拉丁美洲乃至北极等地区。第二类是仅限于日语语区的实地调查研究，主要是日本农村和冲绳岛以及北海道的阿伊努民族研究。可以说，日本农村社会为日本人类学提供了大量与民俗学、乡村社会学和乡村历史经济学等相关学科的共同研究课题。第三类是虽不一定做过实地田野调查，却通过比较的方法来收集资料并对比分析研究的成果。这些学者在引介西方学术成果方面起到了不可替代的作用。如冈正雄、石田英一郎、泉靖一等。日本高效译介西方经典的传统也在这一时期开始形成。

20世纪70年代以后，日本人类学的海外民族志调查逐步遍及全世界大部分国家和地区，人类学的分支学科也逐渐多样化，至1984年，日本人类学的研究领域就已包括宗教人类学、经济人类学、政治人类学、法律人类学、心理人类学、教育人类学、都市人类学、语言人类学、象征人类学、认知人类学、生态人类学、医疗人类学、影视人类学、艺术人类学、女性研究等二十多个领域。与早期研究相比，其学科更加成熟，与国际人类学的潮流更加接近，其海外社会研究也成为研究主流，只是与欧美人类学历来所进行的海外调查相似，都以各自原有的殖民地为调查中心，但性质已完全不同。

这一时期的日本人文社会科学已经深谙欧美理论生产机制，并开始运用这一机制生产自己的理论。因此，在相当长的一段时期里，日本学界一直在西方的话语体系中进行思考。近一二十年来，随着亚洲各国经济的快速发展及在国际社会上地位的提高，各国在经济、文化方面的频繁交流，以及全球化进程的进展，日本人类学者一方面进一步强调跨学科、跨地域研究以及与周边社会文化的比较研究，关注国际网络中的日本人类学应该如何展开与周边国家和地区的对话，开始重新思考亚洲知识共同体的文化价值，对原有研究进行反思，更加关注对本土社会的研究以及对移民与跨境问题的研究。另一方面，在年轻一代的学者身上出现了重视理论创建的倾向。日本人类学一直有着重田野轻理论的倾向，近年来在年轻的人类学者身上，则出现了强调与世界人类学公平对话，在充分运用西方人类学理论的基础上，运用自己扎实的田野调查资料，创建自己的理论来发展人类学研究的倾向。

人类学的研究目的何在？或许可以说，就在于推动民众提升有关文化多样性、文化交流、族群和睦、守护传统文化遗产、消除文化偏见的意识，促使民众理解世界上各种他者的文化与文明，或者更简单地说，就是翻译、解说和阐释他者文化以增进相互了解、消除隔膜与误会。日本人类学在应用研究方面一直有着缺乏规模和力度的诟病，但这并不影响其成为我们进一步展开研究的基础借鉴。人类学的研究成果应该是共享的，这样才能够加速世界各国各地区的相互认知与了解。而语言是学术沟通的重要桥梁，译介是沟通的方式之一，只有将更多优秀的日本人类学研究成果汉译，才能更快更有效地达到如上目的。

目前，中国学界有关日本文史哲研究的汉译作品虽较多，但人类学领域的译介却比较少，特别是对于日本人类学近年来理论和田野研究进展状况的介绍，其数量更是微乎其微。因此，本丛书的出版意在推动中国读者对于日本人类学的广泛认识与了解，更希望其能够对中日文化之交流起到积极的促进作用。

麻国庆

2019 年 8 月 15 日

目录

第二部分　文化人类学与民俗学

第三部分　表述日本

序

2004年，拙著《本土人类学：日本对西方学术霸权的挑战》（*Native Anthropology: The Japanese Challenge to Western Academic Hegemony*, Melbourne: Trans Pacific Press）出版，现在呈现在读者面前的就是该英文版的日译本，其主题与英文版一致，重点讨论本土或者说“自者”在“知识的世界体系”中所处的位置。不过，根据日本读者的特点，笔者在日译版中对若干处进行了内容上的更换，并增加了几处相关论述。

人类学源于西方[1]，其早期主要研究对象多为西方殖民统治下的“未开化民”。因此，研究者很少顾及被描述者的立场，经常按照自己的想法去解释在当地收集到的资料，然后形成论文、著作等出版。然而，随着后殖民主义时代的到来，“统治者 = 研究者”“被统治者 = 研究对象”的格局被打破，上述状况发生了很大变化。一直以来处于被观察、无声立场的本土文化所有者们，现在也开始阅读他者对自己的描述，尝试

[1] 本书将英语的 the west 译为“西方”。确切地说，在本书中大多数情况下是指西欧和美国，为了避免烦琐，而统一译为西方。将住在那里的人统称为西方人。

着用自己的话语去言说自身文化。通常来说，他们的言说是与权力复兴运动（更多的情况是民族主义运动）相关的，所以很容易与他者（特别是原宗主国的研究者）的描述产生冲突。个人认为，在当今时代背景下的人类学课题，并不是去确认、承认某种言说的话语权，而是为这些言说——描述者、被描述者、对研究对象的文化感兴趣的人的言说——设置一个对话平台（dialogic space）。

纵观全球，日本处于知识世界体系的边缘位置。长久以来，日本只是西方人的表述对象，而自己的声音（日本人对自身的表述）则很难传达到世界体系的中心地带。从这一角度来讲，日本人与人类学中的“本土”处于同一地位，有两件事情可以说明这一点。第一，荷兰莱顿国立民族学博物馆是全世界仅有的几座历史悠久、规模庞大的博物馆之一，它开馆于 1837 年，而这是西博尔德（Philipp Franz Balthasar von Siebold）在长崎购买日本收集品的一年，它意味着日本是欧洲民族学博物馆较早展示的一个“奇异的国度”。第二，日本的异文化研究地位在国际学术界较低。例如，日本于 1884 年创立了以体质人类学（主要研究人类身体特质及进化的人类学领域）为核心的日本人类学会，于 1934 年创立了以民族学为核心的民族学会。2004 年 4 月，日本民族学会更名为日本文化人类学会，该学会拥有 2000 余名研究者，无论在文化人类学还是社会人类学领域，其规模都是屈指可数的。然而，海外很少了解这一机构的学术活动，很多海外的日本研究者甚至不知道这一机构的存在。本书的目的就是从全球视野出发对这一现象进行分析，解明与人类学知识的生产、流通、消费相关的政治学构造。

之所以对这一问题产生兴趣，是因为发现尽管日本有数量庞大的人类学文献，但是事实上，海外研究者却很少利用它们（要指出的是，一些在日本受教育的研究者，特别是东亚研究者不在此列）。笔者是在美国接受的人类学教育，1982 年赴美，1993 年回国，在此期间，对日本的人类学贡献知之甚少。毋宁说，与很多美国人类学家一样，在心里对于非西方的学术带有偏见。这种知识上的偏见与人种歧视一样，很难立证，但通过学会上的对话以及学会结束后的晚宴上的对话可以看出，美国的学者对于土著（非西方）的知识持有很大的猜疑心，甚至是蔑视之念。西方人类学家去做田野，即使访谈对象说的话是不合情理的天方夜谭，他们也会很认真地倾听并努力理解。这些研究者为什么不去听一听本土知识人的言说呢？这种学术态度可谓奇妙又伪善。

笔者在美国居住了 11 年，已经取得长久居住权，在美期间，其实对于上述问题并没有很深的认识，回到日本后才开始认真思考。回国后马上注意到的一个问题是，国内其实有很多正在进行着重要研究的优秀人类学家。尽管如此，海外很少知道他们的业绩。例如，岩波书店在 1996 年至 1998 年出版了《岩波讲座 文化人类学》（全十三卷）系列。即使从国际上来讲，这也是非常有抱负的一种尝试，但在西方人类学界居然没有引起重视，基本无人对其进行评论。确实，日本的学问在亚洲邻国有着一定的影响力，重点大学的图书馆里都有日语文献。比如韩国首尔大学图书馆的人类学书库就有很多日语书籍，而且多是战后出版的新书。但是，从世界来看，日本的影响力仅限于一定的区域，而造成这一状况的原因不仅仅在于语言的问题（下文将对此进行详尽分析）。

回国后注意到的另外一个问题是，日本比欧美还要较早地翻译、介绍、消化吸收英语圈以外的欧洲主要研究成果。而在欧洲，没有英译的非英语类著作原本就有很多，译著在欧美出版物中所占份额也很小。或许，日本学者的独创性与创造力并不是很高，但是他们十分熟悉世界学问的总体动向。因为日本学者很清楚，为了提高国际竞争力，就必须熟读以西方为中心的外国文献，不断“升级”自己的知识储备。与此相对，大部分美国学者，包括日本研究的学者在内，即使完全不了解日本人的研究成果也不会被诟病，即使相关研究非常重要也是如此。这种学问上的“不平等”是如何产生的？我们又该如何说明这一情况呢？

本书的创作目的就是要解答上述问题。第一部分“学术世界体系”详述美国、英国、法国如何在世界的知识体系中得到特权优待，而其他地域的研究则被边缘化？之所以要讨论这一问题，是因为我们都明了，英、美、法三国以外的知识，即使其价值更大，也无法在世界学术体系中处于核心位置。第二部分“文化人类学与民俗学”则探讨柳田国男的学术理念在今日的可能性与局限性。柳田早在20世纪30年代就注意到知识不平等的问题，并创设了日本民俗学。这一部分要重点讨论的就是，原本十分“国际化”的柳田民俗学，为什么现在却成了狭隘的“一国主义”？另外，以日本民俗学家的田野调查为鉴，批判性地再思源于西方的文化人类学的活动也是该部分的目的之一。本书最后一部分“表述日本”，将视野转向以英语圈为核心的海外日本研究，以日本文化论的经典著作《菊与刀》（本尼迪克特著）以及其他美国的文化人类学教科书为素材，思考他者的文化表述问题。

一、本书的结构与写作过程

v

1993年，我从美国回到日本，并于两年后的1995年开始着手本土人类学研究草稿的写作。之后不断修改，在1997年以“‘当地’的人类学——内外日本研究为中心”为题发表论文，刊载于《民族学研究》（2004年刊名改为《文化人类学》）。其后不久，为了迎合外国读者的需要，我将论文的英文摘要登载在了名为EASIANTH（East Asian Anthropology）的邮件列表上。没想到，引起了世界各国学者的热烈反响，早就熟识的牛津大学的古德曼（Roger Goodman）建议我在JAWS（Japanese Anthropology workshop）（人类学日本研究学会的通讯）上刊载更为详细的文章摘要。这篇摘要的长度几近论文，同时还刊载了阅读了该文日文版的荷兰莱顿大学的扬·冯·布莱曼（Jan Van Bremen）的评论（Kuwayama 1997a, 1997b）。

紧接着，加拿大阿尔伯塔大学的阿斯奎斯（Pamala Asquith）女士加入我们的书面讨论，以日本灵长类学在西方受到的不公平待遇为例，探讨学问的政治性问题。为了进一步深化讨论，我们在1999年在大阪国立民族学博物馆召开的第十二次JAWS年会上组织分科会，并于2000年将其成果以“国际学问话语中的日本学问”为题，用英文刊载于立命馆亚洲太平洋大学纪要（特刊）上。在其基础上进行修改形成的即为本书第二章“本土人类学家——以日本研究为例”，这一章在全书中是重中之重。第三章“人类学的世界体系——世界人类学共同体中的日本与亚洲”可以说是第二章的续篇，通过回应扬·冯·布莱曼等人的批判来表明我的立场（Kuwayama 2004b）。后半部分聚焦于亚洲，讨论学问世界体系中周边国家的相互关系。第一章使用日本以外的新材料来重新提示第二、三章的观点。通过将日本经验置于国际背景，尝试明确现代世界环境下本土人类学的意义。虽然第一章是最后着笔的，但却最能够简洁地表明我的观点，本书中将其定位为“总论——本土人类学的范畴”，放于卷头。

第一章是英国皇家人类学学会刊发的《今日人类学》（*Anthropology Today*，2003.2）上刊载的论文“作为对话伙伴的本土人”（Natives as Dialogic Partners）的修改版本。我与该刊的主编福特曼（Gustaaf Houtman）于2001年在华盛顿特区召开的第一百届美国人类学会年会上相识相知。在这次年会上，有一个讨论人类学国际化问题的分会，我与同场的山下晋司积极发言讨论。可惜的是，美国的人类学家对于人类学的国际化似乎不是很感兴趣，会场上虽然有纳什女士（June Nash）和乔治·斯托金（George Stocking）这样的大人物，但是大部分人都表现得很悠闲。深埋在椅子里的主要是外国人士，其中就有2004年在巴西成立的世界人类学会理事会的核心人物里贝罗（Gustavo Ribeiro）。从这一点上似乎也可以看出处于世界人类学体系中心位置的美国对其他地域的学问毫不关心的态度。

作为第二部分首章的第四章“柳田国男的‘世界民俗学’再考”中讨论的是日本民俗学创始人柳田国男于20世纪30年代提出的“一国民俗学”和“世界民俗学”。筑摩书房在新构想的基础上，从1997年开始刊行《柳田国男全集》，其中第四卷收录了《青年与学问》（1928年初版），第八卷中收录了《民间传承论》（1934年初版）与《乡土生活研究法》（1935年初版），通过对比阅读，我发现现在的本土人类学家直面的大多数问题，其实在20世纪30年代就已经被柳田国男论及。通常而言，一国民俗学与世界民俗学似乎是处于二元对立的状态，但在我看来这纯粹是一个误解。之所以这样说，是因为柳田向世界各国阐明了民俗学是用来研究自我文化的学问，这就是一国民俗学的含义，而将各国的一国民俗学进行综合比较研究的平台就是世界民俗学。这一构想背后是柳田国男对于西方学术霸权的挑战战略。上文提到的世界人类学会理事会等可以说是柳田思想在21世纪的实现。

有关这一问题的首次探讨，是在1999年第五十届民俗学会年会上以民俗学者为听众进行的发言。之后在岩本通弥的推荐下，将与第四章同题的“柳田国男的‘世界民俗学’再考——文化人类学家的视角”刊发在《日本民俗学》上，当时由于篇幅限制，很多内容都不得不割爱，此次以此书的出版为契机，又将割爱的内容放入其中。在《日本民俗学》上发表的内容纯属门外汉的奇特想法，没想到却引起了学界的强烈反响。特别是藤井隆至先生在 2000 年召开的“柳田国男大会”上又给了我进一步阐释该理念的机会。其成果就是本书的第五章“日本民俗学的脱国民（脱土著）化”。2000 年 2 月参加在印度班加罗尔文化社会研究所召开的国际会议时，发表了有关柳田国男的内容，之后以此为蓝本进行修改，发表在《自然人类学》(*Nature Anthropology*) 之上。不过，以连柳田国男是谁都不知道的外国读者为对象撰写的英文文章，如果只是把它日译的话是没有意义的，所以本书是把发表在《日本民俗学》上的文章进行修改后刊发出来的[1]。

viii

这里要强调的一点是，用日语对日本人讲述日本，与用外语对外国人讲述日本，两者意义完全不同。特别是柳田的思想是十分独特的，想要把它用外语阐释出来，需要非常熟练的翻译技巧。两者各有难点，也不是说用外语阐释的内容水平就

[1] 进一步阐释英文版理念的是 Native Discourse in the “Academic World System”: Kunio Yanagita’s Global Folkloristics Reconsidered(2005)。另外，还有《日本民俗学》中刊载的“柳田国男的‘世界民俗学’再考”，不仅被翻译成汉语，还将收入王晓葵、何彬主编的《日本民俗学译丛》(学苑出版社)之中（第三部）(已出版。——译者)。

低，更何况发言的背景不同，听众的理解和接受程度也不同，在两者之间的差异上发现积极的意义，这才是全球化背景下做学问应有的态度。

接下来的第六章“人类学田野调查再考——以民俗学为鉴”是以收录在岩本隆至科学研究经费项目“文化政策、传统文化产业与民俗主义：民俗文化活用与地域振兴问题”（2001—2003 年度）上的文章为基础，进行修改后收录进来的。我第一次接触民俗学田野调查是在认识民俗学泰斗竹田旦之后，1995 年参加他指导的学生的实习活动，调查了伊豆七岛之一的三宅岛。之后又调查了大岛、新岛、神津岛等，1998 年又与他一起参加了韩国的木甫渔村调查。在与竹田同食共寝期间，无论是学问上还是做人上，我都获益匪浅。同时还发现了民俗调查与人类学田野调查的诸多不同之处。这种不同，也可见于比竹田晚一辈的岩本的田野手法之上。

或许，两者之间的最大差异在于是单独调查还是团队调查。虽然有代际差异，但是通常来说，民俗学调查时学者们一起行动、一起讨论，而与此相对照，马林诺夫斯基以后的近代人类学基本上都是人类学家单独前往他者群体，从中发现问题。另外，日本民俗学基本上是以日本人为对象的国内调查，人类学则主要是以异族为对象的国外调查。因此，两个领域对于语言的认知完全不同。最初，我对于民俗学的田野调查法有着明显的违和感，随着与他们一起深入调查次数的增多，得以通过他们的视野来重新审视人类学田野调查法，可以说第六章是对田野调查进行的田野调查的结果。

第三部分的第七章“民族志的逆向解读——作为美国人论的《菊与刀》”中，题目中引入了“民族志的逆向解读”这一新概念。这一概念是指，“有关某一异文化的民族志阐释可以理解为以异文化为鉴来了解自文化”。一般而言，人类学家的民族志是就异文化而言的，我在美国进行日本研究期间，越来越意识到，美国人的日本文化论与其说写的是日本，不如说是以日本为鉴来阐释美国。例如，美国人评价日本人是“集体主义”，这是因为信奉个人主义的美国人遇见了日本人这种异质的他者时对自己进行了反向阐释。一般而言，在与异文化接触时，会不自觉地将其与自文化进行比较，自从 1986 年《写文化》问世以来，他者形象的建构与自我形象是表里如一的关系这一意识逐渐定形。既然如此，被美国人描述的日本人应该做的就不是一个个去验证他们说的是否正确，而是抽象出他们的他者形象（日本人形象）中的自我形象（美国人形象），展示给美国人看，促使他们自省。或许只有通过这样做，描述者与被描述者才能够成为平等的学术伙伴。这才是民族志的逆向解读或者说“反向民族志”的真谛所在。第七章即以美国人做的日本人论经典民族志《菊与刀》为例来探讨此问题[1]。

[1] 我还在美国的时候就对逆向民族志产生了兴趣。1992 年，当时在东京召开了有关美国人做的日本的“家”研究的会议。但是，其对于本土人类学的意义直到八年后才显现出来。2000 年秋天，我得以在东京都立大学（现首都大学东京）就民族志的逆向解读进行演讲，在此感谢该校社会人类学方向的研究生们。

在接下来的第八章“美国教科书中的日本——照片与文本”中，分析了美国文化人类学教科书是如何表象日本的。20世纪80年代以后，文化的表象成为人类学的核心课题，但绝大多数的研究素材还是来源于民族志。但是，我在任教位于弗吉尼亚州州府里士满市的弗吉尼亚联邦大学的四年期间，每个学期都会教授“文化人类学入门”的课程，发现低年级所使用的教材比专家所用的民族志更为将表象相关问题直白地表现出来。特别是，美国的教科书较多使用照片、插图，所以我们既要讨论文字表达的表象，也要分析图像所展示的内容。现在，人们都在积极探讨民族学博物馆中的展示方法等。同理，分析这些教科书也是很重要的。

第八章本是作为设立于英国牛津布鲁克斯大学的欧洲日本研究中心的第一期论集中的一部分而刊发的（Kuwayama 2003b）。为了收录于本书之中，进行了大幅修改，无论从形式上还是内容上都与论集有很大的不同。无论如何，都要感谢该中心的所长，也就是于1998年春天将我以讲师的身份邀请至中心的亨得利女士（Joy Hendy）。在牛津我只待了不到三个月，但这是一个绝佳的感受美国与英国学术文化之不同的机会[1]。

[1] 有关美国与英国的学术文化差异，请参考拙作“获益美国人类学”（2006b）。

二、与海外的学术交流

xi

有的海外民族学者将我定义为民族主义者。确实，作为日本人在海外（主要是英语圈）批判日本研究，自然会产生这样的印象。但是，从人类学角度而言，我受教于美国，当时还打算在美国长期定居，并为此而积累了大量履历经验，与很多长于日本的人类学家是不同的，因此，在日本找工作时经历了很多困难，即使是回国已经十五年的今天，身上还是有美国的影子。事实上，回顾上文讲述的该书写作过程，有关本土人类学的考察，我更多的是与海外同人探讨得出的结论。特别是第二章的基础，也就是《民族学研究》上刊载的拙论"'现场'的人类学家"，扬·冯·布莱曼不但承认这篇文章的价值，还将无名的我介绍到海外。如果没有他，我应该也不会就这一问题写下整整一本英文书。遗憾的是，他在 2005 年 6 月突然离世，能够遇见以他为首的充满人情味的海外人类学家，对我而言真是莫大的幸福。

与英文版一样，这本书里有很多处于世界学术体系核心的西方人类学家不爱听的评论，但是这是为了促进人类学家与本土的对话，是为了人类学的未来发展，而不是为了批评而批评。同时，对于日本的研究者而言，如果能够促使他们将自身定义为本土，从被调查和被描述的立场出发来思考人类学学问的话，对我而言，也是一件幸事。

1

第一部分

学术世界体系

第一章　总论——本土人类学的范畴

一、本土人类学

3

本土人类学（native anthropology）是当今亚洲太平洋地区人类学家的主要议题。在此，我们且将本土人类学理解为“本土人尝试着用自己的观点、自己的语言阐释自己的民族、自己的文化”的学问。本土人类学从两个角度来讲是对现有人类学实践的挑战。第一，抗议把本土人仅当作表述对象，不承认他们是具有民族志书写能力的能动者。例如，我们在记录生命史以及制作影像民族志时，本土人实际上发挥了重要作用，但是最终的权威却是外部研究者，本土人最多被当作协助者。除个别例子外，他们基本上是无法成为研究成果合著人的[1]。

4

---

[1] 有关这一点，请参照阿富汗人类学家夏赫拉尼（Nazif Shahrani）1994 年的论文。夏赫拉尼在广受好评的《阿富汗的吉尔吉斯族》（*The Kirghiz of Afghonistan*, 1975）的民族志电影中担任顾问。但是，据说他却被排斥在编辑阶段的工作之外。夏赫拉尼说：“如果说我对什么有所不满，那就是顾问合同里明明写着我应该参加从现场录制到编辑的全部工作。可是，事实上，我做的工作只是廉价的当地导游、中间的斡旋人、访谈人、翻译。甚至于还成为了作为摄影工作人员的民族志学者（西方人类学家、影像制作者）的访谈对象。”（Shahrani 1994: 47）

第二，世界各国的学界都在为打破西方中心主义、西方学术霸权而努力，本土人类学就是其中重要的一环。在后殖民主义世界，本土人类学的出现标志着“支配者 = 观察者 = 描述者 = 了解者”与“被支配者 = 被观察者 = 被描述者 = 被了解者”的界限逐渐模糊[1]。

二、缘何本土人类学

本土人类学并非新生事物。1978 年，美国维纳格林人类学基金会在澳大利亚主办了“非西方国家的土著人类学”国际研讨会，其后不久荣获日本文化勋章的中根千枝也参加了此次会议（Fahim 1982)。当时，第三世界的学者比较关注的是，“土著的社会科学”这一命题的可能性。亚非地区的新兴国家在国家建设过程中面临很多用西方的知识框架无法解决的问题，西方理论与第三世界的现实之间存在很大鸿沟。这一鸿沟对于西方思考模式在非西方世界的可行性提出了质疑（Alatas

[1] 格尔茨在《追寻事实》（*After the Fact*, 1995）中提及，他于 20 世纪 50 年代去独立后的印度尼西亚做调查，当时在与当地的学者进行合作时遇到了很多困难（Geertz 1995: 99–109）。同时他还写道，“现在，民族志学者并不只是西方人，当地一般都有很多人类学家，他们当中还有很多活跃在印度尼西亚、摩洛哥等国际舞台上。而且，即使是在西方，人类学也不是美国人、欧洲人的独占物，非洲、拉丁美洲、本土美洲人中也有很多人类学家。相关领域敏锐地评判人类学家的，是来自人类学内部同样的，甚至更为严厉的批判。”（Geertz 1995: 132）

2001)。可以说，人们一直在不断地寻找着替代性知识或者替代性表述方式。

但是，现在本土人类学之所以受到关注主要有两个原因。

其一，民族志中描述者与被描述者的关系正在发生变化。到目前为止，未开化人 / 本土人只是表述对象，然而随着识字率的提高，他们能够阅读描述他们文化的文字了。美国人类学家奥斯卡·刘易斯（Oscar Lewis）的作品《桑切斯家的孩子们》（1961）受到了电影中描写的贫穷墨西哥人的批判（Brettell 1993: 11–12），当对外部的表述怀有不满时，今日的本土人至少拥有抗议的能力。他们的抗议与国际问题“原住民的权利”密切相关，因此，西方人类学家也不得不认真倾听他们的声音。并且，人类学在旧殖民地普及后，本土知识人就具备了用自己民族的视野来进行自我表述的能力。他们的解释与外部人类学家的解释经常会发生冲突。

5

其二，调查者与被调查者之间存在着权力不平等的现象，而这种认知已经在世界范围内得以普及。揭示出知识与权力的关系的福柯（Michel Foucault）、著有《东方学》（1978）的萨义德（Edward Said）在这一观念的形成过程中发挥了重要作用。事实上，20 世纪 80 年代以后，人类学家就不得不在其研究中反映出本土人的声音来。即使尚未达到西方学术水平，我们也不能轻易地将他们的言说定位为“杂音”。

三、有关本土人

英语中的 native 来自于拉丁语中的 nativus，意为生来的、出生。因此，从语源论角度来说，任何一个人都是某一特定场所的本土人，然而殖民地时期的人类学家把非西方的本土人视作“土人”，所以该词含有蔑视的味道。这一潮流背后是 19 世纪后半期开始风靡了一个世纪的社会进化论。代表性人物摩尔根（Lewis Morgan）的主要著作《古代社会》（1877）把人类社会的“进步”划分为“野蛮”“未开化”“文明”三个阶段，把西方置于文明的顶点，视原住民为野蛮人[1]。可以说，“本土人”的概念中包含着“统治者 = 文明人”“被统治者 = 未开化人”的不平等关系。通常，西方的人类学家将自文化研究称为“内部研究”，对非西方的自文化研究则冠以“本土的”或者“土著的”的称呼，这些词汇都是这种不平等关系的反映。

“本土”与“土著”的关系复杂，我们很难对两者之间的差异进行明确的界定。概括而言，第三世界的学者倾向于使用后者，这是因为“土著”这一词汇里面的（本土所带有的）殖民主义意味相对单薄一些。不会有多少人主动地去使用那些容易让他们忆起不光彩的过去的词汇。虽然也可以将“土著”一词替换为“地方”，但是“地方”只是一个表示位置的中性词，

---

[1] 摩尔根同时也是一位律师，他为了维护易洛魁人的利益而四处奔走，因而成为部落荣誉成员之一。但是，摩尔根自身在《古代社会》中也将易洛魁人定位为“未开化”的。

容易遮蔽上面提到的权力差异。因此，鉴于以下三点，本书决定使用“本土”一词。第一，“本土”一词可以促使我们注意人类学的“殖民主义路径”。第二，促使人们意识到，曾经的旧殖民地的臣民已经在逐步“侵入”旧宗主国的学术空间。第三，上述的“侵入”意味着人类学的学术结构正在发生着根本性变化。

那么，所谓的“本土”到底是在言说谁的事情？从词汇本身的含义来讲，是指作为研究对象的集团或者社区成员，但是，人类学是通过“未开化社会”的研究发展起来的，通常称呼远离西方中心的边境地带的人们为“本土人”。而本书中的“本土人”概念更为宏观，指代人类学的所有研究对象。并且，本土人所在的国家、地区的“文明程度”与此无关。因此，即使日本曾经是有着殖民主义过去的所谓的“文明国家”，只要日本人还是西方人类学家的研究对象，我们也是“本土人”。

比起“本土人”的定义更为复杂的是“本土人人类学家”。7 它本来是指生来属于研究对象所在社区的人类学家，但是，在西方人类学家传统上调查的小规模社会就没有接受过正规训练的研究者。这些研究者往往住在远离直接的调查对象的地方，在都市的教育机构工作。他们如果是本土人人类学家，也不得不说是双重意义上的研究者。不过，他们是更为宏观的社会成员之一，与研究对象有着部分共同的利害关系。事实上，本土人与非本土人的人类学家的区别就在于，后者与研究对象在空间和心理上都存在一定距离，通常会在学问方面发出有魅力但缺乏道德、政治考量的声音[1]。

最后要提及的是，本土人是一个关系性概念。就像“内”与“外”的关系会随着语境不同而发生变化一样，本土人所代表的人群范围也并不固化，反而会根据研究者所置状况而发生变动。例如，调查日本农村的来自都市的日本人类学家，对于调查地的人来说是外来者，并非本土人，但与海外的日本研究者相对而言，因为都是日本社会的一员，也可以被视为本土人。由此，本土人也是一个变动的范畴，与社会背景相关。

四、作为认识论的本土人类学

阅读有关本土人类学的主要论集（Fahim 1982; Messerschmidt 1981）会发现，相当一部分的讨论是围绕本土人/内部人所做的调查展开的。例如，本土人类学家基本上不存在语言障碍问题，可以很快建立起与访谈对象的关系，但是这很容易导致难以保持研究的客观性。另外，第三世界的学者认为，本土人的人类学家总是被误认为是政府部门的探子，这也是调查障碍之

8

[1] 学术上的正确并不代表道德或者政治上的正确性。即使某事为客观的事实，如果将其公开会给被调查者带来利益上的损害。通常，研究者都会有所顾虑。但是，像人类学这样调查异文化，用被调查者不懂的语言来书写调查结果，以不让被调查者接触到这些文字为前提的话，研究者确实会在道德政治角度方面欠缺考虑。

一。众人皆认为，本土人 / 内部人士做调查，有利有弊。

这种论调领先于今日的“家乡人类学”[1]，其重要性不言而喻。但是，这主要是田野调查法相关的问题，如果仅将讨论局限于此，本土人类学的含义就会被狭隘化。曾经的“土人”学者——曾经备受歧视的他者“侵入”自己专业领域含义下的“专业他者”——摆在我们面前的问题是，他们深藏改变人类学知识结构的可能性。因此，我们不仅应该将本土人类学视为方法论上的问题，还应该将其视为有关学问认知、学问应有状态的问题。

五、民族志的三角结构

为了明确本土人在人类学中所处的位置，我们需要对博物馆研究方面的知识有所了解。20 世纪 80 年代盛行的文化的表象论到了 20 世纪 90 年代发展成为民族学博物馆中文化的展示论。“展示者”“被展示者”“观看展示者”的三角结构日益重要，民族学博物馆不再是过去我们认为的主要网罗异文化物品的“寺院”[2]，而是展示者与被展示者、展示者与观看展示者、被展示者与观看展示者，这三组关系进行对话的平台（吉田 1999）。

---

[1] 本书日语原文写作“自文化的人类学”。——译者

[2] 日本的寺院是收集和保存珍品文物的主要场所和媒介，故而有此一说。——译者

9 这种观点也适用于民族志。在笔者看来，民族志中的“书写者”“被描述者”“读者”就是“民族志的三角结构”。这个观点虽然只是一个简单的事实，却很少有人指出来。

首先，是民族志三角结构中的第一项“书写者”。通常，这些人是在异文化进行田野调查、以民族志的形式“撰写”调查结果的人类学家。格尔茨（Clifford Geertz）将人类学家的工作称为“家中制造”（Geertz 1988: 145），是因为这一工作多是从“田野 = 异文化现场”回来后，在“家乡 = 家里[1]的书斋”进行的。其次，是民族志三角结构中的第二项“被描述者”。他们是民族志中的描述对象，是本土人。上文提及，本土人人类学家虽不是直接的研究对象，但是也是包含这些调查对象在内的宏观社会的成员之一。最后，是民族志三角结构第三项“读者”。不可思议的是，有关这一点的研究非常少。笔者把民族志的读者分为四类。第一，与著者属于同一语言文化群体的读者，基本上大多数民族志的假定读者都是这群人。所以，美国人的异文化研究就是以美国人阅读为前提用英语写作的，对于美国人有意义，是对美国人而言的异文化（例如日本）描述。第二，是被调查和被描述的本土人。如上文所述，他们曾经只是被表述的对象，现在具备了直接阅读或者通过译

[1] 作者的日语表述为“自文化”。——译者

著来了解知识的能力[1]。第三，是本土人的人类学家。他们时而也会与海外人类学家合作进行田野调查，同时也是“市场竞争对手”。就像很多日本学者对于本尼迪克特（Benedict）的《菊与刀》（1946）有褒有贬一样，对于西方民族志报以最为辛辣批判的正是这些人。第四，是既非描述者也非被描述者的人。第三方国家的人类学家（比如在美国进行日本研究的韩国人）在此范畴。

10

意识到这一三角结构，我们就会发现，现在的后现代民族志批判忽视了两个问题。第一，如克利福德（James Clifford）与马尔库斯（George Marcus）编辑的后现代人类学“经典”——《写文化》的标题所展示的，他们的焦点在于“书写”与“阅读”，而对被描述者的考量，也就是对于“被书写的文化”的考察不足。民族志的三角结构中的第二项（被描述者）可以说基本被忽视了。第二，后现代主义假定的读者基本上限定于上文提及的第一个范畴（与著者属于同一语言文化群体的读者）。这明显地体现在，书中很难发现有关为了与被描述者进行“对话”，是否需要用当地的语言撰写民族志的讨论。另外，书中也鲜提及有关与非英语圈的人类学家进行交流互动的问题。

[1] 如果加以适当的训练，本土人也可以书写自己的历史、文化，并为专业人类学家提供有益的观点。在日本，20世纪30年代，柳田国男在日本建立了非专业研究者的全国网络，让他们进行家乡调查。被称作“乡土研究”的这一传统传承至今，在地域史的编撰中发挥了重要的作用。

在后现代人类学的另外一个经典《作为文化批评的人类学》（1986）中，作者马尔库斯与费彻尔（Michael Fischer）提倡适于传达异文化体验的“实验民族志”。他们认为，叙述性的新民族志类型更能引起读者对于异文化的想象。笔者对于这一点并没有特别大的异议，问题是，“实验民族志”中使用的语言及表述方式中有很多文化负载（与著者文化紧密相关），背景完全不同的外国读者很难一下子明白其含义。马尔库斯与费彻尔提倡的各种实验性类型在同一共同体内或许是有效的，想要与其他地区的读者进行“对话”则未必是最好的办法。

11

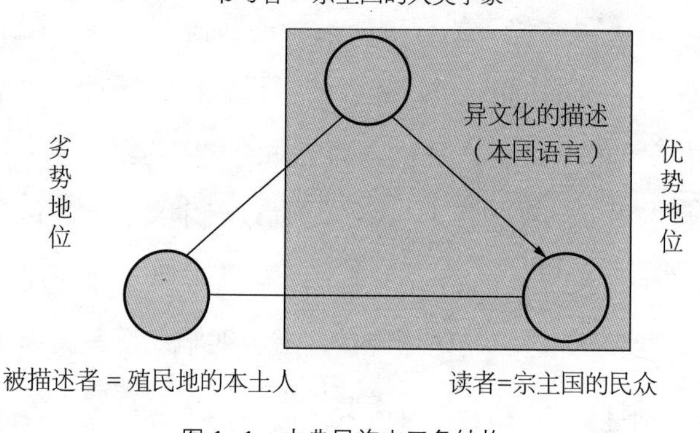

图 1–1　古典民族志三角结构

书写者（= 宗主国的人类学家）与读者（= 宗主国的民众）属于同一共同体，相较于被描述者（= 殖民地的本土人）占有优势。书写者用自己的语言向自己所属共同体的成员描述被描述者的文化。这种自画自说自我完结的阐述方式将被描述者排除于对话对象之外。

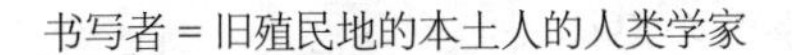

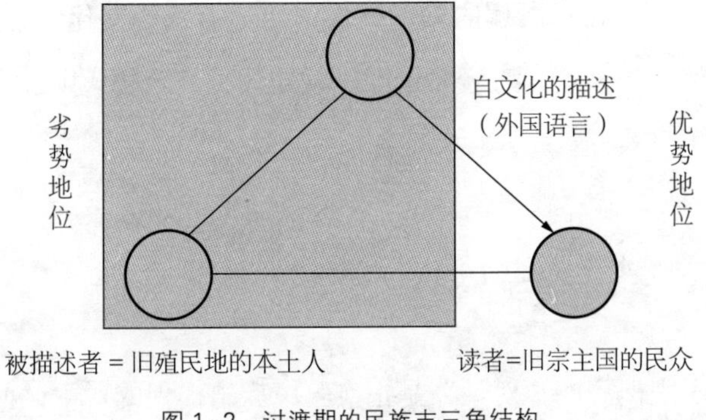

图 1–2　过渡期的民族志三角结构

随着脱殖民地化进程的进行，旧殖民地的本土人人类学家加入书写者的行列。在旧殖民地的教育普及有待完善的阶段，因自己国家的读者层和书籍市场有限，作为书写者的本土人主要以旧宗主国的读者为对象，用旧宗主国的语言来讲述自己的文化。

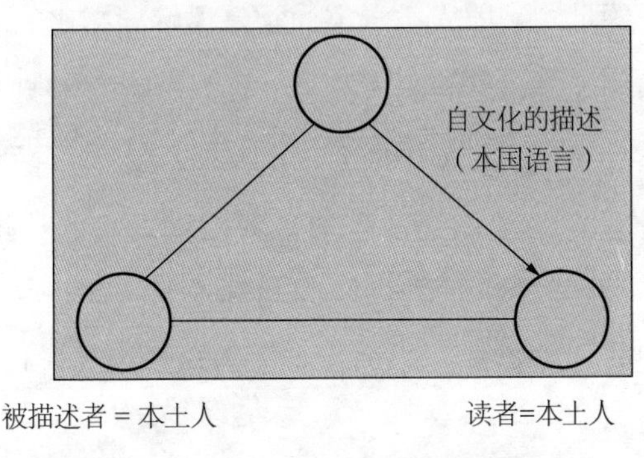

图 1–3　完全本土型的民族志三角结构

旧殖民地的知识共同体发展成熟，本土人的人类学家用自己的语言向自己所属的共同体成员讲述自己的文化。书写者、被描述者与读者，三者属于同一共同体，其余的人则被排除在外，不受欢迎。

六、本土人的不满

12

刚刚提到的“对话”是指实验民族志提倡的对话，而不是田野调查中人类学家与访谈对象之间的对话。实验民族志关注的是如何以与访谈对象的对话为基础来撰写民族志文本，究其根本就是“书写”。与此相对照，笔者提倡的对话是在民族志撰写完成之后出现的，理想中应该是描述者、被描述者和所有对研究对象的文化感兴趣的人都可以发声的平台。

人类学的公共使命在于促进对于异文化的理解，有关这一点相信大家都没有异议。然而，极具讽刺意味的是，我们经常听到这样的批判，即人类学家通常是误解异文化的罪魁祸首。最典型的例子是，给美国人类学以极大影响的米德（Margaret Mead）的《萨摩亚人的成年》（1928）受到了萨摩亚人的严厉批评。有关其详细内容请参考山本真鸟的论述（山本，1994）。在我看来，批判的原因与其说是人类学家对于事实的错误判断或者误解，不如说是因为将本土人排斥到了文化研究之外。

明明是有关自己文化的民族志，却没有充分反映自己的声音，本土人的这种不满起因于民族志结构。因为人类学家假定的“对话的他者”是与他们同属于一个语言文化圈的读者，大多数为同僚。正如乔纳斯·费边（Johannes Fabian）在《时间与他者》(1983）中提到的那样，作为研究对象的本土人是“被预设为”确实存在的，但是没有人“搭讪”的（Fabian: 1983: 85)。换句话说，本土人只是一个被思考的对象，被排除到了民族志对话范围之外。

13

包括批判米德的萨摩亚人在内，人类学家研究的大多数民族都对有关本文化的他者书写表示不满。其最大的理由在于，在田野调查中，本土人被淋漓尽致地利用为情报源，调查结束后，民族志完成，人类学家就不再搭理这些人了。正如北美的美洲原住民人类学家麦迪森（Beatrice Medicine）指出的那样，有些时候访谈对象完全不知道完成品（著作或者论文）的存在。他说，几代美洲原住民的不满可以用这样几句话来表达，“你们这些白人写的有关我们的民族志，我们从来都没看到过”“你们是把我们当作工具来赚钱吗”。这种情况直到现在还没有改变。(中略）美洲原住民追求的是至少把调查结果给他们看一看。这是我们最大的不满（Medicine 2001: 330)。

如此看来我们就会明白，一部分学者认为本土人的不满仅仅在于外来研究者对于他们文化的误读，这一观点是偏颇的。外部人写的东西里虽有新鲜的见解，但本来他们写的东西里面就有对于事实的误判或误解。这并不重要，重要的是民族志一旦成为印刷品就很难修改，与被描述者的对话之门从此关闭，他们无论说什么都无人在意。这就是我们所说的民族志的结构性问题。

七、本土人的抗议

14 林内金（Jocelyn Linnekin）与特拉斯克（Haunani-Kay Trask）有关夏威夷原住民运动的讨论很好地向我们展示了这一问题[1]。美国人类学家林内金在论述“传统的创造”的论文中（Linnekin 1983）关注都市夏威夷原住民重新审视自我历史的事实，视其为新的文化再生运动之一环。据她所言，现在的原住民十分称赞的传统其实是随意选择的，而不是祖先代代传承下来的，是符合现在的政治目的的“创造”或者说“捏造”出来的传统。作为例证，林内金指出意味着“深爱土地”的词汇 aloha aina 不过是夏威夷人想要夺回卡胡拉威（Kahoolawe）岛而随意弄出来的一个口号（普遍认为他们的祖先长眠于该岛）。

建立在今日所谓“结构主义”基础上的林内金的主张从理论上来讲是有趣且带有启示性的。但是，把原住民视为祖先的夏威夷人认为，他们的圣域确实因美国海军训练而被破坏，因

[1] 特拉斯克是出生于夏威夷的本土人，但是长在美国本土。博士学位（政治学）也是在威斯康星大学麦迪逊分校获得的。

此，夏威夷人对林内金进行了激烈的抨击。特别是《本土女儿的声音》（*From a Native Daughter*, 1999. 日译本『大地にしがみつけ』）的作者、夏威夷大学教授特拉斯克强烈反驳，论述 aloha aina 就是夏威夷人的“真正的”传统。她猛烈抨击到，这个词汇之所以会带上政治意味，是因为在土地利用上夏威夷人与白人之间产生了竞争关系，“夏威夷人的文化动机表明，传统价值观直到今天仍然牢固地持续着。而林内金居然说这是现代的‘捏造’”（Trask 1999: 128）。特拉斯克认为，在本土人类学的文脉下，问题的关键在于外来者的表述凌驾于本土人自身的表述之上了。

在殖民世界，人类学家、西方“专家”的著作是用来歧视和欺诈本土人的。因此，林内金就夏威夷人所写下的论述比起夏威夷人自己写的东西更具潜在的巨大力量。其证据就是，美国海军充分利用了林内金“卡胡拉威岛的神圣意味是原住民运动创造出来的结果”的主张（Trask 1999: 129）。 15

特拉斯克还主张，白人说的话没有什么明确的证据却被当作“事实”，而本土人的主张却要经过严格的证据审查，这种双重标准的背后其实就是人种歧视。且不说事实到底为何，围绕着夏威夷原住民而产生的这一情况就足以表明，人类学不仅威胁到了本土人的权力，也有可能会被包括军方在内的外部力量所利用，借以将他们对本土人的抑制正当化。

本土人的强烈抗议在美国的非洲中心主义倡导者、天普大学教授阿赞提（Mofefi Kete Asante）的著作中也有体现。他认 16

图 1–4 H–K. 特拉斯克的《本土女儿的声音》
资料来源：夏威夷大学出版社 1999 年版。

定西方的非洲研究专家参与了“白人支配的西方阴谋”，“在西方，到目前为止非洲人都被排斥在有关自己的国家及民族的资料的正统解释之外”（Asante 1999: 29）。现在，非洲人的非洲研究出现，“西方人为了追求自身利益，不与非洲人讨论就对非洲世界进行解释，这种事情无论是在美国还是欧洲都行不通了”（Asante 1999: 29）。阿赞提的非洲中心主义有可能会煽动起狭隘的民族主义，但是他的不满与特拉斯克是一致的。

八、人类学的世界体系

我们有必要区分本土知识分子的言说与一般人的话语，也应该注意本土共同体内部的多样性。但是，无法否认的是，本土人的声音很难传达到同他们相关的知识生产平台（西方）的中心。即使传达到了，也带有“偏颇”的烙印，更多的情况下被当作“杂音”而被忽视。在笔者看来，这种情况的发生绝对不是因为本土人的观点不够精练，而是因为学术世界体系中的力量不均衡。

所有的学问都会形成世界体系，正如分析资本主义历史发展过程的伊曼纽尔·沃勒斯坦（ Innanuel Wallerstein ）所指出的那样，这种体系成立于“中心”与“边缘”的两个区域或者国家群之中（ Wallerstein 1979 ）。为了使论述简洁化，我们在这里并不提及介于两者中间位置的“半边缘”[1]，不过我们都清楚，可以说在人类学领域，美国、英国和法国占据着中心位置。英、法、美内部虽然也存在着多种差异，但是从集团角度来看，这些国家的力量强大，其他国家，包括欧洲小国在内都处于边缘地带。瑞典的托马斯（ Tomas Gerholm ）恰如其分地指出，中心与边缘的关系就像本土与离岛之间的关系一样（ Gerholm 1995 ）。本土人即使对离岛的事情毫不关心也可

17

[1] 有关学术世界体系中的中心与周边的二分法，可以参考范·布雷曼（ Van Bremen 1997 ）的评判。有关他的观点的讨论，请参考第三章。

以生活得很好，而离岛的人却无法忽略本土。同样，中心的学者即使不关心边缘的事，他们的职业生涯也没什么损失，而边缘的学者如果忽视中心的研究，就会被认为“无知”“落后”。这种不平等的关系表明，位于学术世界体系中心位置的国家拥有决定学术话语的支配模式的力量。反过来说，边缘的学者为了获得国际上的承认，就不得不使用中心的理论和方法论并服从其支配性话语。即使是批判，也要对这些话语有所了解。在这种情况下，边缘的学者很难与中心的学者进行平等对话。

说得极端一点，人类学的世界体系是有关异民族、异文化知识的生产、流通和消费的政治学。中心国家的领导性学者具有决定什么知识具有权威性、什么值得注意的权力，核心期刊的审核制度强化了这一结构（详情请参考第二章）。因此，边缘生产的知识无论多么有价值，只要与中心的标准和期待不符，就很难见天日。这就是本土人的言说在世界上并不通用的背景。另外要提及的是，美国的少数民族学者经常感慨自己所处的边缘位置，但是他们其实仍处于学术世界体系的中心位置，即使是在中心中的边缘，他们在国际上的地位也是高于非西方世界的本土人的[1]。

---

[1] 例如，世界各国的人类学家都会蜂拥参加美国人类学会的年会，而参加日本文化人类学会年会的，除了极个别以外，基本都是日本人（以及在日本教书的一些亚洲外国人）。日本文化人类学会的会员数为2000人左右，从规模上来讲是世界第二大人类学学会组织，而其国际影响力则很微弱。

九、中心与边缘的学者的冲突

18

为了明确如上各点，我们以日本为例来进行说明。日本是为数不多的人类学得以牢固确立的非西方国家之一，但在国际上的影响力有限。除了极个别的例子，日本的人类学家都处于学术世界体系的边缘位置，他们的声音很难传达到中心。从这一角度讲，如下案例确实是很少见的事情。

1994 年，出生于荷兰、执教于加拿大艾伯塔大学的尼森（Sandra Niessen）在《博物馆人类学》（*Museum Anthropology*）期刊上投稿，讨论的是日本国立民族学博物馆（以下简称“民博”）的阿伊努常设展览（Niessen 1994）。该文刊发之前，她在民博以客座研究员的身份短居日本半年。她主要是想思考在海内外表述原住民文化的困难性，但在日本却被认为是批判日本人的言说。

她的观点可以总结如下。①民博自 1977 年开馆以来就与第一个阿伊努人国会议员萱野茂有着密切的往来。然而，萱野茂的阿伊努文化观里带有很多“救济人类学”的成分。②民博在北海道二风谷的萱野茂家中制作的影像民族志基本上是排除掉了阿伊努传统文化以外的任何要素的“无菌”成品。其所展现出来的是一种“真正性的虚构”。③民博少见有关文化表述的政治性论述。民博对于如何、对什么事物进行展示都没有特别正式的方针，通常都是视情况而定。④阿伊努人与日本人的抗争历史在民博的展示中是被隐蔽起来的。同样的展示在北

19

美进行的话，就会被批判为是加重了对少数民族的抑制。⑤民博的展厅充满了田野牧歌式的阿伊努民族印象。这让人想起了1988年加拿大的卡尔加里冬季奥林匹克运动会期间壳牌石油主办的“精灵歌唱”展览。这一展览表面上是促进对加拿大原住民的理解，但当时SYERU正在与原住民围绕着当地的资源开发进行协调，原住民通过示威游行来反对此展示，引起了广泛的国际关注。⑥尼森在民博的时候问当时的民博馆长梅棹忠夫，同样的事情会不会在日本发生，梅棹“带着难以置信的表情”笑了，表示“怎么可能会发生这样的事情”。

对于尼森的评判，当时在民博工作的大冢和义与清水昭俊进行了激烈的反驳。首先，大冢在通过各种努力与阿伊努人建立起来的信赖关系基础上进行了如下反驳（Ohtsuka 1997）。①尼森的民博批判是带有歧视性的。②她的“让人吃惊的误解”源于没有参考民博的出版物，这些刊物明确地表述了民博的展示方针。③尼森的论文建立在“表面印象”基础之上。如果刊发前与民博的工作人员沟通，就能避免这一问题和丑态。④误解阿伊努民族的大义的尼森不仅伤害了这些人的尊严，也贬损了萱野茂的口碑。⑤尼森视为问题的“真正性的虚构”是其堂吉诃德式言说的一个例子。被描述的阿伊努自身对于他的解释提出了疑问。⑥有关民博应该展示阿伊努与日本人的抗争的论述，充分证明了尼森想要用自己的思考方式来对日本人进行“洗脑”的意图。

另一方面，清水则展开了理论上的反驳（Shimizu 1997）。

他特别注意的是，尼森并没有阅读日文文献。清水认为，这种对于日文文献的忽视会让人觉得民博没有“文字”和“历史”。只用参与观察法是无法充分理解民博的展示的。他还认为，尼森“想象的”民博是其按照其所认为的作为世界标准的北美基准进行判断而得出的印象，她的论文是“政治性的教科书，是想把‘北美的’博物馆与人类学标准下的霸权建立于日本”（Shimizu 1997: 120）。

20

图 1–5　国立民族学博物馆展示的阿伊努民族的住居内部设置（中牧弘允提供）

尼森评判大冢和清水的异议为“个人的，甚至是非专业的”（Niessen 1997: 141）。她辩解到，论文的原稿在刊发前是有给民博的人类学家送去并试图征询意见的，可是却没有任何回应。我们现在无法分辨该说法的真伪，但是在笔者看来，她的最大问题在于没有认真倾听批判意见。比如，大冢很认真地解释阿伊努的历史与民博展示方针，而尼森基本忽视了大冢的

21 说明，避开了对阿伊努文化的详细讨论。反而，她利用北美最新的博物馆研究成果以及文章刊发后的“事后诸葛”对自己的论文意义进行了长篇累牍的论述。大冢和清水的批判重点是尼森过于偏重美国，试图对日本人进行“洗脑”、强化美国的“霸权”并进行自我验证的做法。

但是，可惜的是，论争是在美国的期刊上进行的，这对于活动据点在北美的尼森来说是有利的，同时因为她巧妙的理论武装和言说，日本的研究者被认为是“不成熟的”，是带有一定意识倾向的。即使是对于没有参考日文文献这一评判，尼森的回应也只是“博物馆展示的主要目的是通过物质来进行交流。特别是民博，它是国际观光点，这样的博物馆专家能够说出这样的话来已实属不易”（ Niessen 1997: 141 ）。这只能说是一种诡辩。

在这里举民博的阿伊努展示论争为例，并不是针对某个特定的个人。从尼森的角度看来，她并没有说自己是阿伊努研究者或者日本研究者，她只不过是从专业的物质文化研究立场出发对民博的展示进行评判。然而，这简单的个案中却包含了本土人与外来学者之间冲突的典型要素[1]。

第一，本土人的文献（当地语言的文献）处理方式往往受

[1] 大冢和清水都不是阿伊努人。但是，大冢与阿伊努民族常年进行学术交流，清水也在进行长时段的研究。2001 年取得人类学博士学位的萱野如果能从阿伊努人的立场出发加入这场论争的话将会出现更多知识的火花，但可惜的是还没等到那一天，他就去世了。

到轻视。通常，当地学问的语境确实是很难理解的，以田野调查为核心的人类学的方法论也确实没有充分地考虑当地语言文献。第二，本土知识人与其说是研究方面的平等伙伴，不如说更常被视为“知道很多事情的报道人”。在田野调查中，外部的研究者深深地依赖于这些人，一旦调查结束，到了写作阶段，就会独占“报道人”提供的信息进行解释。第三，本土人的言说很容易被认为是站在特定政治立场的“宣传工作”。22 仅仅被视作一种煽动，所以本土学者常被排挤出西方学界。第四，调查者对于被调查者的伦理道德责任往往在学术的名义下被回避。作为被调查者，本土人诉苦说，自己不知道多少次被人类学的表述所伤害。尽管如此，他们的申诉和异议也没有被真诚地接受[1]。这是对本土人知性的蔑视，等同于对人格的否定。

十、文化民族主义的圈套

然而，忠言逆耳的是，本土研究者的见解确实多与原住民、少数民族的权力复兴运动相关，很容易煽动起狭隘的文化民族主义。同时，本土人的言说是在与西方的支配性言说相对

[1] 上文提到的尼森对于梅棹忠夫的介绍方法是带有歧视性的。有关梅棹忠夫，国内外自然有很多评论，但是在 1994 年，他能够获得民族学领域第一个文化勋章也说明了一定的问题。像这种容易引起误会的言说，最好尽量避免。

抗的基础上建立起来的，反而容易陷入反东方主义——西方学中去。在西方学威胁下的本土人努力想要排除这一影响，可惜的是，大多数尝试都失败了，这是因为近代社会是西方主导的时代。近代西方的影响见于世界各地各个角落的日常生活，即使曾经是殖民国家的日本也并没有意识到日常所穿的洋服就是“西方的服装”。无论好坏，可以说是没有完全不受其影响的“纯粹的”土著思想了。

鉴于这一事实，非西方的本土人教条地抗拒“否认西方思想就等同于剥夺自身学术”的可能性。事实上，过于强调与西方差距的话，就有可能被隔绝于更为广阔的世界。其典型案例就是新加坡的辛哈（Vineeta Sinha）所指出的“非洲式社会科学”。辛哈指出，这种学问自然有其优点，但是因为极力否定西方的学问传统，反而显得更加奇异化而被置于边缘（Sinha 2000a: 83）。

23

日本的民俗学也是这种边缘化的案例之一。20 世纪 30 年代，以柳田国男为核心的极富野心的研究者们创建的日本民俗学隐藏着成长为有启示性的、有魅力的学术领域的可能性。柳田本身十分熟悉当时以弗雷泽（James Frazer）为首的欧洲学者的研究，有时还会对这些人的研究表达谢意。但是，他强烈的文化民族主义加上想要引领世界民俗学的雄心促使他把很多参考文献有意识地省略掉了（详情请参考第四章）。或许，他是觉得作为创始人不好参考或引用别人的研究和文献，但结果是后世的民俗学者反而没有注意到柳田国男的思想源流，从而被排除在国际学术之外了。不仅如此，还与现在的包括人类学在内的日本其他学术领域拉开了距离。这与民俗学号称的在国内一般读者之间的人气形成鲜明对比。

十一、作为对话对象的本土人

以上，本章宏观地对“本土人”这一概念进行了阐释，从文化表述被描述一方的角度出发进行了讨论。为了避免误解需要补充的是，笔者并不认为只有本土人才能够对文化进行表述，也不认为只有他们才知道什么是文化大义。确实，外部人很难接触到文化深层内涵，但是内部人也很容易忽视这些，很多事情只有旁观者清。只是需要注意的是，像人类学家这样只不过是“过路人”的人，如果过于相信自己的调查和解释而忽视本土人的话语，必然会出问题。如果认为只有外来的人类学家才能对本土人的文化进行最终的评判，那必然会招来本土人的异议。

24

现在，人类学广泛见于并被实践于世界各地。在这种状况下，只有准备好了将本土人置于学术平台进行平等对话，并视其为“平等的对话对象”，人类学才能够得到进一步的发展。

第二章　本土人类学家——以日本研究为例

一、序言

27　20 世纪 80 年代，后现代在以美国为首的西方人类学中变得愈发引人瞩目。这一学术潮流受到了各种各样的评判，其最值得称赞的一点是，目前为止潜藏在人类学当中的基本问题——文化表述的主观性及政治性等——由此得以受到关注，人类学的学术再思考问题也因此变得迫在眉睫。本章所要讨论的是这种西方后现代批判忽略的一个重要问题，即与本土人相关的问题。需要注意的是，这里提及的本土人不是表述对象，而是有关自己民族志的读者、批评家。

28　《写文化》(1986)出版以来，很多民族志都是围绕着"读写"展开的论述，对于"被书写"意义的讨论则惊人得少。实际上，很少有人会追问，西方人类学家写的东西要是被本土人读过了会出现什么情况[1]。特别是，本土人自身是人类学家的

[1] 加罗林·布雷特尔(Caroline Brettell)编辑的论文集《当他们阅读我们写下的东西的时候》(1993)与本书处理的问题基本一致。但是，投稿者多为在西方国家做田野调查的人，并没有论及西方的人类学家与非西方的人类学家之间的关系问题。

情况下，事情就变得更为复杂。在日本研究方面，无论是学术层面还是感情层面，西方人的日本文化解释的妥当性早就受到了质疑。最典型的例子就是一些学者对于本尼迪克特的《菊与刀》（1946）的辛辣批判与不满（川岛·南·有贺·和辻·柳田 1950）。

非西方圈的本土人类学家是西方人类学家在田野调查中遇到的特殊他者。他们与普通的报道人不同，具备与西方学者进行学术对话的专业能力。只不过，他们也是被调查地的成员之一，与被调查者具有共通的利害关系。从这一角度来讲，本土的人类学家可以被称为“专业他者”。他们大多数曾在西方留学，或者在国内接受过西式教育，所以比较容易与西方专家进行交流。但是，这并不意味着两者的见解就会一致，毋宁说他们处于商业竞争对手的关系中。特别是，当本土学者与权力复兴运动相关时，事情就更复杂了。

小规模无文字社会中的人们，也就是人类学中常被称为“未开化人”的人们，他们将自己的历史和文化表述依附于外部的文明社会。即使“未开化人”能够看懂文字，因为处于边缘，所以事实上是无法向外部世界表述自己的。相当于“表述”一词的英文是 represent，主要包含“描写”“象征”“代表”三个含义。表述之所以是一种潜在的政治性行为，是因为谁以什么为目的来描写谁，或者代表谁，这些都不是明确的。“未开化人”之前一直无法读到外部对他们的表述，所以没有办法保护自己免于受到外部表述带来的困扰。

29

但是，“二战”后“未开化社会”统和于第三世界，围绕着他们的世界局势急剧变化。隔绝的、自给自足的、没有政治权力的时代结束了，他们不再是人类学调查的唯一对象。可以阅读被书写的自文化的人逐渐增多。对于外界描述如有不满，就会提出抗议，例如研究墨西哥贫民窟的美国学者刘易斯的民族志《桑切斯的孩子们》（1961）就受到了当地人的猛烈抨击。同样的问题也出现在以细腻的笔触描写爱尔兰人性生活的梅森格（John Messenger）的《伊尼斯奔》（*ainisubig*，1969）和以爱尔兰为主题的南希·舍珀－胡芙（Nancy Scheper-Hughes）的《圣人、学者、精神分裂者》（1979）（Brettell 1993: 9–14）。人类学家在田野中自由地收集资料，在家乡的研究室里不顾被调查者的反应而书写调查结果的时代终结了。

马林诺夫斯基在《西太平洋的航海者》（1922）中提到，部落民族无法阐释自己的社会组织，民族志学者需要自己收集资料，进行类推，并形成理论（Malinowski 1984: 12, 396）。他这样讲道：

> 如果本地人能够正确地、首尾一致地将自己的部落组织、习惯、思维模式解释给我们听，民族学研究将畅通无阻。可惜，本土人无法跳出自己的部落环境进行客观观察，即使可以，也没有进行表述的知识手段、语言方法。因此，民族志学者必须自己收集地图、图画、系谱、物资清单、继承制度的说明、村落人口数据等客观资料。观察

30

本土人的行动、在所有的情况下与其进行对话、记录下他们的话语。综合这些资料，对村落以及村落里的人进行描述（Malinowski 1984: 454）。

本土人没有自我表述的能力，西方民族志学者对其进行研究，代替他们进行书写，马林诺夫斯基的这种观点使我们想起萨义德在《东方学》的卷头刊登的马尔克斯的话：

"他们不能自我表述，所以需要被表述。"

然而，西方人类学家与本土人的关系真的像马林诺夫斯基想象的那样简单吗？如果本土人能够对自身进行阐释，民族学研究真的就能畅通无阻吗？笔者并不这样认为。因为正如日本人对本尼迪克特的批判所表现的那样，当地的有识之士、学者对西方人笔下所描述的自身形象进行了猛烈的抨击。事实上，这种冲突在日本以外也早有发生，在"描述者 = 殖民者 = 观察者 = 了解者""被描述者 = 被殖民者 = 被观察者 = 被了解者"的界限已经变得模糊的后现代社会，外来者与本土人之间的冲突会更加激烈。

二、谁是本土人？

首先我们来思考"本土人"这一词汇。本土的人类学家是指生来就属于被调查地的人类学家。但是，即使他们的地理、民族、国民背景与调查对象基本一致，也不能说他们自动地就成为本土人了。毋宁说，在两者的社会背景极为不同的情况下，即使出生地相同，也会互视为他者。其典型就是著有《被记忆的村落》（1976）的印度的谢利尼瓦斯（M. N. Srinivas）。他出身于都市婆罗门家庭，在英国的牛津大学接受了高等教育。在结构主义创始人拉德克里夫－布朗（A. R. Radcliffe-Brown）的指导下，他在卡纳塔卡邦拉姆普拉（Rampura）村进行印度村落结构的调查。该村距离他父亲那一代离开的家乡不远，但他不是作为村落一员被接受，而是作为曾经的宗主国——英国——来的高贵客人而被招待的。另外，他自身也不习惯印度的农村生活，与拥有共同祖先的人们保持着距离（Srinivas 1976: 11–52）。

与此相对，即使生来不是本土人，但完全同化于本土社会的情况下，也可以被视为本土人。19世纪后半期的民族志学者，与祖尼人一起生活数年并成为祭司的库欣（Frank H. Cushing），因身心都与祖尼人保持一致而得名，他就是成为本土人[1]的典型。将谢利尼瓦斯与库欣进行比较的话，就会发现，所谓的本土人是一个主观的、流动的范畴，研究者的身份意识不仅来自于出身，还受其与研究对象的关系影响。活跃于美国的印度裔学者纳拉杨（Narayan）认为，“有的时候，比

[1] 库欣是否真的被祖尼族接受，有关这一点，多少还是有讨论的余地。近年，祖尼族画家 Phil Hughte 描绘的库欣与其妻子艾米丽的讽刺画［转载于 *American Anthropologist* 97(1), 1995］，反映了库欣与祖尼人之间不可逾越的鸿沟。

起内部/外部身份相关的文化身份，教育、性别、性取向、阶层、人种、接触时间等要素可能更为重要。我们应该注意的是与表述对象群体的关系。”（Narayan 1993a: 672）

从内与外的视角来分析巴勒科（Jane Bachnik）的日本研究，可以更明确地凸显上述问题。 32

图2–1 《祖尼人》封面上的
Frank Hamilton Cushing（1857-1900）
资料来源：内布拉斯加州立大学出版局1979年版

巴勒科认为，日本的内与外并不是一组对立的概念，而是形成了一个梯度或者连续体的概念，两者的范围通常都是在变动不居的社会关系中相互规定的。换句话说，内与外不是固定的社会范畴，而是根据情况生成意义的指标。所以，在某个文脉中是内，在其他文脉中就成了外（Bachnik 1994），这种关系与埃文斯－普理查德（E. E. Evans-Prichard）在《努尔人》中指出的“分支系统”有共通之处。

在笔者看来，所谓的自民族是“内＝本土人”、异民族是“外＝非本土人”的理念完全是个误解。这种想法只会强化文化的本质论（把文化视作时空封闭体系，将自我与他者用固定的界限进行区分）。这种观点过于追求文化的纯粹性，有时会演变为排斥异质他者的狭隘的爱国主义。

33

当然，这并不意味着本土的概念不妥。而是说，为了使其有意义，需要进行更精密的定义。笔者按照如下两个标准来区别本土人与非本土人。第一，是作为民族志观察参照点的文化、设定的读者（更广义上的听众）和书写调查结果的语言。如上三点共同构成了第一个要素。如果说日本的人类学家是日本本土人，那么与其说是因为他们是日本人，还不如说是因为他们是用日本式观点看待事物，用日语向日本读者书写（不过，同一文化的经验也是多样的，没有所谓的唯一性的本土人）。从理论上讲，比如说日本的人类学家，用日本人的观点为美国的读者用英语写作，这也不是不可能，但是实际上是有些困难的。为什么，因为用外语书写的行为不仅是一种语言上的能力要求，还需要掌握读者所在文化的背景知识。在获取这些知识的过程中，书写者会吸取部分读者的观点（恐怕是无意识的）。换言之，如果想要写出可以深入人心的文章，就必须想好如何去书写什么，对方会有什么样的反应，而这一点只有掌握了对方的观点——第一基准的民族志观察的参照点——的人才做得到。

区分本土人与非本土人的第二个标准是，“表述”给研究者的身份意识和利益所造成影响的程度。成为祖尼族祭司的库欣因为与本土人趋向一体化，所以不会写损害部落利益的事情。然而，如非洲裔美国人类学家简斯（Delmos Jones）很早就指出的那样，本土人在研究自文化的时候，这种一体化就已经开始了（Jones 1970: 255）。本土人经常对外部的表述提出异议，是因为研究对象的文化是活的，不能只是远观。不过，我们要注意的是，并不存在完全不关注调查民族命运的人类学家。考虑到在田野中的亲密接触，本土人与非本土人的差异在于他们对于调查地的现状和将来的参与程度，或者说从心理距离上找差异更为现实。并且，在与调查地的人们共有情感的过程中也可以看到两者的差异。

34

接下来就本土人或者内部所做的人类学的三个常见的问题进行讨论（当然，如上所述，“内 = 本土人”“外 = 非本土人”的单纯图示并不存在）。

首先，“本土人真的是最为了解自己文化的人吗？”回答既是肯定的，也是否定的。确实存在只有出生、生长在当地的人才能够感受、理解的世界。借用马林诺夫斯基、其后的格尔茨在《地方性知识》（1983）中的名言来讲，外部人很难掌握“本土人的观点”。为了了解本土人的心性，必须掌握当地语言，准备好从感情上融入他们的世界（当然并不意味着同化）。另外，本土人也未必是最好的信息源。这主要有三个原因。第一，本土人认为理所当然的事情通常都在他们的意识之外。外部调查之所以会让本土人很狼狈，有时就是因为在社会化过程中深藏在心底的一些无意识文化被暴露出来，而这给本土人带来了不安，甚至痛苦。第二，一般来说，本土人对于与日常生活无直接关联的事情并不关心，他们对于自文化的知识是部分的、有限度的。第三，知道不等于能说清楚。实践性知识（实践某事所需要的知识）与批判性知识（批判分析所需要的知识）也不是一个概念（佐藤 1992: 150）。

35

其次，“科学的客观性”问题。有批判认为本土人、内部研究者的论述是有“偏向”的，欠缺科学的“客观性”（Aguilar 1981: 22）。在美国这种批判大多针对少数民族研究者，他们通常不是被看作学者，而是自身集团的政治权益代言人。同样，被殖民地化的非西方本土知识人被批判为被民族主义情感驱使的历史修正主义者。但在文化表述的主观性被广泛认识的今天，为什么西方的本土人能免于同样的评判？例如，众所周知，象征人类学泰斗施耐德（David M. Schneider）在撰写《美国亲属制度》（*American Kinship: A Cultural Account*, 1968）时就把自己当成访谈对象，萨林斯（Marshall Sahlins）的《文化与实践的理性》（1976）也是如此。尽管如此，他们的著作却免于少数民族所受的批判和怀疑（Bakalaki 1997:

520)。这种差别对待表明，“科学的客观性”不仅仅是单纯的研究质量的问题，而是受到研究者与学界共鸣的影响的。换言之，主流研究容易获得社会全体的共鸣，容易被认为是“客观的”“中立的”，而少数派所做的研究则被认为是“主观的”“有偏向性的”。如果是这样的话，“客观性”也不过就是强者支配弱者的别名而已[1]。

再次，“本土人”的历史社会性意涵。如第一章所述，“本土人”是殖民地时期的词语，反映的是统治者与被统治者之间力量的不平衡性。词语本身是“特定场所、国度出生的人”的含义，所以任何一个人都是本土人。但在殖民时代初期，人类学家将其与“未开化人”同等使用。有关这一点，阿帕杜莱（Arjun Appadurai）说“我们古往今来都在用本土人这一词汇来指代远离西方都市的人们和集团”(Appadurai 1992: 35)。因此，西方人类学家在研究自文化时将其称为“内部研究”，非西方学者的自文化研究被称为“本土的”或者“土著的”(Messerschmidt 1981: 13)。这意味着，“本土人”这一词汇不仅把异民族变得他者化，还使其在时空上也变成了遥远的

36

[1] 艾米丽（Deborah Amory）在探讨美国的非洲研究的论文中就“权力的社会政治不均衡与学问生产的关系”进行了讨论(Amory 1997: 115)。文中引用了 Aidan Southall 的话，西方人在要求非洲裔学者的客观性的时候，那不过就是“西方的自民族中心主义与面向世界解释异文化的霸权的别名”(Amory 1997: 116)。这种说法让我们想起了第一章中阿赞提的见解。知识的生产与流通方面力量的不均衡性对于“学术世界体系”而言是具有决定性的重要因素。

存在。与此相关必须注意的是，人类学有这样一个传统，即认为“奇妙的”本土人在遥远的地方进行的田野调查比在自己的家乡（自文化）所做的田野调查更有真实性。这一传统不仅表明了人类学的殖民传统（殖民根源），还表明了“家乡”与“田野”的二元对立观点在人类学中的根深蒂固（详情请参考 Gupta and Ferguson 1997）。

三、有关人类学日本研究的日美关系

西方人类学家与非西方本土人类学家的复杂关系充分表现在英语圈的日本研究之上。有关美国的日本人类学研究，凯利（William Kelly）进行过详细的梳理（Kelly 1991），在此我们只简单提及战前曾在熊本县做过调查，写下《须惠村》的约翰·恩布里（John Embree）和写下《菊与刀》的本尼迪克特，他们的工作带动了这一领域的研究，使之积累下丰厚的文献成果。另外，还有在日本并未受到太多关注，但是也为该领域的发展做出重大贡献的大贯美惠子（Emiko Ohnuki-Tierney）、莱博若（Takie S. Lebra）、别府（Harumi Befu）等学者。

然而可惜的是，日美之间有关日本研究的人类学交流一直以来都是有限度的。比如说，日本人类学会（旧日本民族学会）中只有极少数的美国人类学家成员，他们也很少在学会或者年会上发言。现在日本文化人类学会有 2000 多会员，如此大的一个人类学组织却出现这样的情况，不能不说很遗憾。而美国那边，人类学组织中也很少有精通日本研究的研究者。日本学者倾向于看不惯海外的日本研究，除了像道尔（Ronald Dore）那样的学术泰斗的研究以外，基本上没什么人认真对待外国人的研究成果。说到底，战后人类学方面的日美关系特点是互不关心、不在意。

有关这一点，日美的两位“长老”做出了有趣的评论并刊载在1989年日本文化人类学会期刊《民族学研究》（2004年改名为《文化人类学》）的特辑《外部看日本》之上。著有《现代日本的祖先崇拜》（1974）和《日本社会》（1983）等著作的史密斯（Robert J. Smith）收到约稿通知，请其就日本的日本研究者不是很了解美国的日本研究者的研究成果这一点写一篇文章。收到这一约稿请求，史密斯感到很惊讶并写道：“很久以来，我们都以为只有日本的学友才会读我们的文章，我们不是十分熟悉日方的研究成果。”（Smith 1989: 360）二战后去美国留学的祖父江孝男也指出了日美之间这种“不通风”的弊端（祖父江孝男等1989:411）。

现在，半个世纪过去了，可惜的是，情况依然没有发生太大的改变，甚至可以说更糟糕了。战后不久，美国的很多人类学家在亚洲基金会的支持下来到日本与日本的研究者进行积极的交流，特别是密歇根大学日本研究所在冈山进行了大规模的农村调查（Beardsley, Hall, and Ward 1959），与日本的研究者结下了深厚的友谊。然而，近年来美国的日本研究经费大幅缩减，美国学者很难长期在日本进行田野调查，而很多年轻的日

38 本研究学者也不太积极与日本的研究者进行交流合作，他们通常会自己去做调查，然后不知道什么时候就突然消失了。

之所以会出现这样的情况，原因之一在于美国学界本身已经形成了一个可以进行有关日本研究的相互交流的团体。这部分源于日本研究的成熟。也就是说，当其日本研究还处于不成熟阶段的时候，他们是需要日本研究者的协助，一旦成熟了，就可以自己做了[1]。问题是，这种自己做调查的做法会导致对于日本的相关研究出现无视甚至蔑视的态度。斗胆提及，有位美国的日本研究泰斗在酒场上大骂不止人类学，还给其他学科以重大影响的山口昌南为“表面功夫”“没有问题意识”。已经归化美国的日本文艺评论家三好将夫（Masao Miyoshi）在有日文版的《离心》（*off center*，1991）一书中猛烈抨击了国际
39 日本文化研究中心的首任院长梅原猛，认为他是“支离破碎

[1] 单独做研究的另外一个原因是美国学问市场的缩小。因为研究职位很少，年轻人都倾向于内敛。即使就职了，面临的也是无成果就走人的在职权制度。在这一制度下，年轻学者是没有精力与跟其升职无关的国外学者进行交流的。这也可以说是与当地的报道人多打交道，不用特别理会当地学者的人类学教育的结果，看看我们的人类学教科书就能够明白这一情况了。从日本角度来讲，研究日本的日本学者的减少也是造成日美之间交流减少的原因之一。二战后初期，海外调研经费紧张，国内调查是性价比最高的调查方式，这也给国内都市的研究者提供了一个了解自我民俗文化的好机会。随着战后经济的复苏和海外调研资金的增加，日本学者的眼光逐渐转向海外。结果就是美国人类学家渐渐地不再与日本人类学家进行交流。当然，如后文所述，这并不是美国人类学家无视日本学者研究的唯一原因。有关日本人类学家在战后田野调查状况的变化情况，请参考关本照夫在《民族学研究》创刊号刊发的1935年以后情况分析的论文（1995）。

图 2-2　冈山市的村落（桑山敬己摄，1984 年 7 月）

注释：20 世纪 50 年代，密歇根大学日本研究所曾在该村落进行过细致调查。笔者的博士论文调查也是在这里进行的。

的哲学的教授”。他认为这个中心“现在是恶俗的新国粹主义者，甚至连新国粹主义者都不如的人们组成的臭名昭著的智囊团”（Miyoshi 1991: 81）。三好的话中包含了对参与了中心创立的前首相中曾根康弘的不满，所以在日本国内也是有支持者的，但是他的说法与其说反映了被批判的人物、组织的实态，倒不如说是反映了批判者的个人认识。

通常来说，美国人之所以看不上日本的学问，与其说是日本人自身的问题，不如说是因为美国人没有能够承认其价值的意图和能力，而最大的原因就在于他们日语能力的不足。与文献学传统浓厚的欧洲学者相比，美国的日本研究者一般来说语言能力都欠佳（当然不同的领域情况不同），只会田野调查所需日语的人类学家也未必值得称赞。也许他们自认为是“世界唯一的超级大国，美国”的想法与此事态也有一定的关系吧。别府就此论述如下，这并不是完全不对症的说法。

> 美国人的民族中心主义因为他们的夸大妄想症而变得更加严重了，他们十分坚定地认为自己是世界上的老大。这种夸大妄想症从军事经济领域蔓延到了学术领域，即使不是有意识的作为，很多美国人都坚定地认为美国的学问第一。结果是，他们欠缺向其他国家学术学习的意识（Befu 1994: 39）。

文化相对主义虽然有很多问题，但人类学家基本上都是用相对主义来看待问题的。至少在田野中，会尊重调查对象的民族世界观，倾听当地人的声音，认真记笔记，努力地去理解“奇妙的习惯”。这些人，明明有着同样的宽容精神，为什么就不能学习和了解本土人的学问呢？日本人所做的日本研究（日本人论、日本文化论）确实是有着日本文化主义的一面。但是，正如葛鲁那（Ernest Gellner）、西川长夫等人指出的那样，文化这一概念与近代国民国家的政治框架密切相关，并不是日本才有的现象（Gellner 1983；西川 1992）。所以，戴尔（Peter Dale）在《日本唯一性的神话》（1986）中展开的日本人论批判，特别是“概念的捏造”“意识形态的虚言”等评判

40

（Dale 1986: 17, 140）不得不说是一种欠缺公正的说法。虽然西方对于戴尔的说法也有一定的疑问，但这些说法确实促成了前面提到的凯利所说的“认为只有我们自己才能够很认真地思考并正确地理解的东方学意识”（Kelly 1988: 368）。

另外，也有美国人批判说日本人把外国的日本研究者当作孩子看待，根本不去看他们的研究，这一点我们也应该注意。为了明确这一点，请允许笔者谈一谈自己的经验。20 世纪 90 年代初，笔者在美国人类学会的年会上组织了主题为“日本人的个性”的主题分会。目的在于用日本人的视野再次审视有关日本人是集体主义的固化认识（Kuwayama 1991）。发言者绝大多数都是在美国逗留的年轻的日本人学者，为了平衡年龄分布，还增加了一个在美国的大学研修的日本人教授，评论人则选定了一位美国人教授。

发言者大多数都对美国的日本研究持批判的态度。所以在分科会中，这位美国人教授的脸色很难看。之后，在美国进修的日本人教授对该美国人教授的同僚也进行了批判，导致这位教授失去自制，虽然身为评论员，却进行了辛辣的发言，握着麦克风不放。其发言内容简单来讲，就是认为我们这个分科会是典型的不把外国人的日本研究当回事的日本人典型。“先做好自己的作业如何？”确实，他所说的话不是没有道理，但是这种像批判孩子似的教师口吻实在不适合学会这样的场合。实际上，由于他的大声发言，分科会都被破坏了。会议结束后，他对自己的行为表示了歉意，但是当时所说的话确实是在人类

41

学的日美关系中带有象征性。“日本人根本不阅读美国人所写的东西，所以才会说那种话。”但是，说这种话的他又读了多少日本人撰写的文献呢？

通过这件事，笔者了解了跨越国境和文化进行学术对话的困难性。这就促使笔者开始关心第一章提到的有关本土人与非本土人之间论争背后的人类学学术结构问题。

四、人类学的世界体系

与本土人类学家的合作显得十分消极的美国人（更宽泛地说是西方人）的态度使得本土人觉得自己并没有被当作平等的研究伙伴，而是报道人甚至是导游。这一问题在人类学内部也作为“内部殖民主义”现象被讨论。在笔者看来，本土的人类学家——包括日本在内的非西方圈内做人类学研究的人——的国际地位之所以低，是因为西方与其他之间的“力量”的不均衡。这里所说的“力量”或者说权力指的是西方主要国家在近代确立支配性地位的所有要素。更具体地说，美国、英国和（影响力稍稍没那么高的）法国所具有的学术霸权，构成了笔者所说的“人类学世界体系”的中心。

42

上述《民族学研究》中史密斯的发言明确地显示了这个体系的框架。按照他所说，在美国，日本人类学的关注度之所以低，主要有两个原因。第一，学术领域的界限变得暧昧，美国的人类学家开始研究曾经是社会学、社会心理学、教育学、历史学、政治学、文艺批判等学科关注的问题。结果是，即使在日本研究方面，比起日本人类学家，从这些领域的专家获取的知识更多。第二，20 世纪 60 年代后半期，日本人类学家的关注点从自文化转向了异文化［请参考第 40 页的注（1）］，美国可从日本获得的知识量减少。考虑到这些情况，史密斯认为两国之间的人类学家相互不关心也是必然的事情（Smith 1989: 363）。

笔者高度赞扬史密斯的功绩，但也无法毫无批判地接受他所有的观点，因为其中还隐藏着学术世界体系力量的不平衡性。首先，理论、方法论、专业术语等完全不同的学术领域之间的交流真的像史密斯所说的那样容易吗？根据笔者的经验来看，答案是否定的。例如，“文化”这个最基本的用语，领域不同的话，理解也是完全不同的，这会成为学术领域间对话的障碍。之所以觉得与自己的专业不同的外国研究者很有魅力，难道不是因为我们把他们当作数据提供者或者无所不知的报道者了吗？其次，第二个理由也很奇怪。研究日本的日本人类学家确实在减少，但想想列维－斯特劳斯、格尔茨的事情就明白了。这两位学术巨匠之所以被广泛接受，是因为他们的作品充满了学术刺激，而不是因为他们是特定地域的专家。换句话说，“美国人之所以对日本人的研究不关心，是因为日本人不研究日本”这种貌似理所当然的理由，其实等于是说日本人书写的东西没有学术价值。至少，日本人是被当作当地知识的生产者，而不是人类社会一般理论的承担者。史密斯还诚实地指出了美国人到底是否真正地掌握了阅读日本文献的能力这一问题。

43

日本的人类学史比较短，国际影响力较大的人类学家确实很少，考虑到这一事实，今后我们需要着力培养日美在研究上对等的伙伴关系。但是，笔者更为关注的不是日美关系本身，而是人类学的学术结构。如上所述，英、美、法是人类学世界体系的中心，有着强大的学术力量。因此，包括欧洲小国在内的其他国家和地区被驱赶到了系统的边缘地带。像瑞典的托马斯（Tomas Gerholm）与优夫（Uif Hannerz）指出的那样，这种中心与边缘的关系与本土与离岛的关系差不多，住在本土的人即使不关心离岛的事情也可以生活，而离岛的人们不得不依赖于本土。同样地，中心的人类学家没必要学习边缘的人类学家的研究，但是边缘不得不时常关注中心的动向。托马斯与优夫写道：

> 人类学上的地图包括英、美、法占据的资源丰富的本土与其外延的大小岛屿。岛中有通过桥梁和快艇连接起来的岛屿，也有几乎处于隔离状态的岛屿。本土的学者即使不知道离岛的情况也没关系，反过来则不行。这意味着这三个国家的人类学家尽量避免接受他国的影响（Gerholm and Hannerz 1982: 6）。

44 边缘生产的学术性知识离开本土环境的背景就很难理解，所以边缘各国进行交流就不得不通过中心的理论和话语来实现。比如说，向中国人或者韩国人介绍山口昌男的时候，可以说“他相当于日本的维克多·特纳（Victor Turner）”，如果不这样解释的话，就不得不进行无休止的说明，这跟向世界介绍近松门左卫门时，要说他相当于莎士比亚是一个道理。本来，这种翻译工作对于英、美、法来说也是必要的，但是因为他们在学术体系中占有中心位置，他们的“地方 = 全球”了。结果就如史密斯所说，美国的人类学家在世界学术体系中有着不可动摇的权力地位，所以即使不了解边缘的知识体系，对于他们的职业生涯也不会有什么影响。

这让笔者想起了 20 世纪 60 年代社会动乱中讨论的“学术的殖民主义”问题。当时有一个叫作“卡米洛特工程”的大规模社会调查在美国国防部的援助下于中南美展开。这个调查是治理反美过激派的一个环节，以收集镇压动乱所需信息为目的。被称作“社会科学的曼哈顿计划”的这个调查受到了和平研究家约翰·加尔通（Johan Galtung）的批判，认为这是学术殖民主义的典型。他将学术殖民主义定义为“有关某个民族的知识获得的中心不在该民族，而是远离该民族的地方的状态”，并说道，“学术殖民主义有很多种形态，一种是主张无限制地收集有关外国的资料的权力。一种是将调查地的资料带回自己的国家，并创造出书籍或者论文等‘加工品’。”（引自 Hymes 1972: 49）加尔通是结合新殖民主义理论来评判美国的态度的。

同样的见解也见于杰克斯·马库特（Jacques Maquet）。在“人类学的客观性”（1964）一文中，马库特十分担忧这种学

45 术殖民主义中的单向交流，并说道："人类学家被纳入了殖民地体制之中，这一体制的主要视角与被支配者无关，对于业绩的评价也采用宗主国才有意义的标准进行。"（Maquet 1964: 48）

20世纪60年代，学术殖民主义这一概念被用于讨论西方人类学家与第三世界的报道人之间的"掠夺关系"。现在可以用于学术世界体系中中心与边缘的关系的分析之中。在日本，这并不是一个特别受到关注的问题，但是处于世界体系边缘位置的日本学者实质上是处于弱者的位置，与处于中心位置的强者美国人之间也可能处于这种"剥削关系"中。事实上，第二次世界大战后不久到现在，经常听说日美共同研究中收集的数据被美国人拿走、没有日本人的同意就发表成果、明明是共同执笔的文章上只有美国学者的名字、未经许可就利用日文文献（甚至达至剽窃程度）的做法等[1]。说到田野调查伦理，人类学家经常想到的是住在偏远地带的原住民的权力受到侵犯，从比

---

[1] 这里就不列举具体的案例了。有关私自拿走数据的情况，常见于二战后日美之间进行的共同研究。有关共同执笔，日本的研究者在美国留学，作为指导教授的助手工作时比较容易出现这样的情况。有关日文文献的剽窃，我们可以讨论川桥范子探讨英语圈佛教研究的论文。她说她从几位实际上大量依赖于日本人研究的美国研究者的口中听到"日本人教师不过就是我们的报道人而已"（川桥 2000: 9）这样的话。上述对于山口昌男的中伤一样，这样的说法可能只是私下说走了嘴，但也可以说是学术世界体系中央位置学者的心声。当然，并不是所有的美国学者都持有这样的想法，而且日本也有没有节操的学者，也会剽窃西方学术成果。只不过，很多日本人研究者都比较熟悉西方研究，这种行为很容易曝光，所以发生频率没那么高。

较大的观点来看，学术世界体系中中心与边缘的关系也应该是我们讨论的问题。

常年在日本的大学教学的伊迪斯（J. S. Eades）在《外国眼中的日本文化人类学》（1994）中追问，为什么日本的人类学在国际上的影响小，并从日本高等教育的制度和结构中寻求答案。确实，日本一部分学界中并没有论文的审核制度，这有可能导致我们国际竞争力的低下。但是，笔者认为，伊迪斯问题的答案不应该是制度，而应该是世界体系中力量的差异。换言之，国际舞台上的日本学术影响力与日本在学术世界体系中所占的位置是成正比例的。不把学问视为欧美价值的知识体系，而是将其视为社会性建构的言说的话，就会发现，即使是在同一领域，不同国家学术体系的影响力也不同。如果说日本的学术在国际上影响力较小的话，不是因为日本人可以说的话少，而是因为日本人的思考模式、论述方法等与学术世界体系不一致。例如，日本人更重视建立在实践基础上的具象性，而不是理论方面的抽象思考[1]。

46

[1] 根据笔者的经验，在大学对某一概念进行说明时，在美国通常是先下定义，然后列举具体的案例，这样学生比较容易接受；在日本，则是要先列举出具体的例子，然后再进行定义。美国人的思考模式是从抽象到具象，也就是先列出原则，然后行动；而日本人的思考模式则是从具象到抽象，有时候还进行不到抽象的步骤。学者之间也承认这种差异，日本人书写的论文中有很多丰富的案例，但大多缺少将其抽象理论化的意识。至少，很少采用为了说明某一现象而找出新的概念、对其进行明确的定义、然后进行讨论的模式。其结果是，即使是叙述同一内容，日本人的研究（转下页）

日本的人文社会科学很难被西方接受，目前为止的主流说法是因为语言上的障碍。但是，所谓的语言障碍不仅仅是能够流利地使用语言的问题，还要考虑社会结构的关联性。特别是，学术领域中有支配性话语，不同的话语因其与这种支配性语言之间的关系而存在着力量差异（Asad 1986:156–160）。人类学的言说只要被处于世界体系的中心西方各国掌控，使用这些国家的语言自然会更加容易出成果。反过来，使用边缘，特别是非西方国家的词汇很容易进行表述的知识却得不到较高的评价。人们认为翻译过来不就能够把问题解决了吗？这种想法实在是太过天真。除此以外，即使使用世界体系中心的语言，也有可能会被抛过去一句“看不惯的外国类型，难以理解”而被忽视，或者还有可能因此被当作劣质品而处理掉（Miyoshi 1991: 9–10）。作为一个现实问题，边缘学者想要在国际上活跃的话，去中心国家留学就成了必须做的事情。

学术世界体系中的力量不均衡充分表现在中心国家主要期刊的审核制度上。边缘学者投稿的论文很难与中心话语吻合，讨论的方法也有自己的特点，在评审阶段通常得不到好评。因此，论文即使被接受，也会被要求更改内容——比如说会被要

（接上页）会给人只是案例研究的印象，美国人的研究则给人感觉是提出了新的理论。特别是，美国人擅长创造新的概念名词，注重讨论的“商品化”。相对而言，每种做法都各有利弊，问题是处于世界体系中心的美国的标准是全球标准，所以日本人的讨论就是“劣质品”“不合规格”的东西。当然这不是只有日本才有的情况。

求参考审核者所在国家的最新理论来进行大幅更改，有时甚至会被要求变更书写方法等。这种要求不仅伤害了书写者的自尊心，也给投稿者带来了要求较高忍耐力的屈辱性的体验。通常来说，国际评价较高的期刊的编辑是对于中心各国学者霸权的维持与强化。确实，边缘学者撰写的文章按照中心的标准来看有不太精练的地方，但是我们不要忘了，中心也有抹杀前提不同的异质性言说的力量。有关这一状况，那拉亚提到：

47

> 我们希望本土的研究者对现有人类学知识有所贡献，但是实际上人们并不希望出现非洲裔琼斯（Delmos Jones）提出的纯粹的本土的人类学，也就是把“非西方经验或前提基础上的一系列理论”单独提出来的做法（Narayan 1993a: 677）[1]。

加拿大的埃斯库维斯（Pamela Asquith）以灵长类研究为例，对西方蔑视日本学问这一点进行了详细的考察（Asquith

[1] 琼斯认为，人类学是建立在西方世界观基础上的学问，本土人类学的价值在于与西方思考体系不同这一点。因此，真正的本土学问出现，人类精神才能够摆脱西方文明的束缚。琼斯说，“本土人类学的出现，是人类学知识真正摆脱殖民地化的一个环节，这要求人类学家的训练方式的彻底变革”（Jones 1970: 258）。琼斯认为，本土人类学的长处在于为各种现象的说明提供了非西方的观点。笔者同意他的观点，但也认为优秀的思想是可以跨越界限的，所以没有必要过度局限于西方与非西方的框架中，有关这一点将在下一章进行详细的讨论。

1996）。埃斯库维斯认为，日本人的研究有时候之所以会被有意识地忽视，是因为日本人看人与动物的关系跟西方主流学派不一样，这种差异可能来源于宗教背景。她的主张中特别有趣的是，日本人的大多数研究成果尽管是用英语来书写的，但是在西方看来，日本的灵长类学是带有“污点”的，西方不是很了解日本的灵长类学，还没有确立起地位的年轻学者们也会被告诉不要去阅读日文期刊。结果是，西方的灵长类学家的“新发现”在很久以前的日本早就是众所周知的事情了，这样的情况时常发生。埃斯库维斯甚至主张，西方主要期刊的审核制度就是要维持世界系统的中心各国的学术霸权，并抑制边缘的声音（Asquith 1998; 1999）。

五、被置于人类学言说外部的本土人

48

那么，为什么人类学家在高度依赖作为信息源的本土人的同时，却不把他们当作可以对话的学术对象呢？在笔者看来，答案在于人类学学术结构，特别是民族志之上。民族志之所以能够吸引读者，是因为通过作者的叙述可以与未知土地上生活的人们浪漫邂逅。通过这种邂逅，读者认识到了人类文化的可塑性，其最典型的反应是“咦，还有这种生活方式和想法啊”，从而获得了用新的视角审视自文化的机会。对于书写者来说，民族志是文化翻译的产物，需要将异民族的奇妙惯习明了地解释给语言文化背景不同的听众，无论是专家，还是一般读者（这里所说的读者通常都是书写者所属的文化群体的人）。笔者认为，民族志的读写结构把本土人排除到了人类学言说之外，因为他们被定位为观察和表述对象，而不是对话对象。如果是对话的对象，民族志就会用他们的语言来书写了。其结果是，本土人在民族志中的地位就是被思考的对象。

进一步来说明这一观点，我们来批判性地解读日裔三世的近藤（Dorinne Kondo）在《自我生成》（*Crafting Selves*）中有关日本家庭的论述。在美国，这本书很受追捧，其中的第二部标题为“作为公司的家庭，作为家庭的公司”，描述了近藤调查的东京都荒川区下町的家庭生活。她的叙说是这样开始的：

> 还是高中生的正男一脸困惑地走进我的房间。我正在给他上每周一次的英语会话课。正男总是很活跃的，但是那个时候好像是有心事。课程结束后，我随口问了一句怎么了，正男很急迫地说“可以跟你说说吗”，我点了点头。
>
> “实际上，下周就得决定大学所学的专业了。”他本来喜欢美术，想要成为美术老师。将来是做自己想做的事情，还是进入商学部，然后继承家业（做鞋）？本来正男是要去教养学部的，不需要对此特别纠结，但是事情并不是这么简单，父亲希望他能够继承家业，母亲虽然说随其所好，但是心里还是希望他能够继承家业的，这一点正男很清楚（Kondo 1990: 119）。

近藤说，正男的祖父身无分文地从东北来到东京，在上野郊区作为鞋匠的学徒而开始工作。常年劳作，终于有了自己的店，之后还成为了当地商店会的第一任会长。正男的父亲是祖父的长子，继承了家业。同样的，父亲也希望正男能够履行长子的义务来继承家业，但是正男完全无意于此。他很清楚作为一个小店面，想要跟成长迅速的大型商店进行竞争是没有未来的。

50

> 正男说“上班族的孩子真好”，又有假期，家庭与工作分得清楚，生活的前景也是可以预测的。虽然很平凡，但也没什么。即使如此，正男的父亲还是希望他能够继承家业、家名，与商店会打好交道，像以前一样生意兴隆。正男的声音有些梗塞，他不忍让祖父的辛苦和父亲的努力成果付之东流。只干了两代就没了，实在是说不过去。
>
> 正男说“因为这点事打扰你，真是抱歉”。“但是，我的高中是男子学校，朋友们都不是很有决断力的人。而且，也没有什么‘金八先生’。”我虽然说了几句安慰的话，但是对于这样重大的人生问题，我又能给出多少建议呢？两个人聊了半天也没聊出什么解决方案，但是正男说，能把心里的话说出来，感觉轻快多了，然后他就回家了。当我只剩下一个人的时候，内心止不住的惊异，我和他不是很熟，是个外人，但是他却对我讲这件事，这也证明这件事对于他而言是多么重要。

到底为什么年轻人不得不苦恼于这样的事情？家庭、店铺怎么就具有了决定人生的力量？为了理解正男的烦恼与家族经营的束缚，就必须理解带有历史厚重度和义务性的“家（IE）”，以及作为感情中心的“内部（uchi）”的重要性（Kondo 1990: 120）。

近藤接下来又对在西方被称为“4P 组织”的日本的“家（IE）”的结构特点进行了说明。所谓的 4P 是指 Patriarchy（家父长制）、Primogeniture（长子继承制）、Patriliny（父系制）、Patrilocality（从父居）。本章把英语的 family 表述为“家庭”，ie 写成“イエ”[1]（桑山 2002），イエ的起源可以追溯到武士阶层掌握政权的镰仓时代。19 世纪后半期的“民法典争论”后，イエ作为天皇与臣民的拟制父子关系的“家族国家”的基础而被法制化。众所周知，第二次世界大战后的民法修正中，イエ制度虽然被废止，但是作为惯习还是存在的。因此，イエ引起了内外人类学家的关注。近藤又描写了正男家附近的几个家庭的情况后说：

51

イエ不仅仅是建立在血缘基础上的亲属组织，也是建立在社会经济关联性基础上的团体。因此，道德、社会、感情，无论从哪一个角度来讲，イエ、家系、家业都是具

[1] 家。——译者

> 有决定性的重要因素。能够代代传承是最理想的，为了使家系不中断，我们有很多选择。年轻的正男的责任很重。作为独生子，他的双肩上承担着历史的责任。（中略）对于认为应该留下家业的父母来说，孩子为了维系家业而抑制个人的情感和需求是一种美德。实践自己的计划而忽略对イエ的义务，是一种不成熟的表现（Kondo 1990: 131）。

在讨论近藤的见解之前，我们要指出，她的叙述中有一个明显的特点。那就是，如以上罗马字的日语表述中所表现的那样，把当地话嵌于教科书中。或许，这是有意识地选择的修辞战略，有两个隐藏的效果。第一，传达当地的氛围。大多数美国人不太懂日语，插入的日语是一种符号，其传达和指示的内容是被他者化的日本。第二，现场拍摄的照片成为田野调查的证据，同样地，当地话语的嵌入成为叙述话语真实性的表现[1]。

《自我生成》生动地描绘了日本的家庭生活，在美国学界受到好评。近藤很好地吸引了人们对于异文化的兴趣，这是任

[1]《自我生成》中使用的大多数日语在文化上并非有着多大的特殊含义。有关这一点，近藤的修辞学战略与本尼迪克特的《菊与刀》的战略形成对比。本尼迪克特的日语能力有限，但是她还是很谨慎地选择了几个她认为应该讨论的可以表现日本民族精神的词汇，如“恩”“义理”“耻”等。《菊与刀》在日本人中引起较大反响的原因在于，日本人自身忽视了这些词汇的含义。同样的效果，我们是没有办法在“浪费”了很多日语的《自我生成》中发现的。

何一个优秀的人类学家都具备的能力。然而，笔者想要问的是近藤所描绘的当地人形象对于当地人而言有着怎样的含义。对于很多日本人来说，近藤的说法之所以片面，是因为她没有考虑到イエ的概念是因个人的社会立场不同而不同的。如中根千枝在《纵式社会的人际关系》（1967）中说的那样，イエ是日本集团的原型，它给日本人生活的巨大影响不言而喻。实际上，很多近代小说（特别是私小说）都以イエ为题材，不过，不用学者指出我们也明白，现代日本的家庭生活是无法只用イエ的观点来解释的。

52

即使民法修正中没有废止イエ制度，不同立场的人们对于イエ也有不同的理解。继承世代家业的长子、贫困家庭的二儿子与小儿子，两者之间肯定不同，嫁作他人妇的女子与兄弟之间的感知也是不同的。近藤其实十分明白イエ在日本国内的多样性，她在著作中也反复强调文化的多样性[1]。尽管如此，近藤也加入了总体性论述中，只强调“历史的沉重感与义务”了。这只不过是有关イエ的研究中反复强调的家是集团主义源点的论述的重复而已（Kuwayama 1996, 2001）。《自我生成》的矛盾在于书写方式崭新，而内容本身则“古色苍然”。

[1] 例如，近藤在讨论日本人的家时，在脚注中说明需要考虑社会经济差异。她说：“特定的家在多大程度上能够反映日本的阶层性家的特点，这是与这个家的社会经济地位相关的。”（Kondo 1990: 318）然而，这种讨论没有在正文中写明，而是用于脚注，这表明无论她多么强调家经验的多样性，也只是把它作为一个次位问题进行处理。

那么，到底是什么东西，使得像近藤这样优秀的研究者会固执于固化形象？她为什么关注イエ？在笔者看来，最大的理由在于近藤的美国性格。不用说，美国与日本对待个人与社会的关系问题持不同态度。美国是个人主义，所谓的自由意味着从社会性束缚和规则中解放出来。人只要在社会中生活，个人与社会就不可能永远处于对立位置。但是，美国人却把两者看成是二元对立关系。埃杰顿（Robert Edgerton）指出，“个人自由与社会拘束这种想象的二元对立关系，是西方思想的统治隐喻。”（Edgerton 1985: 258）

53

近藤受到这一隐喻的较大影响，《自我生成》中对于一位叫横山的女性的描述可以充分表明这一点。这位女性看起来年轻时应该是十分有魅力的，但是为了继承家里的大排档这一家业，与一个很无趣的男子成婚。近藤自问：“为什么家业这么重要？就算イエ、家业再重要，也不至于机关算尽，不顾个人幸福吧？”（Kondo 1990: 137）然而，这种疑问其实是有一个前提的，也就是存在着一个可以独立于社会的自律个体的存在。近藤没有意识到，这一疑问只有在确立了个人主义传统的社会才有意义。反过来理解她提到的文化研究内省性的话，她的疑问更多是向美国人，而不是日本人提出的（Kuwayama 1996: 161）。

换言之，日本人到底是不是可以抹杀自我的集体主义，这并不是一个很重要的问题。重要的是，比起信奉个人主义的美国人，日本人与集体的一体感更加强烈，这一特性在イエ中表现得最明显。也就是说，イエ给近藤提供了一个凸显日美差异的棱镜，只要对于近藤和美国读者来说，“イエ”有益于他们对于日本的理解，那么イエ对于日本人来说意味着什么并不重要。如果把这本书翻译成日语，这一情况就更清楚了。因为近藤讲故事的写法虽然很有新意，但是她写的东西对于日本人来说都是茶余饭后的闲话而已。她的研究之所以受到美国人的追捧，不是因为它对于所描述的日本人有多大意义，而是因为它可以帮助描述方，也就是美国人理解日本，同时还可以促使他们反思持有与日本的集体主义相对照的个人主义的美国人自身。

于是，近藤无意识地将人类学知识的内省性展示出来了。54 这似乎验证了其十分敬慕的格尔茨的观点。“所有的民族志描述都是‘家中制造’，那是书写者的描写，而不是被书写者的描述。”[1]（Geertz 1988: 145）同样的见解也见于末成道男在1989年《民族学研究》特集“从外看日本”中发表的观点。

[1] *Words and Lives* 的日译本《文化的阅读与书写》（森泉弘次译）中，把homemade翻译成为“手前味增”（自吹自擂。——译者）（207页），这完全意义不通。如第一章所说的那样，格尔茨的homemade是指人类学家在田野中调查收集资料，调查结果“写成”民族志则是在回家之后的书斋里进行的，对于完成的民族志的评价也是在home进行的。并且，该书中以下的内容有助于我们理解本土人被排除在人类学话语之外的原因。“在‘田野’里，是指‘我去了加德满都，你呢？’这本身就是一种到此一游的经验。但是，人类学家写的东西被阅读（中略）、出版、评价、引用、被教授，是因为她/他是学界的学者，因为她/他在这里。”（Geertz 1988: 130）

读过“美国人写的民族志”以后，发现对于美国人来说很有意思的东西，对于日本人来说是如此陈腐。但是，即使是对于当地人来说很无聊的东西，也是民族志本质要素的一部分。反倒是那些省略掉被认为是当地常识的民族志，非常难以理解。因此，如果只是注意到这一部分，说什么本来就是这样啊，写的不够深入等，反而不是带有生产性的见解（祖父江、王、末成 1989：416）。

不过，当我们对这些情况都有所了解，那么自然会产生一个问题，那就是民族志到底是给谁写的？格尔茨的“家中制造”论说用精妙的语言指出民族志应该从书写者的角度进行撰写。如果这是为了排除掉被书写者的作用而提出言论的话，笔者不得不提出异议。

我们要注意的是，后现代民族志的书写者通常都会对自己进行激烈反思，而对被书写者则很少顾虑。实际上，以近藤为代表的民族志学者，对于民族志的“阅读”和“书写”都有着强烈的关注，而不太追寻其中“被描述”所含有的意蕴。也就是说，他们将被描述的本土人排除在了对话对象之外。所有的民族志都存在这一问题，后现代主义民族志尤其如此。费边（Fabian）在《时间与他者》中很早就指出，人类学所谓的“对话性他者”是其他人类学家、是人类学界，本土人虽然是人类学的前提，但是不会有人跟他们对话（Fabian 1983: 85）。

55

只要这种情况一直持续，本土人的学问就不会受到尊重。当然，近藤的日本人阐释即使在西方也是依据于有威信的理论的。她所重视的“Local= 日本风”的经验只有在世界学术体系核心承认的理论的基础上才具有学术意义。从这一角度来讲，近藤的立场不过是“名义上的地域主义”。

萨义德的东方学批判清晰地展示了这一点。他提及，西方的东方学者的工作就是让对于西方人来说的东方学变得通俗易懂。于是，无论西方人描述的东方形象与东方人自身的认识有何不同，只要他有利于西方人理解东方，那就不是一个问题。因此，“东方学有没有意义，根本在于西方，而不是东方。”（Said 1978: 22）这种学术结构中的东方学学者的业绩评价的实行者不是被描述的东方人，而是作为同僚的西方的东方学学者，东方人自身被“置身事外”，这是学术的殖民主义结构。

萨义德说西方是在与东方的对比中进行自我规定的，这也是一个很重要的论点。所谓的“对比”，是指将自己和他者看成正反两面的东西，这与对有所异同的双方进行验证的“比较”不同（桑山 1999：213）。回到近藤的讨论，她是把日本的集体主义与美国的个人主义进行对比时，为了便于大家的理解，而重点提及“イエ”的，而铃木荣太郎（1940）则从文化相通的视角出发，认为日本的“イエ”不过是全世界农村都存在的“家庭主义”的一个形态而已。既然是对比，日本人就被描述得与美国人完全不同，带有日本风味的日本人形象就这样形成了。这也进一步证明了萨义德的感慨，“习惯于将世界分为‘我们’和‘他们’的东方学二分特性就使得东方人更加东方人，西方人更加西方人了”。（Said 1978: 46）后现代的近

56

藤讨论前近代的イエ制度，创造出传统的日本人形象，这与其说是一种讽刺，还不如说是一种当然的理论归结。

六、书写者与被书写者的关系变迁

现在，本土人类学之所以成为广受关注的问题，是因为第二次世界大战以后的国际政治变化导致书写者与被书写者的关系发生了根本性的改变。很多人类学家进行田野调查的“未开化社会”都变成了第三世界国家，不再是隔绝的自给自足的社会[1]。另外，近年的全球化浪潮波及世界各地，西方与非西方的接触更加频繁。在这种情况下，人类学家与目前为止几乎没有放在心上的异质他者——作为民族志读者的本土人——激烈“撞击”。所谓的本土人，之前只是调查对象和表述对象，现在则完全可以阅读外来者撰写的自文化民族志，如果有异议，就行使新获得的政治权力进行反抗。现在，虽然不得不与战斗性的本土人进行“对决”的人类学家还不多，但是早晚他们都不得不假定本土人为“对话对象”。罗萨尔多（Renato Rosaldo）在《文化与真实》中论述到：

[1]“未开社会”的隔绝程度是一个有探讨余地的问题。之所以这么说，是因为结构主义通常都将一个社会看作是与邻近社会完全隔离的体系，这就使得未开化社会看起来比实际上还要隔离。同时，由于该理论强调“此刻此地”，所以“未开化的”历史被研究者凝固于其进行观察的那一时刻。

> 我们应该把来自于研究对象的批判视同于同僚的批判。本土人的洞察能力强，从社会学角度来讲也有正确的发声理由，有时或许是自私的，有时也许是谬误的，但是其他民族志学者也会出现同样的情况。他们熟知自己的文化。我们不应该无视，而是应该倾听他们的批判，充分考量，并接受、否定，或者一边修正一边矫正我们的分析（Rosaldo 1989: 50）[1]。

57

在后殖民主义世界变化的不仅是被描述者，描述者也在发生变化。近代西方将其势力全面推向全世界的过程中遭遇了“奇妙”的异质人，人类学就是用来说明这些他者的学科之一，这就是所谓的“人类学的殖民主义根源”[2]。不过，现在人类学并不是西方独有。在第三世界，有很多在西方接受教育的优秀人类学家，还有在自己的国家（日本以及其他非西方产业国家）接受训练的人类学家按照自己的学术传统来运营自己的学会。堀内正树就中东的人类学指出，“一直以来处于描述立场的‘自我’也变得多样化”（1995: 171）。现在，“自己研究

[1] 罗萨尔多是斯坦福大学的荣誉教授，曾任美国民族学会会长。他处于美国社会的中枢，但是因为其父亲是常常被当作研究对象的拉美裔美国人，所以也会在某种程度上考量被描述方的立场。

[2] 非西方的日本也有着殖民主义的历史，不过其势力基本上是在亚洲太平洋圈。从这个意义上来讲，近代世界中日本的地位是双重的，有关这一点，详见第四章。

自己的社会，用自己的语言进行记述，自己国家的读者阅读这些记述的模式已经基本确立”（同上）。同样的现象也多见于曾经的西方殖民地的亚非国家。今后，随着本土人类学家影响的扩大，旧宗主国的人类学家就不得不与这些“专业他者”进行更多的交涉。

本土与非本土的人类学家的遭遇所孕育的大问题与文化表述相关。作为被描述者的本土人的认识不一定与作为描述者的研究者一致，多个研究者对同一文化现象进行观察时，有时也会得出不同的文化表述结论。有关这一点，我们可以参考同在墨西哥农村进行调查却得出相反结论的雷德菲尔德（Robert Redfield）与奥斯卡·刘易斯的经典论争（Redfield 1930; Lewis 1951）以及有关萨摩亚青春期的米德与德里克·弗里曼（Derek Freeman）的论争（Mead 1928; Freeman 1983）。

58

《写文化》出版以后，很多研究者开始探讨主观性的问题。序言中，克利福德否定文化研究中的客观性，主张人类学知识的片面性。“至少在文化研究中，我们已经无法知道真实的全貌，连接近都不太容易。”（Clifford 1986: 25）这一主张洞察力十足，但并非独创。20世纪60年代后半期，马库特就指出，所有的社会知识不过是主观的、部分的，是从特定的观点出发得到的（Maquet 1967）。克利福德的主张中如果说有新鲜的东西，那就是挑战了一直以来把人类学设定为客观科学的观点（不过，读过本尼迪克特的著作，谁还会认为人类学是“科学”呢？）。他的讨论值得我们关注，但是如果过于强调主观性和片面性，文化研究中就会蔓延悲观主义情绪，变成盲人摸象。

在日本研究领域中最早指出文化表述的主观性问题的是别府，在对美国人所做的医学人类学研究（Norbeck and Lock 1987）的书评中，他写下与克利福德的见解异曲同工的如下这段话：

> 与大多数英语圈的日本研究一样，本书也意图促进美国人对于日本的了解。但是，这些对于韩国人、巴基斯坦人有关日本人的理解是否有用则是另外一回事。简单地说，人类学是受文化限制的学问，没有所谓的独一无二的大写的人类学，只有小写的复数的人类学，看起来似乎是一样的，实际上有很大的不同。换言之，美国的人类学是为了美国人能够更好地理解异文化，法国人类学是为了法国人能更好地理解异文化。有关日本人的健康、疾病、医疗等问题，法国的人类学家如何理解，美国的人类学家如何理解，真的很想知道两者之间的区别（Befu 1989:266）。

59

其后，他与德国的克雷那（Josef Kreiner）合作，讨论世界上十个国家是如何表述日本的（Befu 1992）。

然而，把表述的差异仅仅归结于书写者的文化差异是否妥贴？笔者以为，主观性能够有意义是在志向于某种客观性的时候。有关这一点，斯里妮巴斯早在20世纪60年代就已经进行了明确的论述（Srinivas 1966）。他与别府一样认为，在讨论文化书写问题的时候应该考虑书写者的社会、思想背景，但是这种主观性的认识只不过是“迈向宏大客观性的第一步”，为了达成目的需要更多拥有不同背景的研究者的协助。他认为，“在社会研究中要获得更大的客观性，是需要国际合作的”（Srinivas 1966: 154）。笔者与斯里妮巴斯的想法一致，认为文化研究有可能获致一定的客观性，客观性靠主观之间的磨合来保证。强调文化表述中主观性的后现代主义只是指出了问题在哪里，却没有提出解决问题的方法。比如说，目前为止多次讨论书写文化的问题，但是有关在田野中应该做什么（例如在第六章中论述的，像日本的民俗学家那样，多位学者在同一个田野点进行调查，一起讨论每天的研究成果），却没有特别值得一提的论述。重要的是，我们要在有关主观性的认识之上构建什么。

写下“文化人类学中的‘实证主义’危机”一文（1995）的劳斯可（Paul Roscoe）认为，很多人类学家之所以会沉迷于后现代主义，是因为一个研究者独占了一个研究地点，不太容易允许其他研究者的验证。这种学术研究方式与自然科学的多个研究者观察同一现象，然后就此比较、讨论各自见解的做法形成对比（Roscoe 1995）。把劳斯可的见解放入本文文脉中就会发现，人类学家之所以会掣肘于克利福德的“部分真实”，是因为没有接受过通过比较不同的主观现实来树立“间主观现实”的训练。后现代主义对于过往人类学当中隐藏的问题方面的贡献不言而喻，但是我们也应该倾听劳斯可的如下见解：

> 人类学与其一味追寻后现代主义，还不如找出具体方法来打破“如同孤狼作战的民族志学者”的观察以及表述的权威。（中略）比如说让很多人类学家在同一地点做调查并相互验证，期刊以及书籍的编辑召集“成为观察对象的本土人”社会的有识之士批判有关自文化的民族志（Roscoe 1995: 49）。

另外，有关文化表述的讨论，还有一点就是缺乏对于被描述的人们的情感的考虑。按照别府所说，美国人有美国人自己描述日本人的方法，法国人有法国人自己描述日本人的方式，每种都有它的合理性，不过这些说法都是描述者的理论，被描述者都被挡在门外了。这虽然是一种将描述者的认识投射到被描述者身上的精神分析学观察法，但是，被描述者确实没能够言说自己的形象。事实上，如果很多画家为我们画肖像画，画出来的形象与自己完全不同，或者跟自己的想象不一样，我们会作何感想？如果作为他者的画家非得把他认为的自己的形象强加给自己，又是怎样一番感受？如果这个画家势力强大，我们无法反抗，不得不接受这一形象的话，那只能说是一种屈辱。很多后现代学者说，艺术家没有忠实再现“客观”事实的义务，放到异文化研究中来的话，就变成了对于生活在现实中人们情感的蔑视。萨义德在他的东方学评判中清楚地表明，表述是一种政治行为。特别是当描述者与被描述者之间有力量差异的情况下，这就是一个大问题。

那么，文化的书写者要怎样做才能够超越彼此的主观性，在获得一定客观性的同时，让被描述者信服呢？在笔者看来，答案在开放式文本这一概念当中。这里所说的开放式，是指包括本土与非本土在内的多样化读者、听众的语境，与近藤为代表的内省式民族志中假定读者为与书写者同一文化共同体的人们的“封闭”表述形成对比。这个开放式文本并不是自我完成的，反而会促使作者的文本中“写入”更多的人。因此，开放式文本可以是书写者与被书写者的共同著作，也可以是由多个作者书写出来的“合著”。前者在生命史中有所尝试，后者是指在民族志的书写过程中，很多人同时阅读书写并进行无限制的对话。这种构想到目前为止还只是空想，不过随着网络信息技术的发达，全球规模对话的技术基础已经具备。

62

开放式文本这一概念灵感源于太田好信。太田在其著作《跨位思考》（1998）中再版的“东方学批判与文化人类学”（1993）一文中，为了实现“开放对话”而提议如下：

> 扔掉对于民族志的执着，设定文化记述这一大的框架，创造出一个容纳更多人（人类学家、文艺评论家、当地人、历史学家、乡土志学者等）都可以参加的公共论坛，这是否可行？有关文化的表述，我们不仅需要民族志这样一种学术权威的模式，更要打破它的局限，创建一个

> 永恒的“可以替换的版本的连接”。不是完成一种描述，而是连接，拒绝阶层化，作为一个开放的对话而持续（太田 1993: 487）。

太田所说的“版本的连接”，是受到了电脑网络会议的启发。其特点并不是通常的“作者性”，而是匿名性。

有意思的是，日本古典诗歌形式代表——连歌——在没有网络的时代实现了上面所说的开放对话，或者说“开放式文本”。在英语中，连歌为linked verse，也就是连在一起的诗歌的意思。著有《缩小意识的日本人》（1982）的韩国作者李御宁将其与“座”的概念结合在一起进行了崭新的解释。也就是说，座是“共同参加型的剧场”，其特点在于演员与观众、主人与客人、主体与客体之间的界线暧昧，在表演期间，两者融为一体。座中生发的一体感在日本随处可见。最典型的例子就是国际上有名的歌舞伎的花道，这种从舞台中央到观众席延伸出去的舞台设置提高了观众的参与意识。除此以外，主人（不是在墙壁后面）在客人面前点茶、大厨在客人面前料理刺身等，这些都可以说是“座”的例子。李指出连歌和茶汤的历史亲和性，并论述如下：

63

> 正式作连歌的场所与茶室一样，在壁龛处挂一个画轴并摆上插花，为了搞好连歌，要举行定期的会，称“讲”，与茶客的聚会是一样的。也就是说，既有主人又

> 有客人，起主导作用的师傅与参加连歌的人对面而坐。第一句就像茶道中的点茶，之后就像不断被劝喝的茶一点点添付句，到一百句完成时，最后记明谁写了几句，这才算全部结束。和茶道一样，从领到怀纸写第一句开始到最后一句结束都有许多繁杂的法规，监督法规的人称“执笔”，在作连歌中起到重要作用。（中略）连歌不只是个人的想法，所以第一句（以某种事务为开头的引子）如果作得不好，那么连歌的整体就要受影响，每一句歌由不同的人作成，所以作付句一面要受他人的影响，同时自己作的也影响他人。很明显，由“座”的协调诞生的百句连歌最终是一首长篇诗歌。[1]

实际上，克利福德在《文化窘态》（1988）中也提到了这种合著的可能性，但是他以“合著这种想法本身就已经挑战了将文本秩序与作者意图视为一体的西方人的思考模式”，将其称呼为“乌托邦”并远离之。然而，他的见解在笔者看来并没有特别大的说服力。因为如果说合著的相反概念为单著的话，也不能说因为单著是西方的传统，就要子孙后代代代相传。如果在西方没有代替过往民族志书写方式的方法，那就从别的世界借用。克利福德或许应该更加认真地对待以下他自己的

64

---

[1]〔韩〕李御宁：《日本人的缩小意识》，张乃丽译，金文学审校，山东人民出版社 2004 年版，第 181–182 页。——译者

话语。“今后，人类学家应该逐渐与当地的合作者分享自己的文本，有时甚至是‘书或者论文’的封皮。‘报道人’这个词已经不适合用在他们身上，或许从来就没适合过。”（Clifford 1988: 51）

采用这种新的书写方法的前提下，如何认定、保护学者业绩的问题尚未解决，所以现在合著和匿名都不太现实。我们看一看网络上写的东西受到的较低评价就能够明白这一道理（Cf.Schwimmer 1996）[1]。因此，作为一个暂时可行的方案，笔

[1] 在 Windows95 横扫网络的第二年，史威默（Brian Schwimmer）发表了名为“网络上的人类学”的文章。他提及，由于使用了网络，过往的学术权威被打破，可以创造出一种以“平等主义”“共同做学问”“知识的利他性共有”为特征的新型社会秩序。1996 年，也就是我在创作本章基础的“‘当地’的人类学家”的时候，也有同样的感觉。之后，网络上的知识和意见的交流因博客的出现而变得普遍，然而遗憾的是，在学术方面还没能充分应用这种技术。这里面有很多原因，特别重要的是如下几点。①文科业绩，其评价体系依赖于文字，所以印刷的社会威信性不减。②因此，只在网络上公开的知识，其口碑很低。实际上，很多电子期刊的论文都是先打印在纸上，放置一段时间后，再上传至网上。只是，即使如此，也大多为 PDF 格式，读者无法将最新讯息写入其中。③维基百科可以说是比较好的，有很多人共同编写的例子，但是因为还没有确立好书写的规则与伦理，所以在学者之间还没有得到充分的信赖。当然现在专业杂志的参考文献中也出现了维基百科的解说，这种可以由很多人来共同撰写的文章，早晚都能够在学界获得“市民权”吧。④世界大多数出版社主要依赖于印刷技术来生产主打产品，在这种印刷技术之下，作者与读者很难进行沟通，但他们也不太会着力于为两者之间创造一种新的对话平台。这样看来，现在通过手机来推送小说的尝试算是比较革新的实践，并出现了一边看网络上读者的反应，一边进行创作的写作模式。

者提议一个新类型的期刊出版方法。也就是在非本土人类学家撰写的论文后面附上本土人的评论，前者充分参考后者的评论，然后在本土人与非本土人的文脉中重新思考自己的观察。作为交流的媒体，如果能够同时使用印刷和网络的话，效果会更好（本章的源头是1997年发表的论文"'当地'的人类学家"，当时还没有什么电子期刊或者博客，所以这种想法在当时是比较新颖的）。同样的意见交流可以在国际评价较高的《现代人类学》（*Current Anthropology*）上进行，但因其主要局限于英语圈的专家之间，所以也不太好办。以上提案与理想还有一定距离，但应能起到打开封闭的人类学言说、促进描述者与被描述者、本土人与非本土人之间对话的作用。

七、西方人类学家被排除在言说之外时

65

当西方学者成为被描述者时，又是怎样一种情形呢？20世纪90年代中期，笔者出席了美国人类学会的二级单位中历史最悠久的美国民族学会（American Ethnological Society，以下简称AES）的年会。当时，《写文化》之后的内省倾向正盛，比起理论更重视民族志的情形在AES也比较鲜明，当时分科会的主题之一是"人类学言说的界限"。四个发言人中两个是文艺评论家，他们两个都有评价过当时的AES会长罗萨尔多的《文化与真实》的序章。在序章里有这样一段描述，即同是人类学家的罗萨尔多的妻子米歇尔·罗萨尔多（Michelle

Rosaldo）在菲律宾的田野调查中跌入溪谷，丈夫悼念妻子的内容。虽是表现作者苦闷的文章，两位文艺评论家却把米歇尔的尸体当作物质来看待，把罗萨尔多的描述作为文本进行分析。

分析本身很到位，不过在他们发言之后有人提出异议，那就是这两位发言人把遗体，尤其是因事故离世同人的遗体当作物质来处理是否符合道德性？评论多认为这两个人的态度冰冷，没有人性，不道德。一个年纪稍长的中年女性对这两个年轻的男性评论家进行批判，叫他们今后应该改变态度，对被描述者应该持有更多的敬意。米歇尔的一位女性人类学家好友指责这两个人歪曲了作者的痛苦，认为他们两个没有同理心。这位女性甚至无法控制自己的感情而哭泣。在场听众也对“没人性的”评论家投去指责的目光。然而，观众的反应反而使得他们情绪更加激动，其中之一说：“真是难以理解，我们有什么不对？你们是想说我们没有替人着想的心吗？”激烈的对话持续一段时间之后，两个人带着难以与人类学家继续对话的表情愤慨地离开会场。

66

据笔者所知，像这种感性的意见交流在美国的学会前无古人后无来者，但却能够反映出“被描述”的行为意义。也就是说，被他者表述这一件事就意味着自己被能够决定自己身份意识的他者来描绘，这一形象可能是特立独行的，也可能是完全违背自己意志的。AES 这次会议中允许描述者与被描述者（或者与他们站在同一立场的人们）在平等的场合下相遇时，后者可以对前者提出质疑。然而，在原宗主国的西方与曾经的殖民地的非西方这种存在着悬殊力量差异的关系框架下，被描述者只能听任描述者去描述自己的命运。

八、结语

现在，有关本土人类学的文献虽然增多，但从总体上来看还是很少。一般来说，关注这一问题的多是非西方的学者或者处于西方学界角落地带的少数群体研究者。他们的论文多刊载在二三流的期刊，发出的声音很难传达到中心地带。即使传达到了，也会被贴上"主观""偏差""歪曲"的标签，极有可能被当作一种"杂音"而处理掉。

67

本章所讨论的是有关这种情况的认识论和政治基础。简单总结为如下几条。①本土人被结构性地从人类学言说，特别是民族志表述中排除掉。②使这种排斥成为可能的是近代殖民主义中的西方霸权。③本土人类学家因为处于学术世界体系的边缘位置，只起到了一种次要作用。④英、美、法三国位于学术世界体系的中心位置，设定了将世界各地生产出来的知识进行阶层化的基准。⑤开放式文本的概念有助于我们思考如何超越个体研究者的主观性获得客观性。⑥人类学家应该创造一个能够使包括本土人（特别是知识阶层）在内的各种利益主体在平等的基础上参与对话的平台和空间。

与最后一点相关联的是，为了促进世界各地日本研究者的交流，别府在“作为他者的日本”（1994）一文中提议设立国际日本研究学会。他主张，日本的影响已经不是靠海外学者单独行动进行研究就可以掌控的了，日本人应该停留在观察者的立场上。别府认为，“从海外视角讨论日本研究意义的时候，需要一个没有日本学者思考和讨论的平台”（Befu 1994: 44）。且不说国际日本研究学会的通用语应该采用哪种语言这么麻烦的问题，他的提议本身就带有一定的危险性，因为拒绝研究对象的积极参与只会进一步加深描述者与被描述者之间的鸿沟。

图 2-3　JAWS 的一个场景

注释：2005 年 3 月，正在香港大学召开的第十六次 JAWS 研究大会全体会议上发言的亨得利女士（中间）。从左向右依次是王向华（中国）、别府春海（美国）、乔伊·亨得利（英国）、桑山敬己（日本）、文玉杓（Moon, Okpyo，韩国）。

别府提案的背景是，随着日本国立研究机构、学术基金会所带来的日本人影响力的增大，很多外国研究者感受到了某种威胁。例如，日本资助召开的国际会议主题和参会人基本上由日本工作人员决定（Befu 1994: 43）。这种做法在别府看来是限制学术自由的行为。这也是理所当然的一种批判，但在笔者看来，更重要的问题是，日本人总把外国研究者当作小朋友、徒弟的性格和海外对这一点的强烈不满与反感。

68

实际上，在美国接受研究生教育的笔者也曾经有过被人当作小孩子的经历，所以在这里斗胆向日本的同人建言。一方面认为人类学是西方舶来品从而带有自卑感；而一方面，当谈到日本研究时，又带有傲慢的优越感，像这样的人屡屡出现，真的很丢人。最近这样的人少了很多，但以前那些貌似绅士的年长者中较多这样的人。例如，第二次世界大战后不久，本尼迪克特的《菊与刀》出版后，有称赞，也有人说“美国人研究不过如此”（祖父江、王、末成 1989：411）。20 世纪 60 年代的驻日大使，美国历史学家赖肖尔（Edwin O. Reischauer）所著《日本人》（1977）自出版以来，在英语圈得到了很高的评价，在日本却被简单地评价为“学术常识”。这样的研究者根本不明白用外语书写日本和由日本人用日语书写日本完全不是一回事的道理。

69

笔者批判的既不是处于世界学术体系核心位置西方学者的傲慢，也不是处于边缘地带学者的无知。笔者的主张是，由于双方的态度都过于顽固，导致有关日本的言说被封闭了。如上所述，美国的人类学日本研究有着丰厚的积累，有代表性的学会 JAWS（Japan Anthropology Workship）。在海外，特别是西方的日本研究可以说已经进入了成熟期。这本身是一件好事，但其背后是日本研究的日本人缺席。为了打破这一状况，日本的学者应该做的不是概观外国人的研究，而是应该建立一个生产性的对话平台。

本土人类学家的窘境多由处于学术世界体系中心和边缘的力量不均衡造成。但是，如海内外日本研究案例所展示的那样，本土与非本土的问题往往是相互的。解决问题的唯一方法就是把彼此当作平等的伙伴相互尊重，带着共鸣去接触对方的研究，带着幽默和耐性去努力对话。

第三章　人类学的世界体系——世界人类学共同体中的日本与亚洲

75　人类学诞生于西方，是带有“殖民主义根源”的学问。以此为生计的人类学家很少认真地考虑被描述者的感受，只是对远方的异民族进行调查而已。远方“异国情调的”他者只不过是被描述的对象，研究内容与方法与他们无关。他们只是报道人，无法用自己的声音在有关自己知识的生产平台，也就是文明社会发声。但是，到了20世纪后半期，曾经的殖民地逐渐实现了政治独立，人类学家无法再像从前那样与研究对象保持舒适的距离。现在的人类学家反而是处于被“异国情调”的他者进行观察的立场，有时这些他者还具备威胁人类学家权威的力量和资源。现在全世界对于原住民权利的支援从背后支撑了本土人的主张。以前投向于他者的人类学家的视野，现在正逐渐转向自己。76　围绕着本土人类学家论争的中心是描述者与被描述者之间到底存不存在伙伴式的互惠性。

两者之间的关系复杂，是当被描述者具备读写能力，且具备了挑战描述者权威传统的时候。有关这一问题，我们已经将目光集中于描述者与被描述者之间的力量差异之上进行了讨论。本章将继续对围绕着异文化的学术生产、流通、消费的全球“政治”进行探讨。

首先，介绍笔者最初讨论的“‘当地’的人类学家——日本研究为例”（1997）的相关评论。已故的荷兰范·布雷曼（Jan van Bremen）最先看了拙稿，并在JAWS的通讯上给予建设性的评判（van Bremen 1997）。如在序章中提到的那样，她的珍贵点评不仅是我深化思考的契机，同时也起到了把这种讨论带向国际的作用。本章后半部的焦点在于从学术世界体系的中心与边缘转向亚洲的中心与边缘，进一步深化讨论。或许，亚洲知识分子的最大问题在于，就像最早实现近代化的日本想要脱亚入欧一样，包括学术在内的很多领域都在向西方寻求权威。由此，各个地域虽然与西方能够进行学术上的交流，但是亚洲内部的交流却很迟缓。可以说地理上的接近没能够促进学术上的接近。另外，本章的目的在于提高读者对于世界人类学实践中力量的不均衡和由此产生的种种问题的认识，而不是提出具体的解决对策。

一、人类学世界体系中的中心与边缘

在进入讨论之前，首先请允许笔者对促使我思考该问题的瑞典人类学家、已故的托马斯表达谢意。在“瑞典——中心民族学与边缘人类学”一文中，他提及：

77

> 从国际上来看，民族学和人类学都有很多研究者，民族学的世界体系、人类学的世界体系这种说法是成立的。这种学术上的世界体系与所有的世界体系一样，各有中心与边缘（Gerholm 1995: 159）。

话很短，却让笔者获得了灵感，开始就人类学的世界体系甚或就学术的世界体系进行思考。他对于我的批判，第一点是笔者的思考是静止固化的。“桑山分析的问题在于，过于将重点放在中心与边缘以及立场问题上，其分析方法是静止的。”（van Bremen 1997: 62）他还认为“更加危险的是，他暗示的边缘的本土人与处于中心支配地位的本土人类学家之间内在不谐和的音调”（同上）。在香港侨居的美国人类学家麦高登（Gordon Mathews）也有着同样的评价。在他看来，世界体系中存在着多个边缘与中心关系，与处于支配中心的少数精英相比，大多数的人类学家无论国籍，多多少少都被边缘化了（私人信件）。总体而言，就是认为笔者对于世界体系的理解跟“西方”与“非西方”、“殖民者”与“非殖民者”、“我们”与“他们”一样，都是二元对立的。

78

有关这一点，笔者也十分明白，所以集中于三点进行补充说明。第一点有关中心的多元化。笔者的基本立场在于，人类学世界体系的中心是英、美、法三国，也就是说中心有三个。而不是指特定的某个国家掌握着霸权。并且，如果将目光集中于中心内部差异性的话，即使是历史上关系十分密切的英国和美国之间也有很大的差异。例如，在日本研究领域，通常英国人比美国人更加积极地与日本人合作。JAWS的核心人物亨得利（Joy Hendry）在其著作《日本社会的解释》（1998）的序文中提出该书的特点在于日本与欧洲的合作，并将其与“封闭的美国人的研究”进行对比（Hendry 1998: 2）。另外，别府认为学术交流在同一语言圈内进行较多，这是很自然的事情，不过，“比起美国人对于欧洲人研究的熟识程度，欧洲人对于美国人的研究更为了解”（Befu 1992: 28）。这一说法绝不是指责美国人狭隘，只是说拥有世界最大的人类学会的美国在中心三国中是最强的，对于其他国家的研究不太关心[1]。

第二点是有关世界体系边缘的多元化。有关这一点，有必要记住的是，被边缘化的不止日本一国。实际上，且不说大多数的非西方国家，很多欧洲小国也与日本处于同等情况。只是，问题是，欧洲也是多样化的，内部也有很多差异性，但是我们通常都会用西方这一个词对他们进行概括。“西方”与“东方”这一对关系概念只有在对比时才会产生意义，它在将两者之间的差异最大限度地展示出来的同时，也将西方内部的差异最小化了。因此，一方面出现了包括美国在内的同质的

---

[1] 亨得利说，从英国社会人类学的角度来看，人类学世界体系的中心不在美国，而是法国（私人信函）。确实，考虑到古典英国社会学中的涂尔干（Emile Durkheim）、莫斯（Marcel Mauss）和后来的列维斯特劳斯（Claude Levi-Strauss）的影响力，似乎这么说也不无道理。

79 “西方自我”，一方面又促使了异质的“东方他者”，也就是萨义德所说的“东方”的出现。本书为了避免复杂性、获得正确性，也有很多使用“西方”这一概括性词汇的地方，常识化的“西方”这一词汇使得欧洲与美国内部存在的异质的，有时是竞争性的学术传统变得不太明显。托马斯和汉尼兹的人类学世界体系批判（Gerholm and Hannez 1982），虽然都是西方的，但也是从瑞典这个边缘出发进行的，这一点也应该引起我们的注意。

第三点是有关“中心内部的边缘化”与“边缘中的边缘化”，这对于理解世界体系很重要。在美国人类学界，日本研究因各种理由而被边缘化，这一领域的研究者长久以来感受到一种排斥感（从世界角度来看，人类学本身也是边缘化的）。但是，他们虽然被边缘化，那也是在世界最大的人类学内部的事情，他们的异议，他们对于提高地位的要求，在世界体系的边缘是连想都不敢想的事情，这可以说是权力斗争的一部分。因此，即使美国的日本研究者的愿望得以实现，他们的成功也不过是对现存世界体系权力结构的再生产，强化了中心对于边缘的控制。第二章中已经提及，美国人的日本研究比日本人的日本研究更有国际地位，他们在美国内部的力量也许很小，但相对于处在边缘位置的日本而言则是很大的。反过来，包括日本在内的边缘学者对于边缘化的异议也许很难传达到中心位置，但也潜藏着改变权力结构的可能性。从这一角度来讲，边缘的抵抗是“革命性的”“反霸权的”（Dirks, Eley, and Ortner

1994: 18–19）[1]。

对于笔者世界体系论的另一个批判是对于作为边缘的日本的认知。范·布雷曼认为日本并没有像笔者所说的那么被边缘化，其证据就是（他认为）给西方的人类学家以极大影响的、在东南亚研究领域声名远播的三位日本学者，他们分别是马渊东一、中根千枝、田边繁治。范·布雷曼认为，英国社会人类学泰斗尼达姆（Rodney Needham）的“二元主权”参考了马渊的英文论文（Spiritual Predominance of the Sister，1964）。这篇论文与别的论文一样给列维斯特劳斯的《远方视线》（1992）的第十一章以影响（只是马渊的名字只出现过一次，且只有一小段）。另外，田边的《生态和实用技术》（*Ecology and Practical Technology*，1994）被范·盖内普称赞为作为泰国研究的名著而在国际上广受好评。有关中根自不必多言，她是在世界上被承认的结构功能主义第一人，在印度东北部做调查，写下了有名的《加罗和卡西》（*Garo and Khasi*，1967）。日本人论的畅销书《纵式社会的人际关系》（1967）在1970年英译为*Japanese Society*，日本外务省将其赠送给世界各国，在海外的日本研究中依然有着深远的影响。以此为据，范·盖内普论述如下。

80

[1] 有关这一点，杜宁凯（Nicholas Dirks）等人论述如下：“已经确立的制度内的权力斗争与根本改变这一制度，两者之间的差异，无论是学问、特定研究机构还是社会整体层面，对于向霸权组织的权力提出异议的从属性或者周边化的集团来说都是习以为常的事情。”（Dirks, Eley, and Ortner 1994: 19）

> 日本的人类学并不是像桑山所说的那么边缘。实际上，日本在亚洲过去百年里一直是一个扎实的存在。（中略）对日本人类学在世界上的位置进行阐释时，需要更多的正确性与包含性。

这是理所当然的评论。日本与其说是边缘，不如说是半边缘。实际上，单纯从数量上来看，日本文化人类学会有2000多会员，即使力量不足也不容小觑。在教育方面，日本对于边缘的亚洲各国有着一定的影响力，特别是从殖民时代就从中国、韩国等地接收了许多留学生。换言之，日本对于中心而言是边缘，但是在边缘内部则是中心。把日本看作半边缘也不无道理，但是这种定位，一方面正确地反映了亚洲的现实，一方面也让人想起了因为日本是经济大国而把日本当作“名誉白人”的种族隔离政策。这使得人们很容易忽略日本与英、美、法之间确实存在的力量的不平等性，隐藏起人类学世界体系中的力量问题。

81

力量差异最典型地表现在语言方面。或许，边缘人类学家直面的最大问题就是不得不在国际场合下使用与母语完全不同的语言。我们已经提及，这不仅仅是个人语言能力问题，还与语言的社会建构相关，特别是与支配性话语模式相关的语言之间的不平等问题更加严重（Asad 1986: 156–160）。只要人类学的支配性话语主要是由中心国家的语言（英语与法语）建构的，那么“真正”“正当”的知识的获得和创造当然还是用这些语言更容易。反过来，如果用包括日语在内的边缘语言可以更为明确地传达知识，只要无法与支配性话语相关联，就容易被忽视。格尔茨重视的地方性知识只有翻译成学术世界体系可以理解的样子才会受到好评。

由此，为了获得国际好评而不得不与中心的支配性话语同调的边缘研究者就面临着一个很大的苦恼。位于世界体系中心位置的国家极大地左右着边缘学者讨论时所用的语言、发言题目、理论、方法论等。然而，中心与边缘的力量悬殊，能够达到这一要求的研究者实际上仅限于通过留学等方式掌握了中心学问的人。而这一结构导致中心与边缘都不欢迎这样的人的结果出现。也就是说，边缘/本土人的"英美化"——多少还有点法国色彩——现象。从中心来看，边缘的研究者似乎欠缺个性，这可以说是英美化的后果。为了跨越本国框架在国际舞台上活跃，边缘的研究者不得不按照英美（以及法）的模式思考和发表文章。然而讽刺的是，这使得他们反而失去了自己的个性。结果是，在世界体系的边缘经营学问的人，不模仿中心的话就会被漠视，模仿的话又会被当作傻瓜[1]。

82

尊重异质他者，在田野中实践文化相对主义的人类学家应该不会忘记，用不同的语言建构起来的、建立在不同知识传统上的言说各有值得我们学习的地方。但是，他们对于差异的尊

[1] 读者也许以为这与自己无关，但是笔者想要补充的是，日本的精英学者采用英、美、法的先进理论展开的大多数论述，即使不被说成是东施效颦，至少也会被认作是类似品或者伪造品。

敬在回到“home”之后就烟消云散了，取而代之的是采用自己的标准来判断异质言说并试图将其序列化。最好的例子就是在世界系统中心的期刊的审核制度。严格的审核制度使得边缘/本土人很踌躇的原因是，迎合中心就被视为赝品，不迎合就变成了“不可理喻”[1]。原驻日大使的美国历史学家赖肖尔曾提到“日本人常被评价为没什么知识创造性。（中略）但是，即使像20世纪前半期的哲学家、深受禅宗影响的西田几多郎那样，按照日本自己的知识传统创造了新思想，人们似乎对此也并不感冒”（Reischauer 1995: 200）。

这种窘境与第三世界的小说所处的环境类似。在美国活跃的文艺评论家三好将夫在其著作《离心》（*off Center*）中指出，第三世界的作者所写的文本给第一世界的读者带来强烈的违和感和不舒适感。为了中和并“家畜化”这种异国特有的表现方式，读者按照自己的样式来对其进行“驯养”。如果不听他们的话，就将其当作劣质品处理掉。

---

[1] 台湾的陈光兴（Kuan-Hsing Chen）在《亚洲的轨迹》（*Asian Trajectories*, 1998）的序中批判了“英语霸权与‘英语圈的’出版社流通规则”（Chen 1998: 5）。陈讲到，他编辑这本书的原稿给很多西方出版社看过，“表示有兴趣的出版社之一说，如果从作者姓名中去掉亚洲人名字的话就可以考虑。”（Chen 1998: xvii）这一片段不仅仅是说外国人的话语是不利的，连外国名字、特别是看不习惯的亚洲名字在英语圈的出版界也是一种“污点”。实际上，笔者的名字是Takami Kuwayama，也是不利的，所以有个美国人朋友还建议我将名字写作Robert T, Kuwayama。

> 阅读边缘的文本的经历一定是很狼狈的。第三世界的文本在第一世界常常酝酿出强烈的违和感，这与读者的不快感成正比例。为了找回日常的均衡感觉，读者将文本的外来性进行驯化、中和。换言之，使自己看得惯的地方更加明显，将文本的特殊性消散于第一世界文学的霸权圈内。这就是家畜化战略。（中略）第三世界的文本被调教，拥有霸权的第一世界赋予其必要的权威性。对方如果不肯让步，就将其当作劣质品处理掉。因此，正典的原则绝不会崩塌。阅读异质文本的经验被转换成自我再确认的行为（Miyoshi 1991: 9）。

我们应该结合上面的内容来思考范·布雷曼对于日本人类学边缘性的质疑。在笔者看来，范·布雷曼作为日本的国际影响力较大之证明而列举的三位日本人类学家——马渊东一、中根千枝、田边繁治之所以受到好评，不仅仅是因为他们很优秀，还因为除了日语他们还用英语发表著作和文章。还有一个更重要的原因是，他们精通欧美人类学，能够用浅显易懂的语言使具有决定他们在国际学术市场上价值的人们能理解他们所要表达的意思。除了这三个人，日本当然也有很多优秀的人类学家，但是因为他们不具备如上三人能够带来国际好评的资质，从而默默无闻。

代表性人物就是国立民族学博物馆第一任馆长、唯一一位获得文化勋章的民族学家梅棹忠夫。他是近代日本具有独创性的学者，但是其一生基本上只用日语进行写作。从中我们自然能够看到民族自豪感，不过，考虑到日本在世界学术体系中84的劣势，这种做法只能说是事与愿违了。梅棹忠夫的主要著作《文明的生态史观》在2003年由别府编辑英译（当然，在此之前有一些章节已经译成法文），但感觉还是有些晚了（桑山2008）。

以上主要以日本为例进行了考察，笔者的主张是并非所有的研究都有同等的价值。无论是中心还是边缘，每一个学术共同体中的研究都有优劣之分，即使是同样的研究在不同的地方也会受到不同的评价，笔者关注的是那些特定国家、区域，无论质量高低，都被无视的研究。如果先不考虑西方内部的多样性，通常来说西方有很多学者认为只有他们才能生产出值得流通的知识。如果因为这样的想法导致非西方学术被无视，那么只能说这是意识形态方面的问题。这里所说的意识形态，是支撑“支配性关系的确立和维持”的言说（Thompson 1990: 56），从学术世界体系来讲，是将中心对边缘的支配正当化的言说[1]。

---

[1] 汤普森（John Thompson）的《意识形态与现代文化》（*Ideology and Modern Culture*, 1990）的第一章从马克思主义立场讨论意识形态的概念，颇具参考价值。特里·伊格尔顿（Terry Eagleton）的《何谓意识形态》（*Ideology*, 1991）的序言也是如此。在人类学领域，把意识形态当作“文化系统”进行理解的格尔茨的研究自然很有名，但正如时而被学者指出的那样，他忽视了意识形态的权力与支配性侧面的问题。而这些问题对于世界体系的理解都是很重要的。

英国的亨利耶塔·摩尔（Henrietta Moore）从与笔者不同的讨论和文脉出发追问“谁是知识的生产者”。按照她所言，西方的人类学家基本上只有在宇宙论、医疗等领域承认非西方的人是知识的生产者。换言之，我们没有意识到异质的他者可以成为提供代替西方理论的知识的生产者。摩尔指出，讽刺的是，这种倾向也见于总是言说理论的片面性和本土性的解构主义者以及后现代主义者。如下她的言论可以说是替笔者阐明了想法。

85

> 发展中国家的人类学家也许正在进行着理论性的崭新研究。但是，如果他们主张依据于西方主流社会科学以外的理论传统的话，就会被鄙视为片面的或者是地方的。要是敢批判西方社会科学的话，他们就不得不退场了。如此，西方的社会科学总是认为自己是比较理论、一般理论的起点。

在美国活跃的印度裔学者古塔（Akhil Gupta）与其同人弗格森（James Ferguson）也在《人类学定位》的序章中提出几乎同样的见解。

> 人类学理论史上几乎所有的规范叙述都是只要探讨英、美、法三国的人类学传统就足够了。其他国家的传统则因地缘政治学霸权的影响而被边缘化，这被当作是

理所当然的有关学问的“中心”与“边缘”的常识。“中心”的人类学家很快就会发现，即使无视“边缘”进行研究，也不会影响其职业生涯，但“边缘”的人类学家如果无视“中心”的话，其作为“专家”的能力就会受到质疑（Gupta and Ferguson 1997: 27）。

为了防止被误以为笔者在剽窃而补充一句，笔者是在1997年发表《“当地”的人类学家》之后接触到摩尔、古塔和弗格森的著作的。或许这只是一件小事，但实际上，不得不提及这件事情本身，以及他、她没有阅读几乎在同一时期用日语写下的拙稿也没什么问题这件事本身，都证明了他们所批判的中心（英美）与边缘（日本）的权力差异。

86

确实，世界体系的中心与边缘经常有团体性的或者个人接触，我们无法将世界二分，并将两者的关系二元对立。原本，任何强国或者是有权力的个人，都不可能完全自由不受外界束缚。我们早就指出，二元对立的模式有可能会忽视这种复杂的流动性现实。而且更要注意的是，中心的精英与边缘的精英的关系有时可能比各个地域的精英与非精英的关系更为坚固。看一看英、美、法著名大学的学者与日本精英大学教员的频繁交往就能够明白这一点。如伊曼纽尔·沃勒斯坦（Immanuel Wallerstein）指出的那样，世界体系的中心与边缘的精英通常都处于共生关系中（Wallerstein 1979: 102）[1]。但是，只要与学术世界体系相关，这种共生关系就会由中心的学者管理，边缘学者的价值由中心设定的标准来判断。因此，我们才应该注意世界学术共同体的权力的不均衡性和因此而造成的支配关系[2]。

二、学术世界体系边缘中的关系——以亚洲为例

接下来我们将视线转向亚洲的边缘与边缘的关系。首先要注意的是，“亚洲在哪里”“亚洲人是谁”。这是笔者在1989年至1993年在美国的大学教书时反复讲述的内容（Kuwayama 1994），“亚洲”或者说“东方”只有在与“西洋”或者说“西方”相比较的时候才有意义，其意义范围是暧昧且随意的。并且，亚洲内部也是非常复杂多样的，不能所有的国家和地域的人都称为亚洲人，就好像有某种统一性似的。

---

[1] 世界体系论的倡导者沃勒斯坦就半周边国家的资产阶级论述到，“半周边的土著资产阶级与中心各国的企业在结构上的连接程度因地区而不同，但是比中心国家内部的程度要高。区别现代的中心国家与非社会主义的半周边国家的决定性特点就在此处。”（Wallerstein 1979: 102）

[2] 这一点与后殖民主义研究有着有趣的一致性。初期后殖民主义理论中，殖民者与被殖民者、支配与服从、中心与周边都被设定为绝对的二元对立，近年来，这种固定的二元对立逐渐向顾虑“文化交流”“奇妙的交情”等更为柔和的模式转移。阿什克夫（Bill Ashcroft）等人论述如下：“这种复杂的‘交情’不会忽视持续的历史不平等，将其置于殖民主义关系和结构之上的做法恐怕才是现代后殖民主义研究的最大焦点。”（Ashcroft, Griffiths, and Tiffin 1995: 86）

87 当然，同样的说法也适用于“西方”、美国的“拉美裔美国人”（Oboler 1995）。只不过，亚洲的多样性是其他地区所没有的，特别是在语言和宗教上更为明显。美国人讲到中南美时，会有一种观念，那就是认为中南美都讲西班牙语、都信天主教（讲葡萄牙语的巴西除外），而他们在讲到亚洲时，也会有这样的想法，即认为亚洲也是带有一定的统一性的，所以在与他们讨论时，首先要强调的就是亚洲的多样性这一点。实际上，仅以东亚为例，有意义地区分住在那里的人们的方式是，是中国人、日本人还是朝鲜人（在日朝鲜人），如果他们中间有连带意识的产生，那也是在与其他地域的人们进行集体性比照的时候。一般而言，西方各国中流行的是消除掉了亚洲内部差异性的“一般化的亚洲人的刻板印象”（Johnson 1988: 8），所以有必要促使学界注意亚洲的多样性[1]。

这种多样性使得学术的样态也各不相同。为了证明这一点，我们来尝试比较日本与若干亚洲国家的情况。从世界来看，日本从初等教育到高等教育，基本上所有课程都采用本国语言授课，这样的非西方国家并不多。不用说，这与近现代进程中日本能够免于欧美列强殖民、确保独立国家的地位相关。在日常生活的各个方面虽然都能够看到西方的影响，但是因为

[1] 这种“一般化的亚洲人的刻板形象”通常强调亚洲人与美国的白人在人种和文化上的区别性特征，其结果就是，“我们＝美国白人”与“他们＝亚洲人”的差异成为焦点，“他们”内部的差异被忽视了。更不太会去想象同样作为人类的“我们”与“他们”的相似性了。

基本上都是依靠翻译来学习西方的学术研究成果，所以日本人即使不使用支配性的英语也可以进行学术活动。因此，日本学者用日语进行思考和写作，整个学术生涯都这么做也没问题。岂止如此，仅限于人类学来说，20 世纪 60 年代到 80 年代叫嚣“国际化”期间，研究异文化的人类学受到举世瞩目，梅棹忠夫、中根千枝、山口昌男等“全国英雄”登场。即使今日人气有所下降，对于文化人类学的书写还是有着一定影响的。

因此可以说，日本的研究者是得天眷顾的，但是也有不利的一面。一句话概括而言，就是在日本国内的幸运就是在国外的不幸。在日本，包括专业书在内的出版业营运情况不错，日本人并没有特别感到需要用世界支配性语言刊发出版物的必要性。考虑到日语的国际流通度并不是很高的情况，只要是用日语撰写，世界对其接触度就有限，但这对于很多作者来说，早就是心里有数的事。恐怕人类学中唯一的例外就是与韩国相关的著作了。伊藤亚人认为，韩国人非常认真地阅读日本人写的东西，对于旧宗主国的东方主义非常关注（伊藤 1996: 8–9）。除此以外，在日本文学、日本史等领域，日语出版物已经成为世界标准。但是，在大部分的人文社会科学领域，日语著作很少能够漂洋过海，基本上都是“国内消费”。虽然同样的情况也见于美国人用英语书写的研究成果，但是因为他们处于学术世界体系的中心，所以“国内”与“国际”基本上同义。

88

日本的情况与东南亚是很好的比照。东南亚有很多民族，精英层精通英语这一门共通语言，可以说是形成了一个统一圈（中根 1987：159）。这种语言的统一性以及由此而产生的一定的学术统一性虽然与欧美列强的殖民地统治这种不幸的经历相关——第二次世界大战中日本对当地的占领是短时间的，影响也是有限度的——但是但愿不会引起误会，其实，殖民地统治也不是没有可以肯定的地方。例如，在国际会议上看到东南亚的知识分子比日本人要雄辩得多。这不仅是因为他们的语言能力强，还因为他们接受的西式教育和学术训练使得他们可以充满魅力地在西方支配下的世界学术共同体内发出声音。或许，如果说西方殖民统治下有值得肯定的遗产的话，那就是培育出了可以使用殖民者/宗主国的语言和思考模式“反驳（talk back）”他们的本土知识人。

这种殖民者与被殖民者的“奇妙的交情”是印度以及边缘国家杰出的人类学家辈出的原因。印度长期处于英国的殖民统治之下，但是英国与日本不同，它是第二次世界大战的战胜国。战后印度的领导者，很多都在英国著名大学接受过教育，在剑桥大学学习的印度首任总理贾瓦哈拉尔·尼赫鲁（Jawaharlal Nehru）就是这样。能够说英式英语的能力可以说是印度国内社会威信的指标（印度知识人可以非常流畅地讲英语，根据音调的不同，分为留学组和本土组）。超越“殖民者=支配者”与“被殖民者=被支配者”的二元对立关系的以个人为基盘的两国间的学术网络促使了这种“奇妙的交情”的

89

产生。

特别是，印度人一方面有被殖民统治的经验，一方面现在又精通占有世界体系中心一角的英国学术，这是印度人能够利用支配者的语言来理论化自身他者性——对于西方人来说的作为他者的印度人自己——的主要原因之一。这里所说的“语言”，不仅仅是交流的工具，还指讲某种特定语言的人们的世界观。台湾的陈光兴（Chen, Kuan-Hsing）在了解了印度出生的思想家巴巴（Homi Bhabha）的“混杂论”后论述如下：

> 殖民者看不起被殖民者。然而，被殖民者可以带着被否定的知识和传统，利用殖民者的语言潜入支配性话语空间。相反地，殖民者对于这种文化代码完全无知，容易陷入危机失去权威（Chen 1998: 23）。

如此想来，欧美列强的殖民统治虽是不幸的经历，但正如从后殖民主义论中看到的印度人的卓越性一样，或许可以说殖民统治也是有着一定的值得肯定的方面的（这是现在看来的结果）。与此相反，日本的知识人在19世纪开国后虽然也经历了同样的殖民经验，但是除了第二次世界大战后不久的一段时间外，日本保持着很长的政治独立的幸运历史，然而讽刺性的是，这也是今日日本在国际场面上变得薄弱的原因。 90

不过，日本不仅是独立国家，也是有着自己殖民地的宗主国。在近现代史上，日本是唯一拥有殖民统治经验的非西方国家，但并不是像欧美列强那样对远在异国他乡的他者，而是对无论从历史角度来讲还是地理角度来讲都很接近的民族进行统治，给亚洲带来了深深的伤害。同西方的人类学一样，日本的人类学/民族学也是殖民主义的产物。但是，建立在同化政策基础上的日本的统治招致当地人的激烈抵抗，我们所受到的评判比西方还要厉害[1]。实际上，直到最近,“民族学”这个词背后都包含着内疚的成分，受到海内外的质疑。1995年，当时的日本民族学会会长青木保很担心这种情况，提出更改名称，但是因为各种理由而被否定（日本民族学会 1995a, 1995b, 1996, 1997）。十年之后的2004年4月，学会名称改为现在的日本文化人类学会。

以上概观明确显示的是，亚洲的学术共同体是多样的，即使是同一领域，国家、地域不同情况也有所不同。换言之，复数的“亚洲的人类学”是存在的，如果说存在冠名为“亚洲”的单一人类学或者人文社会科学的话，那也是建立在脱离了西方中心主义的、想要创建自己学问的愿望基础上的、现在进行中的过程。如1997年创设的亚洲太平洋社会学会提案的“多文化社会科学”（杉本 2000：179），但实际上，这种反霸权的尝试本身就阐明了亚洲的边缘性。

[1] 只是，日本的民族学者与战争的关系是间接的，对于日本政府的影响力也有限。有关日本以及亚洲太平洋地区的民族学/人类学与战争的关系，请参考 Shimizu and Van Bremen（2003）。桑山曾为这本厚著写了书评（2004b）。

91

回到托马斯和汉民兹（1982）的世界体系论，他们将中心与边缘的概念比作本土与离岛的关系，指出了两者之间的交通是多么的不均衡。在美国的研究院学习人类学，曾经决定永久定居在美国但是还是返回日本的笔者，带着对自我的反省而想到的是，边缘的研究者过于重视与中心的关系，反而忽视了边缘与边缘的关系。结果就是，本土与离岛之间每天有好几班航船——当然，大多数的乘客是往返的离岛民众——而离岛之间的交通量则很小，相互处于隔绝的状态。

通常，亚洲的人类学家相互不太了解彼此的研究，这一点可以用如上观点来说明，可惜的是，他们不仅不知道自己以外的国家在做什么研究，甚至根本不觉得这是一个问题。亚洲各国之间的学术距离比亚洲各国与欧美之间的距离还大，地理上的接近并未产生学术上的接近。举例如下，邻国的韩国（朝鲜）是很多日本人从战前开始就很关心的地方，但也只不过是把那里当作研究对象，而不是生产知识的平台。因此，知道韩国于 1958 年创立了韩国文化人类学会，十年后又创办了机关杂志《韩国文化人类学》的事情的日本人，除韩国研究的专家以外其他领域的人知道得很少［详情请参考松本（2003）］。另外，该学会还设立了教科书开发部，2003 年出版了面向年轻学生的现代教科书《初次邂逅的文化人类学》。担任该部委员长的国民大学的韩敬九（Han, Kyung-koo）与相关领域的专家合作，制定了在韩国有一定影响力的有关国际认知教育的教科书。略带一丝王婆卖瓜的感觉，这本题为《建造共生世界》

92

（2004）的教科书，2008年笔者与韩敬九一起以《活在全球化时代》为题在日本重新编辑出版（韩、桑山 2008）。边缘的学者一方面建立与中心的关系，一方面还要建立与边缘学者的互动关系。这是双重跨栏比赛，跨越了过往以西方为中心的知识体系，是重新建构学术世界体系不可或缺的尝试。美国首席日本史专家古拉克（Carol Gluck）就日本的历史学观察如下。这也适用于亚洲的人类学，她认为，日本的历史学长期以来与西方历史学保持持续交流。思想基本上是从西方单方向流向日本，日本的“国际收支”常常是赤字。但是，两地之间持续的积极的学术交流是存在的，古拉克认为正是因为这个原因，才导致西方与日本的历史学有着惊人的相似性。然而，日本与其他亚洲国家的“贸易”则基本上等于零。虽然我们一直在强调（重新）认识亚洲的共通性，但是具体的操作则是今后的课题（古拉克 1995: 36）[1]。

最后，有关学术世界体系的支配关系，应注意的是，边缘的研究者容易陷入文化民族主义。第二次世界大战中，如政治学者汉斯·科恩（Hans Kohn）指出的那样，后发的近代国家时不时地强调自身的独特性，受困于强调比起西方物质的富足，其在精神上更为优越的文化民族主义之上（kohn 1994）。

---

[1] 通常而言，比起西方的殖民主义，韩国人对日本的殖民主义更加感兴趣。他们经历的西方殖民主义是通过日本而来的间接性的经历。对于韩国而言，比起日本人，韩国对于日本的意识更为强烈。这种意识的差异有时会阻碍包括学术在内的日韩之间的文化交流。

这种倾向带来了何等破坏性的结果，只要看看战前的德国和日本就一目了然了。特别是，建立在天皇崇拜基础上的日本的“家族国家”思想多少有对基督教西方文明为特征的个人主义反弹的特点，其背后有着想要从身心各角度独立于西方的强烈诉求（桑山 2004a）。然而，家族国家观确立的明治后期，日本的家族现实情况已经因为近代化的影响而与理念发生了背离，只靠强化理念［如文部省编辑发行的《国体的本义》（1937）］参与到第二次世界大战中，这给国民带来了莫大的损失。从这一角度来讲，家族国家观可以说是“时代错误的幻想”。如此，考虑到近代国民国家中的文化与政治的密切关系，也就能够理解文化民族主义中潜在的危险性。包括学问在内的文化自立的需求很容易被政治化。如果说欧美的人类学问题在于殖民历史，那么亚洲人类学的问题则在于民族主义，或者说文化的国民化问题。 93

考虑到近代亚洲被强迫处于从属性地位的事实，我们就能够明白上述“亚洲社会科学”中看到的克服西方中心主义的尝试。但是，如果因为其中包括的国家 / 地域自尊心导致人们忽视了现实存在的亚洲与欧美之间力量的差异的话，难得的尝试也就止步于乌托邦式的斗争了。并且，如果觉得拒绝直面权力差异的现实，不去参考庞大的学术遗产，就可以建立起亚洲自己的学问的话，那只会带来自招失败的后果。如我们在第一章中所讲到的那样，日本民俗学的创始者柳田国男精通欧洲的学问，所以并不存在完全不受西方学术影响的土著的近代思想[1]。学术世界体系中，边缘与中央像网眼一样连接、依存在一起。那种情形仿佛近代国家中的地方与中央的关系。试图教条式地否定这种关系，在没有充分权力基础的前提下颠覆体制的话，或许可以一时满足高昂的国家／地域自尊心，但是从长远来看则会摧毁自己的学术潜在性。

笔者认为，更为现实的有成效的做法应该是把中心各国的学术积累作为全世界研究者的共通遗产。例如，因东非的努尔人、阿赞德人的研究而出名的埃文思－普里查德（E. E. Evans-Protchard）是英国人，他的半身像被放置在牛津大学的人类学系，这并不意味着这位伟大的人类学家只属于英国。他把可以用来更好地理解人类的更好的理论基础留给了全世界的研究者。确实，亚洲的人类学家即使做出与其同等程度的贡献，也不会受到如此高的好评，这一事实伤害了亚洲人的自尊心，但是出身与起源本来并不是那么重要的事情。伟大的思想是可以

94

[1] 众所周知，柳田是创立了独自的民俗学的独创性学者。他的理念在很多重要问题上与欧洲民俗学不同。然而，柳田也看过当时欧洲人的主要研究，在创立自己的学问时，肯定也好否定也罢，都无法否认其参照了西方学术的事实。考虑到学术世界体系中的中心与周边的不均衡性，可以说这种乍看起来是从属性的行为其实是不可避免的。实际上，仔细阅读1934年出版的《民间传承论》就会发现，其理论上重要的地方可以说基本上都能看到西方学者的影子，特别是英国的夏洛特·班妮（Charlotte Burne）和弗雷泽（James Frazer）的观点。同时，柳田在国外也有一定的影响力，韩国出版的民俗学概论书籍（李·张·李 1991）中，简单介绍了他的“常民”概念与民俗学调查的模型——有形文化、语言艺术、心意现象的三阶段构成（请参考第四章）。

跨越民族、国家的框架，不与特定的集团、民族同一化的。

当然，这并不意味着中心的人类学家就可以自我满足。首先，他们应该意识到，学术世界体系中他们是处于有利地位的。如果有这种意识，他们就会明白，边缘的人类学家所处的困境并不全是他们自己的责任，而是因为中心不肯倾听来自于边缘的呼唤。

三、全球化时代的人类学式自我的扩散

本章中笔者向两类不同群体提出了两种不同主张。首先，对于英、美、法的中心人类学家呼吁，希望他们能够明白，他们所具有的压倒性权力导致人类学共同体内出现了支配与服从的关系，而这一点无论是有意识还是无意识，都抑制了边缘的声音。其次，向亚洲以及其他边缘的人类学家阐明陷入过度的民族主义、排外主义的危险性，以及过于希望达成学术独立从而导致教条地否定西方思想的害处。

伴随着人类学的全球化，人类学式自我——观察各民族的文化并进行描述的代理人——是多样的。以前这一领域是少数西方国家的专利，但这样的时代已经过去了。现在包括曾经的研究对象区域在内，人类学遍布各个国家。大写字母 A 书写的单数形 Anthropology 已经消失，取而代之的是小写 a 书写的复数形式的 anthropologies。学术的世界体系正在发生根本性的变化。

话虽如此，体系的重心并未向边缘移动。还不如说，牵引95全球化的西方各国在很多情形下反而增强了势力。单数形与复数形、整齐划一与多样化等，乍一看很矛盾的趋势正在同时进行。在这种情况下，笔者认为不指出、不考虑学术世界体系中留下来的中心与边缘的不平等性，就无法分析人类学的学术结构体系。我们需要充分理解全球化带来的复杂的学术流动中包含的权力差异，再将其理论化。笔者的人类学世界体系论就是其中的尝试之一。

第二部分

文化人类学与民俗学

第四章 柳田国男的“世界民俗学”再考

1934 年出版的《民间传承论》中，柳田国男就“一国民俗学”向“世界民俗学”的转变展开论述。一国民俗学引起很多反响，现在学界多将其与日本的民族主义、殖民主义关联起来进行讨论。而其后世界民俗学则很少被言及。例如，后藤总一郎编辑的《柳田国男研究资料集成》（全 22 卷，1986–1987）的正文中多少有一些世界民俗学的相关论述，标题上则完全没有体现。就笔者所知，最近论及世界民俗学的论文只有川田顺造在 1995 年成城大学民俗学研究所的讲演录《日欧近代史中的柳田国男》（川田 1997）。

之所以受瞩目度较低，原因之一是《民间传承论》除了序言和第一章的“一国民俗学”以外都不是柳田自己写的[1]，且

[1] 处于汉字文明圈的日本，比起说的话更重视书写出来的文字。或许是因为这个原因，雄辩的能力和技巧并不发达，对于说出来的话的信任程度也比较低。相反，长久以来把声音当作语言本质的西方非常重视口语。例如，大学课堂上，经常看见学生们把老师的话当作“天堂的声音”一样做笔记。这种习惯来源于从小受到的听写训练。现代语言学鼻祖索绪尔（Ferdinand de Saussure）的《一般语言学》（1916）就是在其去（转下页）

《民间传承论》以后，柳田也不太言及世界民俗学，晚年甚至采取了否定的态度。但是，比较 1997 年开始刊行的《柳田国男全集》中收录的《青年与学问》（初版 1928）、《民间传承论》（初版 1934）、《乡土生活的研究方法》（初版 1935）三篇文章，其间内容重复很多，论调始终如一。《民间传承论》应该是在理论方面最具启发性的。特别是考虑到这本书出版于日本民俗学确立期的 20 世纪 30 年代，即使柳田中途放弃了，"从一国民俗学向世界民俗学转变"的思路也是值得我们思考的。

102

接下来，我们首先大体看一下柳田的世界民俗学，然后探讨它对今日文化人类学的意义，最后批判性地讨论柳田构想的问题所在，而其中对柳田的世界民俗学的概观只是笔者自身的解释。因为是门外汉，也许会有阐释不充分的地方或者过度解读的地方，不过正因为不是专家，反而会有一些不一样的想法。日本的民俗学与民族学（几乎与文化人类学或者社会人类学同义）从历史上来讲是兄弟关系，最近变得有点疏远了。本章如果能够成为唤起与世界民俗学相关的民俗学者的注意，以及提高人类学家对于民俗学理论潜在性关心的契机的话，那是最好不过了。文中引用的柳田的见解和相关观点依据于《柳田国男

（接上页）世后，听过他讲座的学生整理的课堂笔记。哲学家米德（George H. Mead）、帕斯（Charles S. Peirce）也是如此。如果没有重视口语的习惯，他们的思想恐怕无法流传后世。与这种西方学术传统正相反的是《定本柳田国男集（第 25 卷）》的编辑方针。《民间传承论》因为是后藤兴善编辑的，"第二章以后因为不是柳田自己写的，故而省略"了。

全集》(以下简称为《全集》)。柳田有很多自己独特的表述和用语,《全集》尊重了原文的措辞方式，希望读者能够体谅。

一、世界民俗学的构想

1. 何谓世界民俗学

所谓世界民俗学，是指世界各地先对自己国家的民俗文化进行研究，然后在世界范围内对这些成果进行综合比较的尝试。因为有“世界”一词，我们常常会从与一国民俗学的比较中理解世界民俗学，但是这其实是一种误解。不如说，一国民 俗学是世界民俗学的构成单位。换言之，世界民俗学位于一国民俗学的延长线上，柳田构想中的世界民俗学是把通过一国民俗学获得的知识进行比较和综合的平台。通过《民间传承论》就可以看出这一点，“希望先建立一国民俗学，由此为将来的世界民俗学做准备。”(《全集八》25)“在世界各地建立一国民俗学，国际上就可以进行比较、综合，其结果如果也适用于其他任何民族的话，世界民俗学的曙光就终于得见了。”

2. 世界民俗学与比较民俗学

一般而言，除了规模不同以外，人们基本上把世界民俗学与比较民俗学视为一样的，柳田自身在某些章节中也会将二者混同，但是两者之间其实有着决定性的差异。这种差异，只要看一看世界民俗学中“比较”综合的含义和比较民俗学中所说的“比较”的含义就一目了然了。如《定本柳田国男集》(第

30卷）中刊载的论文“比较民俗学的问题”中所表述的那样，柳田认为比较民俗学是对多个不同的民俗文化进行的研究。现在，这一领域的目标是“通过与其他民族的民俗文化的比较来阐明日本人的特色”（佐野 1998：116）。与研究世界上所有文化的人类学相比，日本的比较民俗学以东亚各国为研究对象，其特点是面向异文化的视线终将回归日本。无论如何，比较民俗学中的比较是包括日本在内的多个民俗文化的比较。

与此相对，世界民俗学所说的比较，以日本的民俗为例来说，是日本人自己完成的一国民俗学与其他同样的一国民俗学的比较。也就是说，比较的对象不是民俗文化，而是与民俗文化相关的知识。如后文详述的那样，柳田认为外人无法明解民俗的深刻含义。因此，同乡的事情应该由同乡人（同胞）进行研究，各国带着这些成果进行比较，这才是柳田国男的意图。从这种意义上讲，世界民俗学是国际“学术盛宴”[1]。

104

---

[1] 宫田登在“比较民俗学的基准”的开头处讲到，“柳田民俗学的一国民俗学与比较民俗学的关系本是一页纸的两面。或者说一国民俗学是比较民俗学的基础，世界各国的一国民俗学的联合应该统一在世界民俗学的大树之下。”（宫田 1987：201）他还认为：“一国民俗学的确立，其延长线上是比较民俗学，所有这些再进行统合，世界民俗学或者更为广泛意义上的人类学融合的意图就在于此。”（宫田 1987：202）笔者虽然赞同宫田“世界各国一国民俗学的联合是世界民俗学”的解释，但是不赞成其认为一国民俗学是比较民俗学的基础，后者在前者延长线上的观点。因为只要阅读《民间传承论》，就会明白比较民俗学与世界民俗学不是一回事，位于一国民俗学延长线上的不是比较民俗学，而是世界民俗学。宫田的观点可以说是将世界民俗学与比较民俗学视为同一性质理念的典型。

对多个一国民俗学进行比较，当然就变成了对多个民俗文化的比较，但比较民俗学与世界民俗学的比较过程是不一样的。前者，例如将日本与韩国、中国进行比较可以获得某个结论——如日本的祖先崇拜的特点；后者，首先不进行比较，而只是由日本人进行日本研究，韩国人做韩国研究，中国人做中国研究，然后将三者进行比较。换言之，比较民俗学中，在与日本相关的结论出现之前，先与外国进行比较，这需要与国外的研究者合作，世界民俗学则是先由日本人做出与日本相关的结论，外国研究者在这之前是被排除在研究之外的。

3. 世界民俗学的目的

在笔者阅读的范围内，柳田并没有明确地阐明世界民俗学的目的。但是，《民间传承论》第二章“殊俗志的新使命”的开头处，柳田说：“将如此复杂的世界作为一个整体，寻找将其变成现在这个样子的力量与法则。”这或许就是世界民俗学的目的。虽然有些长，请允许笔者全文引用如下：

> 《民间传承论》的作用不仅仅是要在日本这样有着丰富资料的国家建立日本民俗学，这个作用实在是太过渺小。我们的研究方法名实相符，具备一定的体系，如果能够通过继续的努力和研究阐明历史学一直追寻却不得结果的非文字历史，这种经验当然也可以用于其他国家，或者那些还没有能够形成国家或者民族的群体。不仅如此，继续实践积累经验的话，也可以将如此复杂的世界作为一

105

体，寻找将其变成现在这个样子的力量与法则，这绝不是其他学术领域能够做到的（《全集八》34）。

这个言论中的“法则”与“一体”等话语乍看之下似乎与把民俗学视为历史学一部分的柳田的立场不太一致，其实，柳田并不认为历史是一次性的，而是在无意识中无数次反复的老百姓日常生活的变化过程，所以实际上是不矛盾的。不如说，柳田的方法论中有浓厚的英国流派的实证主义色彩，甚至还有对于法则森然的科学憧憬，通过如下话语即可明白。“不管怎样，民俗学都是归纳的学问。”（《全集八》191）“尽可能地从大量的精确事实归纳出当然的结论，这就是科学。”（《全集八》259）“我们的学问是为了寻找通古今的法则、过往的学问找不到的法则而兴起的。”（《全集八》113）。实际上，他重视“假定的练习”（现在的说法是验证假说），认为收集到的资料只有通过“比较”“综合”才有意义（《全集八》106-109）。在《民间传承论》中，柳田使用了很多次“一般民俗学”这个词语，其中包含着想把民俗学发展成为一般科学的希望。

另外，上面引用中值得注意的是，《民间传承论》的写作时间点上，柳田关注的不仅仅是日本，还有人类社会全体。或许，这与从1921年到1923年柳田作为国际联盟委任统治委员会的一员在欧洲生活过一段时间，以及回国后担任《朝日新闻》的编辑顾问的经历有关。至少，上述文章反映出来的世界关怀与其后柳田的一国关怀以及作为“新国学”的民俗学理解

106

是形成对照的。

4. 乡土研究、一国民俗学、世界民俗学

柳田多次强调比较、综合民俗资料的重要性。研究资料大多为日本的，西方学者在世界各地收集到的内容也在其中。由此，“一国民俗学向世界民俗学转变”的柳田构想可以被认为是“从乡土研究向一国民俗学转变”的应用。也就是说，对于柳田而言，乡土研究与一国民俗学、世界民俗学处于一条线上。①首先，综合在日本各地进行的乡土研究的成果，把握日本的整体情况。②然后，世界其他地方进行同样的操作，完成其国的一国民俗学。③当所有区域的一国民俗学都完成的时候，将其进行比较、综合，建立人类社会的法则[1]。为了理解这一宏大的构想，我们必须知道柳田国男的乡土研究的特点。

柳田推荐从“我的町村”开始乡土研究。但是，他的乡土研究“以整个日本为对象”，所以各个地域不过是“进行全国性比较、综合的基础单位”。柳田要研究的不是乡土，而是要

[1] 只是，柳田最多不过是把民俗学当作一种实证的归纳性科学，与 19 世纪的单系进化论基础上的推论史研究法没有关系。另外，柳田受到社会进化论学者、英国泰勒和弗雷泽的想法，特别是比较法的很大影响。他的周圈论是一种将日本国内的地域差转换成为时代差的尝试，这与比较法里特有的“空间的时间化”一致（Kuwayama 2007b）。顺便一提，从人类学家的视角来阅读柳田国男的著作，可以发现其中到处都能看见 19 世纪末 20 世纪初西方人类学的影响。柳田民俗学中包含着没有成为“殖民主义路径”的“西方路径”，解明这一点可以将柳田的思考和日本民俗学从日本这一限定的区域内的话语空间中解放出来。

通过乡土来解明整个日本[1]。其背后有着这样一个理念，即认为日本可能混杂着多种文化要素，但是“我们可以把全国当作一个共同体来进行思考”（《全集八》66）。并且，为了提高乡土史料“作为文化史料的综合性价值”，需要贯彻统括全国的“中央意志”（《全集八》223–228）。有关民俗学中的中央对于地方的支配问题在此不做深讨。但柳田确实强调设立乡土研究学会的必要性，认为“只要中央出现了有势力的机构，就可以收集地方研究成果然后发表，供大家使用”，并且“自己的想法可以扩展成为国际学术的知识交流”（《全集八》75–76），在提出这些观点的时候，他的心中应该就有“从乡土研究向一国民俗学”“从一国民俗学向世界民俗学”的构想了。在《民间传承论》中柳田提及：

107

这门学问不管怎么说都是以人种为单位的，首先就需要进行一个国家内的整理。只有各国的文库都整理好了，

---

[1] 柳田阐述如下。“只说一句话的话，为了了解日本人的过去和日本人拥有的东西，才有了乡土研究，它不是一个地方的狭隘知识。”（《全集八》72）他对冲绳的态度是这种思考的鲜明表现。《乡土生活的研究法》的“发现冲绳”中，饱含激情的柳田认为，冲绳研究的作用在于“教会新史学这样一个道理，即为了通过比较来理解民族古代的情况，必须早日推进各自的乡土研究”（《全集八》252）。对柳田而言，冲绳不过是了解日本整体的一个通道，如子安宣邦批判的那样，他的视角是“向‘大和’回收的冲绳”（子安 1993：347）。另外，柳田将那些“毫无目的”的自文化民俗资料的收集，将那些不管全国的关联性，只记录眼前民俗的地方民俗称为“无意义的重复”也是这个原因。

才能进行世界的民间传承的整理和分类。（中略）各国整理资料，然后进行翻译就好了。以一种语言一个人种为单位，创造一个知识共同体，之后向国际合作发展（《全集八》81）。

另外，柳田还论及，“一国民俗学要比一般民俗学更加进步，至少要提前三四十年。”（《全集八》136）“一般民俗学”是指上述以普遍化为目标的作为科学的民俗学。柳田在《青年与学问》中就“世界合作”（《全集四》162）有所论述，《乡土生活研究法》中说到“必须与外国人一起进行这一研究，不能仅仅满足于各自故乡的利益获得，做这门学问就要坚持互惠互利”（《全集八》255）。

5. 与民族学（人类学）的关系

108

现在，英语的 ethnology、ethnography 分别被翻译为“民族学”与“民族志”。但是，柳田因为很讨厌民族学与民俗学在日语中发音相似，所以在《民间传承论》中把 ethnology 对应为“土俗学”或者“殊俗学”，把 ethnography 对应为“土俗志”“土俗志学”“殊俗学”（《全集八》38）[1]。于是，在《民

[1] 有关“殊俗”这一用语的意义和背景，请参考岩本通弥的《民俗、风俗、殊俗——作为都市文明史的“一国民俗学”》（1998）。柳田的“民俗学”与“民族学”的区分使用，因年代而异。例如，《乡土生活的研究方法》中，德语的 Volkskunde 对应的是“一国民俗志”，Volkerkunde 对应的是“比较民俗志”（《全集八》233），“比较民俗学的问题”中，则分别翻译为“民俗学”“民族学”（《定本柳田国男集》[第30卷）71]。不过，（转下页）

间传承论》第二章的“殊俗学的新使命”中，指出现在的民族学（人类学）的使命是刺激一国民俗学，实现世界民俗学。

柳田欣慰于民俗学与民族学在20世纪上半期的界限逐渐模糊。但他还是对民俗学和民族学进行了如下区分，“民俗学是从内部开始调查，是少数几个发达国家为了认知自我而存在的学问，而土俗学的古老定义至今未改，是来自外部的调查，是世界上很多民族让先进开化的国家了解自己的学问”（《全集八》40）。如后文详述的那样，柳田对于外国人做的日本民俗文化研究抱有一种近似敌意的违和感。因此，他对于同胞做的被认为是文明社会研究的民俗学贡献说出下面的话也就不足为奇，“即使没有谬误，同胞所做的异民族观察到底还是不如自己国家同种族的自我审视。”

同时，柳田高度评价西方人做的有关未开化社会的研究，也就是通过民族学（人类学）的进步，我们明白了世界各地的“土人”有着共通的习惯，这在包括英国在内的文明社会也是有残存的。并且“因为这种土俗志的飞跃进步，且不说英国，其他国家的民俗学受到的刺激都是深刻的”（《全集八》39）。如此，高度评价民俗学与民族学相互启发作用的柳田认为，“殊俗志学应该更加发展，给一国民俗学以好的刺激和影响，从而实现世界民俗学，这才是殊俗志今后的使命。”（《全集八》48）对

109

（接上页）不管在什么背景下，都认为前者（一国民俗志、民俗学）对应的是单数的国家，后者（比较民俗志、民族学）对应的是复数的国家、民族。

他而言，民族学（人类学）是建立世界民俗学的手段。

6. 本土人创立的一国民俗学

通常认为，柳田以为与外国的对比为时尚早，所以执着于只研究日本的一国民俗学。并且，受过后现代主义洗礼的现在学者批判他的一国诉求构建的是单一的、同质的日本形象。这种理解与评判大体而言是正确的。但是，也有疏漏的地方，那就是柳田其实主张，外国人不是很了解某国的民俗文化，所以首先应该由该国人建立“内省学问”，他未必真的反对比较[1]。柳田建立一国民俗学的诉求包含了这样一种信心，认为只有生于斯长于斯的人才能够掌握自我民俗文化。

这种信心在《青年与学问》《民间传承论》《乡土生活的研究方法》中一以贯之。首先，在《青年与学问》中，一方面称赞“白人学问的功绩”，一方面提及“已经有很多人进

[1] 直接接受过柳田指导的人或许对此持有相反的意见。例如，和歌森太郎的弟子、柳田的徒孙竹田旦提及，柳田的立场是彻底的一国民俗学，他实际上是严格禁止弟子进行比较的。竹田旦从20世纪70年代开始进行日、韩、中的比较，这也算是对柳田的“反抗”，但在柳田在世期间是绝对不可能的。竹田揣测，如果弟子在其在世期间进行比较，柳田一定会大怒的。另外，众所周知，柳田最讨厌对西方学术的模仿。自己对当时代表性的西方学者弗雷泽等人很是追捧，但是对弟子绝不会说“弗雷泽说了什么什么”（1997年7月，私人信件往来）。这些话作为一种“传说”被后世研究者继承，成为学界的集体记忆，绝对不是简单的琐碎之事。但是，师徒之间的交流与师父的著作未必完全一致。实际上，翻阅柳田的作品，就会注意到其实里面有很多西方学者收集的民俗资料、对他们的学术（知识体系）的提及。民俗学者之间长久以来嚷着要“远离柳田”，想要做到这一点，其实反而需要认真阅读他的作品。

行相应的尝试，看这些有关日本的外国人记述会发现，国外来此调查的人们的观察和推理，无论是采用了如何细致的手段，也很容易产生非常大的错误断定。其主要原因在于用语障碍，所以到底还是没有办法完全放心地让他们去做”(《全集四》27)。众所周知，柳田在《民间传承论》中将民俗学分为三部分，分别是眼观的“旅人之学”、耳听的“寄居者之学”和精神及感觉的“同乡人之学”。在第三部分他写的序中，“除了几个特例之外，外人还是没办法参与到这里来的”(《全集八》14)。在《乡土生活的研究方法》中，有关精神现象，他写道:“只有这一部分的调查还不是外国人能做的，我们只能静静地等候当事人自己能够客观地观察自己时候的到来。”(《全集八》347)

总之，柳田的主张是，外国人也能做眼观耳闻的学问，而与精神、心灵相关的学问则只有本国人能做。这里要注意的是，本土人这一概念的“套娃结构”。如同内与外的范围会随着情况发生改变一样，在日本研究方面，“本土人”表示的是相对于外国人的日本人，在乡土研究中表示的是相对于外人的同乡人。因此，主张日本的事情只有日本人才明白，以及主张乡土的事情只有乡土人才明白，都是来自于同一种理论构想。通过柳田的如下说法也可以明确这一点，“耳听眼观得不出结果，也无法把握事情的原因，引起疑问的精神心灵方面的事情(按照自己的分类法，属于第三种)的收集只能由本土人来进行”(《全集八》67)。

110

柳田对于外国人的日本研究怀有相当的敌意。例如，在西方为明治时期的日本代言的小泉八云（Lafcadio Hearn），柳田对他的苛刻评价是：“他作为向世界介绍日本人的学者，是受到世界承认的。但是，阅读他写的东西就会发现有很多地方难以苟同。比起他透过有残疾的眼睛看到和书写的日本，通过敏感的心脏写出来的东西反而错误更多，这是一件很神奇的事。”（他有一只眼睛是看不见的）“这也许是因为语言的障碍，有着这样一种障碍进行的观察实际上也没什么了不起的。”并且，柳田还认为普遍化的土俗学（西方人做的未开化社会的研究）的界限源于研究者“不发声”（《全集八》37）。

这种对于外国人充满敌意的政治背景可以说是当时正在不断强化的日本民族主义。而学术背景则是柳田把语言（特别是词汇）当作民俗调查的关键。无论如何，柳田都认为，民俗文化，特别是精神心理现象绝对不是外国人能够明白的事情[1]。

---

[1] 柳田也不是完全不承认外国人的日本研究的意义。例如，在《民间传承论》中，他就江户元禄时代访问日本，之后写下《日本志》的德国医生坎普贝尔（Engelbert Kaempfer）评论到，按照这位医生的说法，当时东海道那里有很多要饭的和山里的修行僧，他们会向过往行人要钱，要是不给的话，就会对路人施以咒术进行威胁。这种事情对于日本人来说是日常琐事，根本无需记录，但是这引起了外国人的“土俗志兴趣”，他们留下的记录是给后世日本人的宝贵报告。“引起异国人士的兴趣点与国内所做的研究是不同的”，“这让我们感受到了异国丛书的珍贵性”（《全（转下页）

据笔者所见，他之所以对一国民俗学如此执着，不是因为坚决反对日本与外国的比较，而是因为对于本土人（同乡人、同一国家的人）以外的人的研究有着强烈的违和感和不信任感。如下两段文字可以佐证这种理解。

111

民间传承的收集与土俗调查的相异之处中最应注意的是，前者主要以自己的国家为调查对象，而后者是游客，短期逗留的人以相对于他们而言的异人种为对象做的调查，两者都从人生事实或者直接调查中寻求资料这一点是一致的，但是一个可以调查到精密的、细微的、内部的心理现象，另一个则只能获得一些不够深入的见闻。民俗学能够成立的前提之一是自己首先要做自己国家的研究，其理由之一正在于此（《全集八》47）。

立场不同，从日常生活中收获到的东西也不同，外国人、异邦人也只能看到一些皮毛的东西，我们看到的是意涵。这是我主张应该先建立一国民俗学的理由所在（《全集八》110）。

（接上页）集八》55）。柳田还在与周圈论的中心概念“远方的一致”的相关性中提及，“认为只用乡土的知识就能做乡土研究的想法的危险性。”（《全集八》77）以上内容表明，柳田明确地意识到，无论是乡土研究还是日本研究，本土人所做的文化研究中有与外来人所做研究不同的问题。

7. 日本在世界民俗学中的使命

《青年与学问》《民间传承论》《乡土生活的研究方法》这三部著作还有一个贯穿始终的主张，那就是认为先于他国创建一国民俗学是日本的国际使命。这一主张是建立在对近代世界中日本的阈限地位的认识基础之上的。也就是说，未开化社会的风俗资料是丰富的，但是没有自己研究自己的能力；西方社会虽然有能力，但因近代化程度高反而迷失了过去，与此相比，日本两者兼具，是“民俗的宝岛”(《全集八》215)、“人类学的研究所”(《全集四》162)。日本的这种双重属性与其相对于近代西方列强为落后国家，但在亚洲又是有着自己殖民地的发达国家的国际形势相关。 112

柳田认为只有后起之秀的近代国家日本，其民俗学才有繁荣的理由。因为在近代化发达的西方国家，“现在想要在新文化的纹理中找出那一条古代的细线已经是很困难的事情了”，但“在我们中间，每天的日常生活还在讲述着过去的历史”，所以“自省就是收集、分类和比较，没有比这个更容易获得、整备理解过去的资料的状态了”(《全集八》30–31)。柳田还认为，想要在西方发现民俗文化的古层，就必须参照未开化社会的“土俗志”研究，在现代发现未开化的自省工作是必须的，也就是说，只看国内的话出不了什么研究成果，一国民俗学的建设很困难，只有像日本这样的“过渡期”国家才能够尽快建立一国民俗学。对西方持有强烈竞争意识的柳田在这里反而把日本近代化的迟缓当作了一种有力手段。

柳田还持有强烈的民族主义意识。他认为，未开化社会的人们没有自我调查、自我表述的能力，所以为了了解历史不得不依赖于西方学者，但是日本人具备自我表述能力，所以完全不需要西方人的帮助。认为外来者的民俗文化研究大多“只触及表皮，没有深入内心”的柳田在《乡土生活的研究方法》中写下这样的话：

> 自己的同胞中没有历史学家，不得不透过怀有其他目的的外人之手去了解，这些无法获知自己的确切历史的未开化人真的是太可怜了，但是一方面又为只要有心就可以随时探寻自己生活痕迹的我们感到欣慰（《全集八》234）。

113　在《青年与学问》中，柳田认为“外人进行所谓观察的结果不过是盲人摸象。这需要已经染指国际学术的日本人进行自我解说”（《全集四》160），“我们自己必须进行自我研究，我们不仅要通过这种方式来认识自己，还要引导处于迷惑状态中的外国的民俗学者，这是我们今后直面的理所当然的使命”（《全集四》171）。柳田在这里全面推出了日本人应该领导世界民俗学的知识民族主义。

8. 柳田的反霸权主义

从两种意义上来说，柳田是反霸权的。第一，对于国内的支配性学术提出异议。主要的靶子是以东京帝国大学为中心的正统史学和明治以后进入日本的外来学问。相对于正统史学严格的文本主义与英雄史观，柳田则是要通过直接收集（田野调查）资料来描述没有留下任何记录的人们的历史。而对飞扬跋扈于日本学界的舶来学问，也提出未经任何思量就全盘使用的做法是不当的。第二，对于西方在世界学术中的支配性地位提出异议。上述的学术民族主义与其反国外霸权的理念相关。以下就这一点进行简短论述。

在《青年与学问》的开头处，柳田使用了“白人的飞扬跋扈”这样的描述，批判西方的殖民主义（《全集四》16）。一方面高度评价他们对于未开化社会的“土俗志”性质的调查，一方面又认为“白人的活动是对于矜持的日本青年的挑战”。柳田曾被排斥于当时在布鲁塞尔召开的有关太平洋地区社会的国际会议之外，理由是日本“即使出席了，眼下也没什么好说的”，对于这一理由，柳田一直深感受伤（《全集四》28-29）。114 考虑到他的“白人等的历史观念因为异民族研究的帮助，最近才有了改变，这是众所周知的事实，其中特别是我们日本人的研究更是做出了杰出的贡献”的自信（《全集四》161），这个回忆对他而言可以说是近乎愤怒的。

同样的自信也见于《民间传承论》。例如，柳田批判瑞士的霍夫曼·克莱耶（Hoffmann Krayer）编辑的世界民俗年鉴过于倾向于欧洲，“没有写日本在此学问上的卓越贡献，算什么世界年鉴。今后的年鉴如果不放入日本就是不完整的。必须放进去。”柳田接着断言“外国人动不动就说什么‘全世界的’，那只能说是他们知道的范围内的事情，要是跟他们讲其知识范围以外的东西，他们的知识也就破灭了”(《全集八》81)。另外,《乡土生活的研究方法》的开头处批判“英国人韦尔斯写下的世界史（这应该是指当时广受好评的 H. G. Wells, *The Outline of History*, 1920)”是“以自己为中心的所知事实”而已，不是真正的世界史(《全集八》206)。

近年来对于柳田的批判是认为他无视民俗学的政治性，没有充分地批判日本的殖民主义。但这只是对近代日本的片面观察，却忽视了另外一个方面。柳田生活的 19 世纪后半期到 20 世纪中期的日本在亚洲是“殖民者 = 支配者”，但在整个世界范围内则是西方的“被殖民者 = 被支配者”。日本的这种双面性（阈限）再怎么强调也都不为过。柳田就民俗学的未来谈及，“只有在拥有很多资料的日本，这个学问才有可能繁盛，我们必须有用日本的资料重新进行研究，修改西方学说的气概”(《全集八》155)。如果不考虑日本作为被征服者的地位的话，是难以理解这种反霸权主义（对西方学术霸权的挑战）的。如下一节探讨的那样，柳田构想世界民俗学是世界各地的一国民俗学进行比较和综合的平台，这个构想也是被近代霸权者，也就是西方排除在外的日本希望确保国际发声平台的尝试。

115

二、世界民俗学的当代价值

笔者关注柳田的世界民俗学，不仅仅是因为它没有经受充分的学术史讨论，还因为它给后殖民主义时代的人类学提供了一个重要的研究视角。这里所说的后殖民主义指代的不仅仅是第二次世界大战后政治格局的戏剧性变化，也就是西方国家和日本的殖民地独立，形成自己国家的历史事实，毋宁说是指这些事实尽管带来了很多变化，但是因殖民统治而带来的不平等关系却一直持续到现在。特别是西方与非西方在表述方面“力量”的不均衡性是人类学的重要课题。接下来，我们先谈一谈第二次世界大战后的去殖民化给表述者（主要是指西方调查者）和被表述者（主要是指非西方的被调查者）之间带来的关系的变化；然后分析尽管发生了许多变化，但是两者之间的不平等却得以维持和强化的学术世界体系；最后阐明，改变这种体系的可能性潜在于柳田的世界民俗学构想之中。

首先要说明的是，这一章是在 2000 年刊载在《日本民俗学》的论文的基础上，把当时因为篇幅原因而删减的内容整理加入、修改而完成的。因此，以下的讨论有很多与本书的第一部分重复。编写的时候也确实考虑过要省略，但是会损坏原来讨论的文脉，再加上考虑到也许有的读者只看过这一章，所以尽管会重复，还是按照原来的形式放在这里。

1. 学术世界体系中的“设座”

116

因为第二次世界大战后的旧殖民地国家的独立，人类学所处的国际环境发生了巨大的变化。人类学的传统他者（“未开化民”）的大部分成为第三世界国家，不再是隔绝的自给自足的社会。近年的国际化影响波及全世界，包括日本在内的非西方世界与西方世界的接触遍及人、物、信息，并且是前所未有的频繁。在这种情况下，人类学家遇到了前所未有的不同的他者集团。这就是作为民族志的读者的本土人，曾经他们只是被表述的对象，现在阅读、批判有关自己的民族志并对其有异议的话，就可以用新获得的政治权力进行抗议。在田野中自由地收集资料，将资料带回自己国家的研究室，不顾被描述者的反应就出版的时代已经过去了。“本土人”这个词汇，原本是西方殖民者对当地人的蔑称，在后殖民主义时代，他们则是“对话的对象”。

发生改变的不仅仅是读者，书写者也发生了变化。人类学是作为用来描述近代西方在全世界拓展其势力范围过程中遭遇的“奇妙”的人的学问发展而来的。这是为什么人类学被认为有“殖民主义根源”的原因，但是现在的人类学并不是西方特有的独占物。观察、描述异文化的人类学意义上的“自我”变得多样化，甚至扩展到了曾经是田野点的旧殖民地。“西方=支配者=描述者=知识主体”与“非西方=被支配者=被观察者=被描述者=知识客体”的二元对立的区分已不复存在。存在的是站在更加平等立场上的两者关注点的交流。另外，人类学的“内省性”通过异文化研究使得对于自身的理解得以深化，本土人积极地言说自己的历史和文化等都是近年来出现的新现象。

117

然而，可惜的是，非西方的本土人的声音却很难传达到与他们相关的知识生产中心（西方）。这不是因为本土人的言说没有价值，而是因为存在着从结构上将其抹杀掉的“学术世界体系”。从世界来看，所有的学术领域都有“中心”与“边缘”，人类学的中心由英、美、法三国占据，其他的欧洲小国以及包括日本在内的非西方国家则处于边缘地带。民俗学方面的话，恐怕德国也是占据着中心位置的。如瑞典的托马斯所指出的那样，世界体系中心与边缘的关系可以比拟为本土与离岛的关系。本土的人可以不用关心岛屿上的人和事，而岛屿上的人如果不与本土上的人打交道就很难生存下去。同样，中心的学者即使不关心边缘的研究也不会有什么问题，而边缘的学者则要时刻关注中心的研究成果与动向。换言之，英、美、法的人类学家基本上不考虑自己以外世界的研究成果，而边缘的人类学家不仅不能够自给自足，连相互之间的交流都要通过中心来进行。并且，中心与边缘的力量悬殊，两者很难在对等的立场上进行对话。

极端地讲，人类学的世界体系是有关异文化研究的学术的生产和流通及消费的政治学。什么样的学术具备权威性和真正性，哪种学术可以在全球范围内流通，进行这种判断的是“中心”。因此，不符合中心规范的边缘的知识无论多么优秀，也不会得到国际好评，而是埋葬于当地了。特别是，用日语这种地方性语言进行思考，没有名满世界的出版社的日本的学者只能得到在国内发表的机会，感受与国际的落差。

日本的人文社会科学之所以在国际上不太受瞩目，首先考虑到的因素是语言障碍。但是问题并不只是外语能力。更重要的是，与语言的社会性结构、特别是处于中心的支配性言说之间的距离，是其中力量的悬殊。例如，想要把柳田的文章翻译成英语，基本上是一种技术性行为，能不能成功关键看翻译者的能力。但是，柳田的文章充满感性，能够唤起日本人（而且是同时代的人们）的共鸣，这些文章重视分析能力和清晰的理论逻辑，而英美研究者与日本人有着不同的历史文化背景，从这个层面来讲，对于柳田文章的翻译则是另外一个层面的问题了。一般来说，中心与边缘的距离越大，边缘的语言所做的学问越不容易得到好评。因此，某个领域的支配性言说如果是用英语来建构的话，用英语来书写，当然会促使知识的获得与生产，使用边缘的语言则会处于不利的地位。如此看来，语言力量的不均衡是存在的，这是学术世界体系的产物。

118

非西方的本土人之所以对西方人类学家的研究产生不满，不仅仅是因为他们对于事实的误判或者误解，主要还是在于作为研究对象的本土人明明是在研究中不可或缺的，但是却被排除出对话对象的行列。在田野作业中，本土人作为宝贵的信息源成为人类学家积极接近的对象，资料收集工作结束后，开始书写调查结果时，就没有人搭理他们了。因为对于人类学家而言，对话的对象是自己所属学会的成员或者与自己有着相同语言文化的听众（读者）。换言之，对研究成果进行评价的不是表述对象的本土人自身，而是远方的他者。而这些外人可以装作对自己的表述所带来的政治性后果漠不关心的样子，从而成为殖民地统治与东方学再生产的帮凶。这种结构也见于日本民俗学中的“中央”与“地方”的研究者之间的关系。

为了打破这种局面，打破摆脱殖民化后还依然存在的西方学术统治，有必要设置边缘本土人与中心西方人能够在平等的立场上商谈的“对话平台”。这个平台也是“座（比喻性的）”，在这里，表述者与被表述者、见解不同的多个表述者可以在一定的规则下自由交换意见，共同进行作业、共同创作文本。这种作业的物质基础因为现在的发达网络而逐渐成形。利用以前的媒介进行交流的话，信息的发送者与接受者之间的对话很难实现，而有了这种新技术（话虽如此，2000 年的时候还不怎么发达的博客现在已经非常发达，到 2008 年已经不是什么新鲜事了，甚至引起了很多社会问题，已经不是新技术了），则可以在瞬息之间且是在全球范围内进行双向的交流。特别是对于很难向他者表现自我的边缘的人们来说，网络是自我表现的绝佳武器。为了对话而需要做的事情就是确立“座的理论”。首先在各地创立一国民俗学，然后进行知识的比较与综合，这是柳田的世界民俗学的构想，也可以说是国际“设座”的提案，非常有启示性。

119

2. 本土人类学家登场

这里我们再次回顾柳田的见解。如上所述，柳田认为外国人无法理解民俗的深奥之处，也就是精神心灵现象。眼观耳闻的学问，异国的旅行者和寄居者都可以做，而只有经过训练的本土人才能够找出隐藏在深处的含义。因此，他认为民俗学“首先必须是国家层次的”《全集八》47），也就是有必要建立一国民俗学。

然而，没有研究自己、描述自己能力的“未开化民”应该怎么办呢？自省的学问等，这些对他们来说是不可实现的梦。实际上，柳田写下《青年与学问》的20世纪20年代后半期的非西方世界基本上都是这样的民族，日本是个例外。以中国、印度、马来半岛、东印度群岛、菲律宾等为指向，柳田提出“我们日本人在母语的语感下直接了解自己的过去，我们不仅要充分利用这种幸福，更应该与邻国分享这种快乐”，这种主张也反映了当时的国际形势[1]，是柳田积极提倡世界民俗学中的日本使命的原因。他说道：

120

那么现在不适合做这门学问的人该怎么办呢？是等待

---

[1] 我们并不清楚柳田了解多少当时印度的情况，但是在印度学者中有人主张印度是世界上唯一一个拥有研究自文化传统的国家。以下是萨拉那（Gopal Sarana）和辛哈（Dharni Sinha）在1976年的发言。“由生养在当地的人类学家持续进行了近七十年人类学的自文化研究的国家，看遍全世界也就只有印度了。世界上任何一个国家，特别是发展中国家的人类学家，早晚必然着手自文化的研究。虽然无法预测本土的人类学家将会面临什么样的问题，但是为了获得新的学术局面，所有的国家都会承受成长的阵痛。唯一的例外就是早已经过了这个阶段的印度。”（Sinha 2000b: 21）把这段话里的“印度”换成“日本”的话，基本上就是柳田的主张了。

> 岛上的人们具备自我研究的能力，还是无法等待，需要外部力量的介入？我们很难比较两者的利弊。本来应该像我们日本人一样具备自我思考能力的，但是他们的资料消失得太快，即使可能出现不完全、不正确的情况，也不得不利用外部学者的采访记述。我国国内的地方也是这样，在当地培养出自己的学者之前，还是有必要珍视旅行者的游记等资料的，也需要向代替当地民众思考的学者表示感谢（《全集四》27–28）。

应该指出的是近代西方的两个有代表性的人类学理念。一个是“救济人类学”，强调原住民文化面临消失的危机，需要尽快进行调查和记录。一个是默认异文化研究中力量的不均衡，其代表性言论是萨义德在《东方学》开头处引用的马尔克斯的话：“他们无法表述自己，所以需要被表述。”只不过，置换到柳田，他反西方霸权意识非常强烈，认为非西方人的表述/代言应该由日本人而非白人来进行。这种理念尤其体现在对于太平洋群岛的民族的态度上[1]。

121

无论如何，在西方殖民主义统治的20世纪前半期，“表述者＝西方＝支配者＝调查者”与“被表述者＝非西方＝被支

[1] 柳田在《青年与学问》收录的“岛屿的故事”中写道：“以目前为止的社会科学，特别是近代的史学为基础无法解决的问题，为了孤岛的幸福，如果无法期望每个岛屿的居民能够自己找到解决办法，那么第二位的适合做这件事情的就是已经摆脱同样困境的日本平民。”（《全集》60）

配者＝被调查者”是区分鲜明的。在这样的背景下，柳田持有在非西方社会中只有日本是具备简练的自我表述能力且发展了民俗学的民族自豪感。这与大日本帝国的亚洲统治，即另一重的殖民主义有着密切的关联，给予柳田以足够的学术自信。认为日本的本土人所作的自文化研究（用柳田的话来说是“民俗学”）对被称作“土俗学”或者“殊俗学”的世界人类学的发展做出重大贡献的柳田在《民间传承论》第二章“殊俗学的新使命”中，论述如下：

> 实际上，对于过渡时期日本人的生活观察是通过对自他都有利的发现实现的。它给我们的研究以无限的刺激和推动，给世界文化史找回了遗失的关键线索，也促使我们反思土俗学的一大弱点，也就是欠缺“离开当事人的参与就无法做出学问”这一认识。半个世纪后再回首现在，就会发现日本承认本国人所写的民俗志这件事对于学术史而言是一件具有划时代意义的事情（《全集八》44–45）。
>
> 但是，现在的实际情况是，我们这种有意义的模仿，却很少有其他民族想要进行再模仿，世界上十分之九的地区到现在还是仅由来自其他国家的旅行者对其生活进行观察。日本的土俗调查将过往的像马琴的朝比奈巡岛记那样的土俗学与民俗学紧紧联系在一起，成为民俗学发展的契机，且土俗学自身也获得了较大发展。然后就能够在综合起来的一般民俗学史上占据特殊位置吧，想到这一点就会

122

感觉很欣慰（《全集八》45）。

另外，《乡土生活的研究法》中表明了如下希望。这是充分表明柳田构想的内容，即在世界各国创立的一国民俗学以平等的立场相遇的“座”或者“知识的盛宴”就是世界民俗学。

> 我们相信可以通过这种乡土研究的方法来探寻没有文献记录的天下诸蛮民的历史，众生都可以平等地成为民俗学对象的那一天终会来临（《全集八》233）。

但是，就像布鲁塞尔召开的人类学国际会议上，日本因为“没有什么可说的”而未受邀请这件事所展现的那样，非西方的本土人研究无论多么优秀，他们的声音都很难传达到西方中心。在笔者看来，或许对于这种排斥的不愉快的感觉、反感促使柳田产生了要创建比较、综合一国民俗学的平台的世界民俗学的想法。

当然，如上所述，柳田将乡土研究、一国民俗学、世界民俗学视为一条线上的事情，所以他的理念有可能会被认为是，世界民俗学是乡土研究与一国民俗学的单纯的理论延伸，没有必要考虑政治社会因素。但是，《青年与学问》中收录的十篇演讲记录都是美国的排日移民法（1924年5月）颁布后数年内的文章，《民间传承论》与《乡土生活的研究法》的出版也在那之后不久。而稍往前一点，柳田作为国际联盟委任统治委

123

员会的成员之一在欧洲生活的1921年，正是华盛顿会议召开的时间，而这次会议的召开是为了牵制第一次世界大战后不断进行军事扩张的日本，其后日本对西方就持有一种“受害者意识”，这种意识被认为是出现大东亚战争的因素之一。再往前追溯，以日俄战争中日本的胜利为契机，以日本为靶子的黄祸论在欧洲抬头，柳田受到反黄祸论的森欧外的间接影响，想要把日本与欧洲进行对置（川田 1997：47）。柳田去世前三年，曾在其《故乡七十年》（1959）中回忆，他出生在“日本一个小小的家庭”，其后又成为别家的养子，这种个人经历与当时日本所处的国际情势都使得柳田对于“排斥”很敏感。

高度评价世界民俗学现代意义的川田顺造在其演讲“日欧近代史中的柳田国男”中写道：

> 当时的柳田国男还是将有文字的文明人与野蛮人、无知蒙昧的野蛮人区分开来的，认为因为野蛮民没有用文字记录自己的过去而获知自己过去的能力，所以只能通过外来的民族学者、宣教师、殖民地长官所写的记录来了解过去。但是，我们相信且希望总有一天世界上所有的民族都能从自己的乡土研究出发来创建世界民俗学。我现在正在进入这样一种状态（川田 1997：63）。

曾经，石田英一郎在演讲“日本民俗学的将来”（1954）中评判到，民俗学应该超越一国民俗学，具备比较民俗学的视野。川田回顾石田的评判指出，现在不如说民族学正在向民俗学靠拢。他认为原因有两个，一个是非西方的“当地学者”（本土人类学家）的出现，一个是信息全球化。 124

诸如欧洲的非洲研究，非洲的很多学生来欧洲学习，研究自己的国家，然后向法国的大学提交学位论文，也可以评判从法国去非洲进行研究的人们的成果。换言之，调查者与被调查者之间的相互交流，研究内容的相互检验得以频繁进行，同时，两者之间的理论性联系也变得更为紧密。现在世界上的任何社会都在政治、经济等角度相互关联，外来人的调查对于研究对象的社会而言不可能是“与你无关”的事。曾经的民族学、人类学在认识人类方面所拥有的特权状态，也就是认为与研究对象“分离”，从认识论角度也与研究对象隔离，只有这样才能客观地观察人与文化的情况正在消散（川田 1997：64-65）。

柳田认为，“旅行者回到自己的国家后，总是像一个权威一样，谁都不能怀疑他的知识的正确性”，不仅如此，其他人“很少去同一地点作调查，所以很难对同一地点的记述进行比较”，他认为这是人类学的不足之处。因此，为了检验西方人写的民族志的可信性，柳田强调要先看日本人写的东西。而柳田说，“在这一点上，现在的日本人可以说是站在便利位置上的检阅者”（《全集八》35-36）。这里所说的“检阅者”相当于上文提到的“作为读者的本土人”和本土人类学家，存在于包括日本在内的世界各个角落。在西方学术统治持续中，本土 125

人的自文化表述逐渐登场的现在，作为民俗文化知识的比较、综合的平台——座——的世界民俗学，这个曾经的柳田国男的构想，在七十五年后的今天复苏了。

三、世界民俗学的问题

接下来我们讨论柳田世界民俗学的两个问题。第一个是有关作为构成单位的一国民俗学的“国”的理论问题。第二个是有关柳田认为外人无法了解本土心性的自信。

1. 有关“国”的问题

《日本民俗学》近些年刊载的文章中，岩田重则的“民俗学与近代”（1998）批判性地探讨了一国民俗学。岩田把一国民俗学叫作“不承认差异和多元性的学问”，认为“被排除的部分”包括五个，分别是国内的少数民族、地域差异、非常民、女性、东亚范围内的思考。他主张，在民族、地域、阶层、性别等角度所表现出来的日本文化的多样性都被忽视了（岩田 1998：13–15）。这种批判和见解也见于民俗学以外的专家学者。历史学家纲野善彦一系列的“日本单一民族说”评判、“稻作一元论”批判，以及文化研究者酒井直树展开的国民国家、国民文化批判（Sakai 1997）都是代表性的言论。

实际上，日本人论在20世纪60–70年代十分兴盛，现在讨论这个问题貌似不合时宜。但是，国民国家、国民文化真的没有实体吗？诚然，“日本”“日本文化”这种宏观的说法本身是有问题的，但笔者认为这并不是一种虚幻。因为近代以后的世界以国民国家为基础，20 世纪的特点就是“国民国家的世纪”（木畑 1994：3），即使现在国民国家的框架正在动摇，也不是解体或者消亡。国民国家与国民文化就像一对双胞胎，文化概念本身就是近代政治的产物（西川 1992），被创造出来的国民文化具有超越内部各种差异、龟裂的共通性。这种共通性在与其他国民文化进行比较时更为清晰。

我们通常认为国民文化论的不足之处在于其同质化的前提与效果。但是，文化本是集体表象，只要不放弃文化概念，这个问题就不能得到根本解决[1]。与国民国家同样，我们知道这些概念是存在很多问题的，但是现在人类学和民俗学不得不依赖于文化概念。如此，问题不在于同质化，而是其程度。

我们在解构日本文化论的时候，通常会以阿伊努人、在日、冲绳人等少数民族为例进行阐释，促进国内对于多元性的认识。然而，在这一过程中，我们常常忽视的是这些少数群体也不是一块铁板，而是有其内部多样性的。例如，占据在日居住外国人几近半数的朝鲜族，众所周知，他们分为南（大韩民

---

[1] 里拉・阿布－卢赫德（Lila Abu-Lughod）在“反文化书写”这篇有启发性的论文中举出文化概念的最大问题是同质性、一贯性、超越时间性三个前提。岩田指出的日本文化内部的差异以同一文化成员拥有同质性为前提，所以很容易被忽视，本尼迪克特的文化统合论、以英国功能主义为依据的一贯性这一前提使得文化社会比实际上看起来还要整齐。现在，很多人类学家之所以被以阶级差别为前提的布迪厄的“惯习论”所吸引，其实是包含着对于包括文化概念在内的整体化的一种反省。

国）与北（朝鲜民主主义人民共和国）两部分，代表他们的各种团体通常都是对立的。而在双方的社区中，人们对于祖国意识的变化可见于年轻人。同样的内部龟裂与纠葛也见于有关阿伊努人的报告，所以一眼看上去似乎是同质的少数群体，实际上与“日本”一样是多样且复杂的。

因此，如果说日本这一国民国家层面的同质化、一般化是不确切的，那不得不说在少数民族层面也是如此。由此，我们一直在尝试无极限地细分人类群体，还原抹去全部社会性的个人层面的特性。但是，一方面我们不可能得到“纯粹的个人”，一方面我们也不可能把个人与其社会文化脉络脱离开来。也就是说，国民文化论批判的理论性结局是不得不去怀疑本是真理的人类的社会性。这种做法容易陷入学术英雄主义的圈套中去。

127

“国民国家的幻想”是近年来听到的词汇。接受过由后现代主义代表的很多“后”主义洗礼的笔者，对于过往的日本论等整体化言说也持有异议。但是，这里要注意的是，当我们批判国民国家的“幻想”、单一民族国家的“神话”时用来例证的少数民族群体实际上也是“幻想”。上述的“在日”只有在与“日本”这个更大集团发生关系时才有意义，其自身是没有固定形制的多元存在。我们在解构“日本”的时候，会有建构“在日”以及其他少数群体的倾向。也就是“解构中的建构”。这与单一民族国家说同样危险。目前为止的国民国家、国民文化批判集中在“割裂”人群的要素，容易忽视“连接人群”的要素。国民国家的框架一直在动摇，但直至今日仍然是基本的世界秩序，有关这一点看看“9·11”事件之后美国民族主义的高昂就会明白了，只强调一方面而忽视另一面的做法是不现实的。

日本的民俗学家在日本民俗学会主要以日本人为对象用日语发言。这个“场”的成立是以日本为单位组织起来的学会为基础的，研究成果的一部分也是在以日本为流通单位的学会杂志上刊载的。因此，民俗学者的大多数发声都是由“这一领域的创建者为柳田国男、他的功绩是伟大的”这一国民整体意识来支撑的。在这里，不会有人问“柳田是谁”。也就是说，在日本民俗学会发声这一行为的前提是能够把日本当作单一的“想象共同体”的听众的存在，这是国民经营行为。柳田的一国民俗学包含很多问题，考虑到这是一种以国家为单位的学术经营，也就不得不说还是有一定意义的。

128

2. 只有本土人才知道民俗吗？

笔者认为，柳田的世界民俗学最大问题不是与“一国”相关的内容，而是“只有本土人才明白民俗”的主张。上面已经提到柳田国男对于汉恩的敌意[1]，通过《青年与学问》《民间传

[1] 柳田批判汉恩之后不久，又讲到，“即使是巴彻勒的研究也是如此”（《全集八》37）。巴彻勒（John Batchelor）是在阿伊努人研究方面有着卓越贡献的英国圣公会的传教士。确实，他的语言能力有着一定的限制，但是伸出双手来帮助孤立无援的阿伊努人的功绩是不可抹杀的。同样的情况见于在平取町的二风谷进行阿伊努文化研究的同时，还作为医生对（转下页）

承论》以及《乡土生活的研究方法》，柳田对外国人的民俗文化阐释不断提出异议。例如，在《青年与学问》中明言“外国人进行的所谓观察，得出的结论不过是盲人摸象”(《全集四》160)。《民间传承论》中就被分类到民俗第三类的禁忌现象讲到“就如同会支配很多人的行动和精神，同时也是不做一些事的原因的禁忌那样，正因为不做，外部的人穷其之力也没办法观察到，(中略)我们国人作为文明人所拥有的大量的禁忌是外部人无法明白的内部的事情”(《全集八》67—68)。在《乡土生活的研究方法》中，讲到“这一禁忌是乡土研究的最必要的部分，必须等待本土人自身进行研究的部分正是这里。即使都是同一国家的人，这一禁忌也不是乡土以外的人可以明白的”(《全集八》365)。

只有本土人（同乡人、同一国家的人）才能明白民俗的深奥这一柳田的主张或许来源于他以收集和分析民俗词汇为核心的方法论。从“物质的名称也就是表示物质实体的名称，已经是一种语言艺术了”(《全集八》130)的说法中就可以看出，“名称 = 实体”的前提很单纯，我们暂且不关注这一点，柳田之所以对西方人的研究没有信赖感，是因为他

129

（接上页）当地的医疗做出巨大贡献的苏格兰人尼尔·戈登·芒罗（Neil G. Munro）。他们做了日本人（大和）没有触及的地方的研究，我们不应该在人道主义与研究中带入民族主义情绪。曼洛拍下的阿伊努人的仪式活动影片在 2007 年由国立历史民俗学博物馆的内田顺子编辑成“AINU Past and Present”并公映。

断定外来研究者不能够掌握当地的语言。从接下来的批判中就可以看出这一点。

> 离开这一学问就无法研究民间文艺。民间文艺有意思的地方在于这是没有学问的人的工作，只能做出跟自己知识经验相应的事。因此，没有什么故事来历，他们只是在表现自身的内部生活。他们知道的事情不过就是水中影，是用语言艺术表现出来的，异邦的旅行者当然没有办法理解。美洲印第安人的语言艺术英译之后虽然也很有意思，但是失去了本土的味道。语言中的特殊味道只有同胞才能品尝得到（《全集八》134）。

确实，语言是民族精神的表达，不理解语言就无法理解异文化。但是，如果乡土的事情只有乡土人才能理解的话，包括柳田所处的中央学界在内，所有的外界人士都无法进行研究，更意味着民俗学根本就不能成立。同样的情况也适用于人类学。创建日本民俗学的柳田应该是不会有意识地挖自己墙脚的，所以问题不在于本土人以外的人懂不懂民俗，而在于其他地方。笔者认为，相对于“明白”这件事，柳田采用的是某种特定的立场，他本身没有意识到这一点，才会说出从根基颠覆民俗学的话来。

柳田对于刚才提到的美国原住民使用的词汇是“品尝”，他说“至于到了（乡土）内部精神的时候已经是无法完成了”“成长于境遇不同的环境下的人们是不会明白的”这些话的时候（《全集八》367），不仅是指认识层面的不可理解，还意味着身体也是无法感觉到的，即共感或者移情的能力。即使只是比喻，为了“品味”也需要启动舌头这一器官，一般来说日语中的“明白”这个概念，不仅仅是理论上的理解，还有超越理论的身体感知的获得。也就是说，只是用脑袋明白还不够，用身体感知（体感）、获得（体得）才是重要的。象征性地表现出这一点的是“体につく”[1]这个日本人无意中使用，但是外国人觉得不可思议的表现（Lebra 1993，桑山2006a：257）。一般而言，比起经验，日本人更重视“体验”，禅法中“不立文字”的理念（领悟不是靠文字来传达的教训）所体现的那样，语言上的分析是不可能的，知识的身体化受到好评。

130

美国的日本思想史研究学者哈鲁图尼亚（H. D. Harootunian）认为，对于柳田来说，“理解”就是要“深入表层下的内部”，并论述如下。“日本的民俗学让调查者空降到调查地点，并使之一体化”“柳田重视科学的严密性与开放性，推进由内部人实践的方法论”“对普通老百姓认知要求的不是解释，而是感情的投入，是移情。民俗学探寻表层下的事实，发现深深扎根的无意识的心理习惯，每天反复生活的节奏被上述要素不间断地统率着。调查者需要将自身置于可以获知老百姓第二天性，

[1] 字面意思是“附着在身体上”，意译为“掌握”。——译者

也就是信仰由什么构成的立场。这是远远超过外来人理解范畴的”（Harootunian 1998: 148–154）。

与此相对照，深受笛卡尔二元论影响的近代西方，精神与身体被分离，理性支配下的精神比被情感影响的身体占优势。对他们来说，“明白”是理性的理解，带有合理性。身体是共鸣与感情投入的媒介，而这一媒介的特点就是非理性，所以身体是难以进入他们思考体系的。当然，近些年来，我们也可以看到重视经验的身体性、努力超越二元论思考界限的动向，追溯历史的话，18 世纪康德就批判笛卡尔，并论述应该同时分析精神与身体的人类经验的“双重性”（Maxwell 1999: 149）。但是，西方的笛卡尔遗产丰厚，直到现在，在他们的文脉中，“明白”依然意味着用理论性语言表现出来的明晰的分析。这里我们应该想到的是，西方的启蒙思想是指承认精神的绝对优势，通过理性来发展科学，努力尝试达到人类进步的顶峰。而与这种启蒙主义相抗衡出现的是德国的赫德（Johann G. Herder）所代表的浪漫主义，他的思想与欧洲落后地区的民族主义相结合，为作为“国学”的民俗学的形成做出了贡献（岩竹 1996）。

131

柳田深受英国实证主义的影响，但心理上与德国浪漫主义贴近。如战前冈正雄所指出的那样，柳田“作为知识分子成长的时代是日本民族的繁盛期，落后的民族意识与高昂的民族主义并存，他抵抗欧美物资的流入，而主张充分认识日本固有文化，强调对其进行保存”（冈 1979：82）。小松和彦认为想要“知道”某事就是“所有”某物，想要“拥有”某民俗这种强烈的欲望支撑了民俗学的产生与发展（小松 1998）。同样的见解也可见于萨义德，萨义德在《东方学》中把异文化研究视作他者统治的一个形态。众所周知，柳田的民俗学是“自我省查”的学问，“明白”的对象是自文化的日本。想要“拥有”

132

日本的柳田的欲望与日本的民族主义建立起了亲密的关系，将不同质的他者，特别是日本的竞争对手西方人排除在了有关日本的话语权之外。这种对于言说的独占和对于他者的排斥也可以说是对于上述西方对日本态度的抵抗，而使其正当化的是“外国人‘不明白’日本人的心灵和精神”的理论。当然，外部的人从认识层面也是可以理解的，但是柳田是以身体为媒介的同感理解为基准来判断他们的能力和适宜性的。

然而，这会出现一个很大的问题。在日本研究的领域“只有当地人才明白民俗”的主张确实可以把柳田国男置于与外国人相对较为有利的立场，但是在乡土研究中，相对于本土人则是把柳田国男置于不利的位置。这种矛盾，柳田是怎么解决的呢？考虑到柳田可能没有意识到这个问题，所以笔者的想法也不过是可以考虑的解释之一，即柳田是把重视精神的分析性理解，也就是西方的“明白”带入了乡土研究之中。

如同反复论及的那样，柳田在民俗学的三个部类中最重视叫作“同乡人之学”或者“精神”的第三类，但是未必真的重视乡土人的认识本身。这表现在他只在日本总体研究中对乡土人的乡土研究的意义给予好评这一事实上。例如，20 世纪 30

年代初期，创立了长野县信浓史学会的一志茂树带着在北安云郡收集到的大量俗信、民谣来到柳田的府邸，柳田没怎么给他好脸色看，他的意思是现在已经有全国性的辞典了，一志应该参照这本词典去采录没有出现在词典里的只有北安云郡才有的东西。但是，一志认为“没有什么只在北安云郡唱的歌了，其他地方的歌怎么传入这里，这些传入的歌又是怎样被当地使用的，在1932年（昭和七年）这个时间做这些研究是很有文化史意义的”，所以并没有听从柳田的建议。于是柳田说，“那你没有必要来我这里，出去吧，再也不要来了”（福泽 1998：142）。133

这个片段是从一志的立场出发讲述的，但是柳田在《乡土生活的研究方法》中非常忌讳那些“毫无目的”的自文化民俗资料的收集，将那些不管全国的关联性，只记录眼前民俗的地方民俗称为“无意义的重复”（《全集八》223–225），考虑到这一点，也不能说上述片段的描述是缺乏中立性的。福泽昭司说，柳田与一志的分歧在于“是把乡土当作研究的目的还是手段”（福泽 1998：134）。这与是“研究乡土”还是“在乡土进行研究”的差异基本一致，柳田采取的是后者的立场。从这一角度来讲，他是在日本国内的乡土研究场域内来陈述本土人的同感理解相对于外来研究者的分析性理解的优势的。换言之，柳田一方面以外国人的日本研究中缺乏同感性理解为理由排斥外国人的研究，一方面又以乡土史学家的地方研究缺乏分析性理解为理由而将其排斥。如此，柳田对于哪一个都把自己置于优势位置。即使那只是无意识的行为，但结果就是这样的。

福田亚细男讲到，1935 年设立“民间传承会”之后，研究者（以柳田为核心的中心学者）与调查者（住在地方的民俗爱好者）的分工体制确立，研究与调查分离（福田 1992：50）。我们没有办法在这里对这一点进行过多的评述，但要说的是，这种分工不仅是日本民俗学，更是包括人类学在内的所有户外科学的宿命难题。这里笔者更认为值得注意的是，柳田认为外来者不懂民俗的内向型的封闭态度。

世界民俗学本来的目的是，世界各地都创立一国民俗学，将其研究成果进行比较和综合，创建有关人类社会的宏大学问。有关“一国”现在有很多批判的声音，但以国为单位来思考学问的话，也不是完全没有意义的。然而，如果柳田的构想有决定性的错误，那就是认为只有本土人（同一个国度的人）才能完成一国民俗学的想法。

134

如第一节“世界民俗学的构想”中的“世界民俗学与比较民俗学”一项中讲述的那样，比较民俗学强调与国外研究者的合作，世界民俗学在创立其组成单位，即一国民俗学的过程中是将外国人排除在外的。但是，柳田自身也提及，异邦人能够看到日本人忽视的东西，所以没有外部视角的民俗学是有偏颇的。因此，即使只是由同一国家的人完成了一国民俗学，到了进行知识的比较和综合的世界民俗学的层面，其不足之处也会显现。并且，“想要拥有”民俗的欲望导致的内部人对于话语权的独占与同样“想要知道”民俗的外部人士的欲望必然发生冲突，两者之间是不可能在没有感情对立的情况下进行对话的。换言之，柳田有关只有本土人才明白民俗的主张彻底颠覆了他创建作为国际平台的世界民俗学的构想。

带着浪漫主义倾向的柳田的著作是一种文学作品，会促使同时代的读者进行共鸣式的理解。因此，在与战后的折口信夫与石田英一郎的对话中，柳田回顾到，“我们进行乡土研究，完全没有考虑外国人可能会读。不知怎么回事，总觉得让外国人读我们的东西的话就有一种卑微感”（柳田、折口、石田1965：59）。但是，现在全球化火热进行中，世界各地都在进行日本研究，有关日本文化的各种言说错综复杂。在这样的情况下重要的是，“明白”一词包含共鸣式理解与分析式理解两种形态，柳田在乡土研究中的立场也是如此，外来者（非本土人）的分析性理解中包含着与建立在本土人的实际感受能力基础上的共鸣式理解相互难以评价优劣的东西。两者是不同的理解方式，我们应该意识到两者是处于互补关系中的[1]。站在这

[1] 笔者并不推崇本土人与非本土人的“分工”。也就是说，并不认为本土人可以实际感受到自文化但是无法进行分析，非本土人可以分析但是无法实际感受。本土人经过适当的训练也可以客观地观察自己的文化，非本土人如果充分地浸染在本土文化中的话，也可以实际感知。两者的差别不过是程度的问题。重要的是，本土人与非本土人都应该认识到自己的界限，本土人去磨炼分析能力，非本土人掌握实际感受的能力，一个人同时兼具两者。有关因彻底的田野调查而出名的日本的非洲研究者如何通过实际感受来接近他者的案例，请参考松田素二的论文“实践性文化相对主义考——初期泛非主义者的跳跃”（1997）。

一认识基础之上，我们才能够向外国人，向国内异质他者开放文化研究。

四、精神的开放性

135 我们再延伸讨论最后一点以作结论。民俗学、人类学的核心概念是文化，它与历史上就是双胞胎关系的国民国家在现在受到各种各样的批判，这些领域的研究者面临从根本上重新审视这些概念的要求。其中，与柳田相关且被认为是最为重要的是文化的所有权问题。也就是说，“文化是谁的？”这个问题与文化的“主体”相关，进一步更与文化的“话语权”相关。有关这一点，笔者思考如下。

文化是一种集体表象，是其承担者民族（日本主要是大和民族）创造出来的，一旦创造出来，就不是包括创始人在内的特定民族的所有物，而是全人类的财富。那么对其的话语权自然也属于全人类。换言之，我们一方面充分尊重创始民族的本土人，一方面也认为有必要将文化从他们的手中解放出来。以日本为例，日本文化不一定就是日本人的，而是“选择”日本生活模式的所有人类的。确实，文化不是像面具一样可以随意取下的东西，但是人们有否定自己出生地的文化的权力，也有选择新文化的自由。这种选择的自由建立在超越民族和国界的人性基础上。

柳田提出了世界民俗学的宏大构想，中途却放弃了，后来又开始否定。这或许是因为，出生于民族主义色彩浓厚的近代日本的柳田无法抵抗想要拥有自文化的强烈欲望，无法赋予自己实现构想必要的“心灵的开放性”吧。

第五章　日本民俗学的脱国民（脱土著）化

141　民俗学在日本很有人气。大城市里的大型书店基本上都会有民俗学的分区，地方的小书店也会放一两本民俗相关的书籍。另一方面，拥有民俗学专家的高等教育机构很少，其与以人类学为首的产自西方的学问的联系也很少。从历史上讲，一个很大的原因在于柳田的思考方式和态度。因为他自身虽然精通西方的学问，但他把民俗学定位为新国学的做法和实践以及上一章中提到的学术民族主义使得他失去了与更为宏观的世界的接触。笔者称呼这种现象为日本民俗学的“国民化”。更为确切地说，就是“在国内的一般读者之间有着很高的人气，然而却疏于积极学习外国的学问，结果是，处于不太了解世界影响力较大地区的研究动向，被很多国家孤立，什么都是在国内做的一种状态”（Kuwayama 2008: 33）。

142　本章在第四章的基础上就脱国民化，也就是日本民俗学的“脱国民化”，更为通俗地说是“脱土著化”进行考察。如同序章中提到的那样，第四章的“柳田国男的‘世界民俗学’再考”本来是刊载在日本民俗学会期刊《日本民俗学》（第222

号，2000.5）上的文章。当时的副标题是“用文化人类学家的眼睛观察”，由此标题可知，笔者的解释无非是一个文化人类学家的解释，很多点都“脱离”了民俗学的一般框架。尽管如此，或者说正是因为如此，才得到了很多民俗学家的关注，文章发表后的第二年（2001），在“柳田国男会”这样一个小型的学会年会上，与福田亚细男、赤坂宪雄、菊地晓三人一起，我们得到了阐释自己观点的机会。以下是以当时的发言为基础，在“续柳田国男的‘世界民俗学’”(《第七次“柳田国男会”报告集》(2001年收录))的基础上修改的内容。

一、从民俗学式柳田研究解放

在第四章中，笔者将柳田的世界民俗学定位为“先在各个国家分别研究各自的多样民俗文化，然后将其成果在世界范围内进行比较和综合的尝试”，世界民俗学绝不是与一国民俗学相对立的，而是以世界各地的一国民俗学为组成单位的“联合”。这种解释的根据之一是柳田的话：“各国创立一国民俗学，由此可以在国际上进行比较和综合，如果研究结果适用于其他任何一个民族，那么世界民俗学的曙光就出现了。”(《全集八》47）

与此相对，赤坂宪雄一方面表示对笔者的理解有所赞同，同时又评论到，柳田国男或许都不相信自己的话。因为据赤坂所言，柳田想要做事的时候，必然会办一个杂志以巩固组织，而在世界民俗学的实践中则没有这么做。实际上，柳田基本上没有提及过应该如何实现世界民俗学。但是，对于作为人类学家的笔者而言，最重要的不是在日本民俗学的文脉中理解柳田的话，而是在自己的话语基础上解释柳田的思想，并将其应用到人类学之上。换言之，我们要做的不是猜测“柳田是这样想的吧”（这作为一种“传言”由民俗学者继承，作为学会的集体记忆而成形），而是认为在精读柳田文本的基础上获得的见解才是最重要的。

众所周知，《民间传承论》第二章以后都是由后藤兴善执笔编辑的，所以并没有出现在《定本柳田国男集》中。笔者在《柳田国男全集》再刊的时候才接触到全部内容。刚一读就留下了深刻印象，特别是有关世界民俗学的构想，用现在的话来讲，笔者认为可以说是对于西方霸权强烈的“反叙事”。考虑到民俗学者应该不会将如此有启发的研究闲置，就打开了后藤总一郎编的《柳田国男研究资料集成》等资料集，但几乎没有发现有关世界民俗学的像样的论述。于是发现，日本的民俗学者对于世界民俗学有着不言自明的了解，这反而阻碍了对于世界民俗学的叙说和阐释。如赤坂的观点体现出来的那样，这种了解才是日本民俗学中的“柳田理解”。

如果说笔者的世界民俗学论有创意的话，那就是有意识地利用民俗学者无法容忍的自由、门外汉的轻松来把柳田从既往框架中解放出来这一点。民俗学者之间长久以来倡导应该“脱离柳田”，为了做到这一点，就要离开柳田学的文脉，彻底地阅读他的文本，这看起来是南辕北辙的做法，但确实是必要的。

二、边缘的英雄柳田国男

柳田的世界民俗学的构想是在七十五年前出现的，人类学家现在去论述它，意义何在？柳田晚年对世界民俗学持否定态度，那么它的重要性何在？笔者对于这些问题的回答就是，曾经的“未开化”社会现在正处于柳田曾经生活的日本，也就是19世纪后半期到20世纪中叶的日本在世界所处的位置。 144

柳田之所以认为日本与外国的比较为时尚早，并执着于日本研究，是因为他认为外国人是无法理解某个国家的民俗文化。正因为如此，他构想出首先由本国人进行内省的学问（一国民俗学），然后促进对各种一国民俗学进行比较、分析的世界民俗学的建立。柳田之所以对以小泉八云为代表的日本研究以“误解太多”为理由而不肯充分承认其价值，是因为他认为本土的事情只有本土人才能明白。特别是心理和精神现象方面，更是如此。

但是，不管日本人如何大声地就日本而发声，最后也会因日语的束缚而无法通向世界。即使通向了世界，世界的学术由西方支配，日本人实际上是被排斥在外的，其自我表述的机会被剥夺。因此，柳田才会希望在世界舞台上有日本人可以堂堂正正地进行发言的地方，强调日本的研究暂时还是应该由日本人来做。由此才说他的世界民俗学是对西方霸权的挑战。

145

20世纪80年代，后殖民主义研究备受瞩目，政治上的殖民主义结束了，经济文化上的巧取豪夺和统治依然存在，这是学界的普遍共识。特别是包括人类学在内的文化表述领域，表述者与被表述者的力量不均衡问题受到关注。如果说是“未开化”的本土人不能够进行自我表述的时代也就算了，现在他们很多人是具备自我表述所需的必要的教养与理想的。尽管如此，大千世界仍无法听到他们的声音，这是因为国际性的发声平台一直被西方列强独占。柳田构想世界民俗学的20世纪30年代的日本与日本在世界所处的学术状况（从某种角度来讲，这种情况现在依旧），与现在旧殖民地的本土人在世界上所处的位置相同。

笔者从“学术世界体系”观点出发对西方的异文化表述和表述权力的独占现象进行分析。就学术世界体系中的中心与边缘的力量关系，本章想要谈一谈民俗学中一件象征性的事件。即美国著名民俗学家阿兰·邓迪斯（Alan Dundes）在1999年编辑出版的《国际民俗学》（*International Folkloristics*）中对于柳田的记述。这本书的副标题为“民俗学创始者的古典贡献”，其中提及包括汤姆斯（William Thoms）、格雷姆（Jacob Grimm）、科隆恩（Kaarle Krohn）、范·盖内普（Arnold van Gennep）、弗雷泽（James Frazer）等在内的二十多位西方民俗学创始人，而对柳田只有如下简短说明：

> 日本民俗学创始人柳田国男的主要著作收录于共计三十六卷的著作集里，除了翻译成德语的少数几本以外，不会日语的读者依然无法读到（Dundes 1999:56）。

但是，这种说法是没有根据的。例如，《远野物语》（1910）、《明治大正史世相史篇》（1931）、《日本的传说》（1941）、《先祖的故事》(1946)、《民俗学辞典》（1951）等，早就在20世纪50–70年代就有了英译本（Yanagita 1957, 1970, 1972, 1975），而且至少这些著作都可以在芝加哥大学的图书馆找到。即使邓迪斯就职的加利福尼亚大学巴克雷校区没有，利用图书馆互借系统的话，应该也可以很简单地拿到手。邓迪斯写下这段话的三十五年前，美国民俗学的泰斗道森（Richard M. Dorson）在其编辑的《日本民俗研究》（*Studies in Japanese Folilore*, 1963）的序中，非常详细地介绍了柳田国男。考虑到这些事实，邓迪斯可以说是“学术怠慢”。

146

然而，对于他和其他位于学术世界体系中心的学者来说，这根本不算什么事。因为知不知道柳田，他们作为研究者的地位都不会有所动摇。对于他们来说，柳田国男是日本这个边缘地带的英雄，或者“乡下将军”，即使其著作被英译也没有必要去阅读。柳田曾在《民间传承论》中感叹瑞士的霍夫曼·克莱耶（Hoffmann Krayer）编辑的世界民俗学年鉴无视日本人的研究，“没有写日本在此学问上的卓越贡献算什么世界年鉴。今后的年鉴如果不放入日本就是不完整的。必须放进去”（《全集八》81）。之后七十五年过去了，遗憾的是，情况似乎没有什么改变。

三、柳田国男的“西方根源”

发生这种情况，柳田国男自身也有一定的责任。因为他虽然使用了很多西方的学问，但是却没有明确地标明出处以让后世学者明确地了解这些学问。例如，“重出立证法”受到英国的高姆（George Laurence Gomme）的影响（高原 1999），柳田的作品中有些还带着近代人类学之父马林诺夫斯基的影子。确实，为了超越柳田讨厌的进口学问，我们有必要有意识地排斥国外理论，但不去明示参考文献的柳田的做法使得他虽然确立了在日本的权威，却迷失了与近代西方霸权的关系，结果是日本民俗学与学术世界体系中心各国之间的关系断绝了。

147

比较日本民俗学会的期刊《日本民俗学》与日本文化人类学会（原日本民俗学会）的期刊《文化人类学》（原《民族学研究》），很快就会注意到，后者的参考文献里有很多外文书籍，而前者基本没有。积极一点说这反映了日本民俗学的独立性，也就是说日本的民俗研究不需要依赖于西方文献，自己就可以进行。但是，消极地解释的话，这意味着日本民俗学的封闭性和孤立性。再进一步说的话，日本的民俗学欠缺接触世界中心的西方学术、拓展全球性的视角。日本的民俗学者在西方文献上都比较弱，或许是因为没有感受到学习外语的必要性吧。在这一点上，柳田的责任很大。因为如果他明示自己参考的西方文献，后面的学者就会认识到“想要理解柳田的观点就要学习外语”，同时也定能促进与更广阔的学术世界的交流。

笔者的专业为文化人类学，这是从西方传入的学问。因此，实际上是非常羡慕一方面有着柳田这样的伟大的乡土学之父，一方面不用阅读西方文献就可以作为专家活跃在学术舞台的民俗学。同时又觉得需要兼备阅读外文文献的能力与专业能力的人类学很可怜。但是，如果这种“可怜”还有救的话，那就是因为日本的人类学不得不依赖于西方文化，所以勉强能够与学术世界体系的中心保持联系。与此相对照，日本的民俗学从两种角度来讲是处于“锁国状态”的。首先，除了邻近的韩国、中国、中国台湾，我们基本上与外国没有人员、学术上的交流。在国内，与受西方影响发展起来的学问之间基本无法对话。实际上，历史上处于兄弟关系的文化人类学（民族学）的学人近年来也在抱怨说民俗学的专业术语和概念越来越难理解了。

148

当然，如果日本处于世界学术中心位置的话，这一点不算问题。然而，实际上，日本是处于边缘位置的，很多日本学者也不敢改变这种局面。故而笔者在此有一提议。那就是如同世界的人类学家自我反省“殖民主义源头”、带着剧烈的阵痛成长那样，日本的民俗学者也应抛开所谓的面子，确认柳田的“西方根源”。通过将他的思考“翻译”成学术世界体系中心的语言，来尝试除去其“土著性”。这里所说的除去土著性，不仅仅是除去地方性特点使其西方化，而是承认西方在近代世界形成过程中发挥的作用，通过利用他们创造出来的知识体系，用全世界可以理解的语言来表现我们的独特性。

四、除去“土著性”的尝试

《民间传承论》中柳田把民俗学分为三个部分，第一部分是眼观的“旅行者之学”，第二部分是耳闻的“寄居者之学”，第三部分是感知的“同乡人之学”。这个分类分别对应于“有形文化”“语言艺术”“精神现象”。如果是有田野经验的人，谁都会承认这个从可视向非可视进展的顺序模式（详情请参考下一章）。然而，对于日本的民俗学者来说，这种最基本的分类也无法马上得到外国学者的理解。特别是，很难把柳田独特的用语翻译成作为世界语言的英语。例如“心意现象”，川田稔的《柳田国男思想史研究》（1985）的英译本中是 psychological phenomena (Kawada 1993: 123)，这无法全面传达其意涵（或许直译为 psycho-semantic phenomena 更好）。本来柳田就习惯于在不明确自己的用语定义的前提下使用术语，“常民”概念就是这样（福田 1992：90–107），而且即使是同一用语，也会因时代不同而赋予其不同的含义。

149

解决如上问题的一个方法就是将柳田的思想与学术世界体

系相连接，展示两者之间的异同。更为具体地讲，就是要明确马林诺夫斯基在《西太平洋的航海者》序章中提及的构成民族调查的三个部分（“部落组织与文化”“实际生活中不可预测的部分与行动类型”“本土人的心灵”）与柳田的三个分类是怎样一种关系。一部分学者一直在探讨柳田是否从马林诺夫斯基那里得到了启示，但是在这里，这并不是一个问题。笔者的主张是，反正柳田只不过是“乡下将军”，与其让世界无条件地理解柳田，还不如采取如下战术更为有效。①指出日本同时代的学者也在做着与西方伟大学者同样的工作，从而吸引世人的目光。②暂且用西方的言辞（并非只是语言，还有学术框架、思考方法等）来说明日本的思想，让他们明白大体的情况。③在此基础上，明确西方与日本的思想差异，突显日本的独特性。特别是，现在普遍认为想要克服西方主导的时代的“无路可走”的关键在于东方，如果我们能展示出日本和西方的差异与西方思想的根基紧密相关，世人对于日本研究的关注度自然就会提高。当然，这种想法中的东方只不过是西方的背景画或者代替物，后文详述其局限性。 150

鹤见和子是进行这种尝试的先驱之一。她在“国际比较中的个别性与普遍性”（1973）中，试图通过与美国的近代化论者、日本研究专家列维（Marion J. Levy, Jr.）的比较来展示柳田的历史民俗学的特征。鹤见提及，列维认为近代化的主体是理性的个体，而柳田则认为是情感驱动下的普通老百姓集团。同时，列维强调前近代和近代的断裂，而柳田则关注连续性，认为“近代社会的身体里依然流淌着原始、古代的深层内涵”（鹤见 1973：471）。在此基础上，鹤见提示，如果我们将柳田的理念置于西方社会研究之上，就能够发掘出很多西方近代化论者忽略的问题。在我看来，鹤见的讨论方法是，首先提出西方人熟悉的列维，然后将柳田的思想与其一边进行比较一边分析，之后提出柳田的思想中可能存在超越列维局限性的启示，由此将世人目光转向柳田[1]。《面向近代化的挑战——柳田国男的遗产》（1977）的作者莫斯（Ronald A. Morse）高度评价鹤见为首个将柳田介绍给世界的学者（Morse 1987: 239），无论这是否是事实，都表明鹤见的修辞战略发挥了功效。

接下来我们回到柳田国男和马林诺夫斯基。两者之间最明显的差异在于第三阶段的“当地人的心灵”和“心意现象”的捕捉方式。马林诺夫斯基认为“未开化”的本土人遵循部落的规矩来行动，但是他们并不明白整体的运行情况，因为规律是他们生活的一部分，无法客观观察。“即使用抽象的社会学话语来向当地人提问也不会收到什么效果，”马林诺夫斯基强调，应该以自己收集的资料为基础，“民族志学者不直接依赖于当地的报道人，必须形成抽象的理论。”（Malinowski 1984: 12, 396）这其中自然包含着认为“未开化民”的知性不足以进行自我表达的偏见，但是我们要注意的是，无论是未开化，

151

[1] 另请参考鹤见的英语论文“作为内发式发展模式的柳田国男的研究”（Tsurumi 1975）。

还是文明，马林诺夫斯基自始至终都主张行为者无法理解自己的行为。

与此相对照，柳田则认为只有本土人才能够明白本土。第四章也提及，有关分类到心意现象的禁忌，柳田写道："这些禁忌是乡土研究的最重要部分，我们所说的必须要等乡土人自身来做的研究主要就是这个部分。"（《全集八》365）柳田执着于一国民俗学的背景就是近乎坚持信念一样地主张只有本土人（同乡人、同一国度的人）才能够理解民俗文化的深奥之处。

或许用下面的比喻就能够明白柳田与马林诺夫斯基的差异了。假定有一个身体疼痛的病人去找医生。如果是马林诺夫斯基，他会认为疼痛过度的患者已经迷失了自我，只有处于疼痛之外的医生才能够理解患者。也就是说明白患者苦痛的是医生而不是患者本人。反过来如果是柳田的话，他会认为医生或许能够对患者进行诊断，但是无法理解苦痛，只有患者自身才能明白。对于柳田而言，重要的不是用"头脑"理解痛苦，而是用"身体"感知痛苦。

在第四章中，笔者将前者命名为重视理性的"分析性理解"，将后者定名为感情带入的"共鸣式理解"，这种差异若放在西方的思想文脉中，相当于法国典型的启蒙主义与以德国为中心的浪漫主义之间的差异。实际上，给浪漫主义以很大影响的黑格尔用"深感"含义的 Einfuhlung 一词来论述直观感受民族文化的重要性（Mautner 1999: 165）。此外，柳田重视超越理性和理论的身体知识与铃木大拙在《禅与日本文化》152（1940）中谈及的“不立文字”的教训相一致[1]，与近代主义学者丸山真男批判的“实感信仰”也有重叠之处。无论如何，马林诺夫斯基与柳田见解的相异之处与“什么叫作理解他者”这个对于异文化研究而言最根本的问题相关，所以两者的比较是很有意思的。

确实，上述战术助长了对于西方的自卑感。通过与西方对比来明确自我个性的尝试也使得我们不得不沿着他们的学术框架来进行思考，只能在与西方的差异比较中才能够阐释日本（以及其他非西方社会）的独特性。对新西兰近年来盛行的由毛利族作的毛利学进行分析的伊藤泰信指出笔者的世界体系论有一个很大的不足。那就是，因为笔者只是在西方中心的世界体系框架内进行论述，忽视了走出这一框架就有可能更加发展的可能性。伊藤认为，笔者“缺少‘人类学外部可能存在学术体系’（即使不被人类学看好，或者无论是否得到肯定都认为

[1] 铃木大拙在《禅与日本文化》第一章“有关禅的基础知识”中写下这样一个故事。立志成为小偷的儿子想要得到父亲的真传，于是，在某个深夜，两人潜入一个富裕家庭。然而，没想到的是，正在盗窃的时候，父亲故意发出声音惊醒家里面的人，留下还是生手的儿子扬长而去。费尽九牛二虎之力逃出来的儿子怒上心头责问父亲，父亲满不在乎地说：“你先说说你是怎么逃出来的吧。”儿子说完后，父亲说：“就是这样啊，这就是小偷的真谛。”这段故事告诉读者，禅悟不是用语言能够传达的，也就是所谓的“不立文字”，从超越语言重视身体感知这一点来讲，与柳田的共鸣式文化理解是一致的。

其有存在的确实理由的学术体系）的意识”（伊藤 2007：13）。伊藤的批判是正确的。但是，位于学术世界体系边缘思想的存在和意义只有通过与中心的思想相关联才能够得到承认，考虑到这一现实情况，上述战略可以说是一种苦涩的选择。甚至可以说，看起来像是编入对方的框架，实际上是投入对方的怀抱，通过展示边缘才有的知识来威胁中心的优势地位，这是一种后殖民主义战略。

用文化人类学家的视野回顾的话，日本民俗学可以说是一门非常具有理论潜在性的学问。除去土著性的工程也许会伤害到日本人的民族自尊，但是却可以输出我们的学问。问题在于日本的民俗学者是否做好了与国内外的外界人士（其中大概也包括笔者）进行对话的准备[1]。

实际上，对于研究日本的西方（特别是英语圈）人类学家 153

[1] 2007 年刊行的《布莱克威尔社会学百科全书》（*The Blackwell Encyclopedia of Sociology*）中收录了大量东亚生产的知识，这是一个划时代的行为。这本事典共计十一卷，其中担任东亚部编辑的是澳大利亚拉筹伯大学的杉本良夫，受其所托，笔者撰写了有关常民和柳田国男的条目（Kuwayama 2007a, 2007b），这本是民俗学家应该做的事。用以英语为首的外语进行创作时，重要的不单单是语言能力，首先是与他者进行交流的意向，将日本置于世界文脉中进行阐释的能力。日本民俗学的先驱中，存在像南方熊楠这样以世界读者为对象用英语撰写的人，与其说日本的民俗学者跨越学术国界进入新层面，还不如说是复活曾经有的国际性。年轻学者、中坚学者中也有积极与海外研究者进行交流的人，非常期待今后的发展。2008 年 9 月开始的日本民俗学会谈话会“再见‘民俗学’——新的‘民俗学’的再建构”，可以说是民俗学内部出现的很值得推崇的改革动向。

来说，比起主要研究日本以外文化的日本人类学家，以日本为对象的民俗学者更具魅力。但是，因为他们的日语能力有限，即使想要参考日本民俗学者的著作也无法做到，为了解决这一问题，笔者建议可以积极地将民俗学者的研究翻译成西方语言（主要是英语）出版。例如，将《日本民俗学》刊载的代表性论文英译成文集出版[1]。这不仅仅是方便海外研究者的举动，而是我们之前都没有将外国人设定为读者，所以这样做可能会给基本上是面向内部的日本民俗学者的论述以国际化的可能性。在考虑可以翻译成外文的基础上进行创作的话，论述方式本身也会发生变化。当然，想要寻找合适的翻译，需要体力和财力，但也不是完全不可能的。如果不做出这些努力，日本的民俗学就会继续被学术世界体系忽视，只能埋葬在日本这个“知识的乡下”一角了。这不仅对于日本，对于世界学术共同体来说都是很大的损失。

---

[1] 民俗学比人类学更有优势进行这种尝试。人类学虽然不只是研究异文化，但是在日本，研究成果的绝大部分都是与日本以外相关的。这种倾向特别是在海外调查资金非常多的20世纪60年代以后更为显著。因此，即使把日本的人类学介绍给海外，实际上，也变成了介绍用日语书写的日本以外地域的研究。遗憾的是，这并不是海外研究者从处于世界学术体系边缘的日本学术界想要获得的东西。当然，例如澳大利亚的人类学家也会对日本人的澳大利亚原住民研究感兴趣，但海外需求的绝大多数还是有关日本的研究。日本文化人类学会在2006年设立了英语编辑委员会，主要考虑英文论集的编辑和刊行，笔者也作为委员及委员长参与其中，但是进展不是很顺利，原因之一就在于上述理由。

五、文化 / 民俗的概念性再考

在第四章的最后，笔者提及“明白”就是“所有”这一来自小松和彦的见解，想要知道所有日本民俗的柳田的强烈欲望与日本的民族主义建立了亲密关系。在结论部分批判了柳田的封闭性文化观念，认为“日本文化不只是日本人的，而是所有‘选择’日本生活模式的人们的”。原因在于，一方面我们尊重作为文化创造者的本土人，一方面也深感有必要将文化从包括他们在内的特定团体中解放出来。 154

笔者是在 2000 年讲出这些话的，那时笔者的文化观不过是对于“文化是民族的生活模式”的人类学中理所当然的传统理解的重复。换言之，是把文化与民族一体化了。因此，笔者的主张是外国人只要自己选择了日本的生活模式，我们也可以把日本文化的所有权分给他们，一个“民族的身份 = 文化身份”选择的前提是放弃另外一个身份。从学说史角度来讲，建立这个视野的是美国人类学之父博厄斯（Franz Boas）。犹太裔德国移民的博厄斯间接受到了黑格尔的浪漫主义影响。

但是，全球化急速进行的现在，博厄斯式的文化观已经不再合适。所谓的全球化，是人、物资、信息与资本在世界范围内快速流动的状态，在这种情况下，文化与 nation（根据情况，可以被翻译为“民族”“国民”“国”）已经不像过去那样紧密联系在一起，而是不断分离。并且，每个文化的标签也脱离了原本的文脉，而逐渐开始被全世界的人自由“消费”。

例如，寿司是日本的传统料理，普及化是在米醋大量生产的江户时代初期，其历史其实很短。但是，现在这也不是日本专有的了。旧金山、伦敦、上海且不说，最近在印度尼西亚的巴厘岛也可以吃到寿司了，人们即使完全不知道日本文化也可以吃到寿司。同样的情况也见于清酒、插花、柔道等这些曾155经的日本的“专利”。其中有一些还是与日本精神联系在一起的，但是练习完柔道之后来一杯小酒，这并不需要人们一定是日本人。并且，最近的日本文化标签中也出现了电子游戏、漫画等无法辨别国界的东西。

文化与 nation 的分离不仅见于物质，在思想方面也有体现，这种现象不是在 20 世纪末突然出现的。本来，改变过去数千年人类历史的是 19 世纪后半期人类学家非常推崇的传播的力量。只是，现在的全球化与古典传播大不相同的是将各种文化标签大规模且迅速地提供给个人这一点。看看过去的传播过程，会发现其变化缓慢且承担人主要是精英阶层，现在，人员、物资、资本、信息的流动速度非常快，至少在发达国家中一般民众深受实惠。当然，全球化也有助长国家间不平等的负面效果，这是应该另外讨论的问题。博厄斯以后的传统文化研究路径下，人们在成长的过程中逐渐成为一个 nation 的成员，掌握民族文化。文化身份与民族身份之所以被认为是不离不弃的关系，原因正在于此。只是，现在无论是物质的还是思想的，人们都可以根据自己的嗜好来选择文化标签，形成自己的身份意识。比如说，有的日本人会选择穿和服、吃和食、去神社寺庙进香，有的日本人会选择穿洋服、吃洋食、去教堂祷告，也有的日本人会带着面纱、忌食猪肉、去麦加巡礼。当然，个人的嗜好受到民族文化的影响，但是现在文化的选择幅度远远大于以前，已经是跨越 nation 界限的时代。

在这种情况下，美国出生、居住在香港的人类学家麦高登（Gordon Mathews）在《全球化的文化与个人的身份意识》（*Global Culture/Individual Identity*, 2000）中写出“文化超市”的言辞。这个言词的含义是，结合个人的嗜好来选择文化标签，消费文化标签，这是人类新的行为模式。想到现在的多元文化都市生活，也可以说这根本不是夸张。看一看全球化时代身份意识的形成变化，就会发现有必要重新思考民族与文化一体化的观点。这一点暂且不提，但至少意味着重新思考民俗学的基础“民俗”概念也是十分必要的。

156

第六章　人类学田野调查再考——以日本民俗学为鉴

一、田野调查在人类学中的地位

158 文化人类学是以田野调查为基础的学问。但是，两者绝不是一回事。田野调查在文化人类学中所处的位置，很难说学界里有不可动摇的公认的定论，现在也没有。例如，20 世纪 50 年代后半期到 60 年代前期，文献派的石田英一郎和野外派的川喜多二郎就田野调查的地位展开了激烈的论争（石田 1976: 300–313）。而且，1996 年日译的《写文化》以后的文化人类学正赶上文化研究与后殖民主义论的隆盛，带有思 159 辨性倾向。被揶揄为单纯的文学评论的这种倾向如何与马林诺夫斯基的传统相结合是一个很大的问题，这在研究生教育中最为显著，为了取得文化人类学学位，需要尽可能长时段地在国外进行田野调查，但是这与近些年学生的瞩目点未必一致。

再将目光转向海外学界，带有压倒性国际影响力的美国文化人类学比日本更加重视理论性。浏览主要大学的人类学系的主页，几乎没有几所大学以田野调查为“卖点”[1]，学会的发言和期刊论文的发表也被期望有理论上的贡献。通常，美国人强调的是作为与人相关的综合性学科的人类学（这是被译作“整体论”的 holism 的含义），曾经是与以社会学为中心的量化手法相对照的质性研究（以民族志为代表）。事先也不做好文献研究就跑到当地，认为在那里胡乱做个调查就可以做出人类学的研究者，且不说在初创期的 20 世纪初，现在恐怕也是极为少数的吧。实际上，笔者在 20 世纪 80 年代受教于加利福尼亚大学的洛杉矶分校，那里的教育与一部分学者提倡的现场至上主义完全不同。本章在这一情况基础上，对国内外人类学家称作田野调查的实践与日本民俗学中发达的实地调查方法进行比较分析。

二、从民俗学视角看人类学田野调查

笔者以日本为研究对象，跟人类学家相比，与民俗学家的

---

[1] 与此相对照，日本大学的人类学系主页的大多数都将田野调查定位为人类学最大的特征。这种田野调查至上主义也许是西方产的人类学在日本本土化过程中出现的现象。另外，日语中“研究”与“调查”是有区别的，前者是在研究室、图书馆进行的室内活动（有时也叫作“文献调查”），后者是田野调查等室外活动。在英语圈中没有如此明确的内与外的区别。也就是说，“研究”“调查”都是 research 的一个环节，两者之间并没有像在日本这么大的差异。与“文献调查”基本相当的英语是 documentary analysis，有时根据情况对应的是 library research。

交流比较多。特别是，与曾经的同僚竹田旦（和歌森太郎的学生，柳田国男的徒孙）一起参加了本科生在伊豆七岛（三宅岛、大岛、新岛、神津岛）的四次田野调查实习，得以近距离地观察日本民俗学的传统调查方法。另外，竹田是比较民俗学的倡导者，笔者还参加了他在 1998 年春天在韩国木甫进行的短期田野调查。除此以外，在 2001 年开始的持续三年的科学研究费项目“文化政策、传统文化产业与民俗化”（负责人 岩本通弥）中，与有着人类学造诣的中坚、年轻民俗学者一起进行了多次调查，得到了很多启示。特别是 2003 年 9 月在佐渡岛进行的为期一周的共同调查收获颇丰。以下的考察可以说是“田野调查的田野调查”的结果。

160

1.“旅行”的制度化

人类学田野调查的最大特点是其长期性。活跃在英国的波兰裔人马林诺夫斯基因各种原因在 20 世纪初期的特洛布里恩德岛进行了长达两年的调查[1]，并以此调查为基础写下《西太平洋的航海者》（1922）。这本民族志成为人类学的一个金字塔，马林诺夫斯基也因此被称为“近代人类学之祖”。生前，同时代的牛津大学教授拉德克利夫－布朗（A. R. Radcliffe-Brown）似乎更有影响力，但是直至今日仍被奉为经典的依然

[1] 不过不是连续进行了两年的调查。马林诺夫斯基在特洛布里恩德岛进行调查的时间段是 1915 年 6 月到 1916 年 5 月和 1917 年 10 月到 1918 年 10 月。一直持有“田野调查需两年”观点的人似乎应该考虑一下这中间一年半的空白时间背后的意义。

是马林诺夫斯基的著作。不过，他的著作都是大块头，真正从头读到尾的不知能有几个人。但是，有一点是明确的，那就是马林诺夫斯基的特洛布里恩德岛调查作为“传说”被世代传承之间，不知何时已经由模式变成了一种规范，即使是与其生活时代完全不同的现在，依然像个魔咒一样缠绕着人类学家。

确实，为了理解完全不熟悉的土地的习惯，我们有必要最低在那里生活一年，经历一年的岁时变迁。再多待一年的话，就能够发现在第一个一年里漏掉的信息。异文化理解，比起“头脑”，更多的是通过“身体”来获得感知，这给民族志描写以厚度，在当地长期“闲晃”是很重要的。但是，如马林诺夫斯基自身在“珊瑚的庭园与咒术”（Coral Gardens and Their Magic）中回顾的那样（Malinowski 1978: 453–462），从调查的效率角度来讲，应该先收集一定程度的数据，然后离开现场，回到学术环境良好的研究室整理问题点，之后再去田野。实际上，长期田野调查中大家都会感受到一种“倦怠”，《马林诺夫斯基日记》（1967）中可以感受到那种学术上的孤独。他经常读英文书籍来给自己放松、转换心情。

161

人类学家是“学者”，不能长期脱离学术环境。如果把参与观察当作金科玉律过度沁染于当地的话，他者化的身体就会“侵蚀”自己的精神，失去分析能力。这种状态叫作 going native，对于学者来说并不是他们期望的状态。本来我们就不能期望平时在大学、研究所进行高端讲座的人类学家一进入田野就受到万人喜爱。知识分子有知识分子的生存方式和行为模式，要是否定这一点，那就是伪善者或者相当有人格魅力的人吧。虽然大家都不明说，但是即使是田野调查进行得如火如荼的时候，人类学家也需要从混沌的田野中脱离出来放松身心。

如此一想，以“旅行”的心态最多呆两个星期到一个月的日本民俗学家的调查值得我们借鉴。因分析远野传说而出名的川森博司说可以反复前往调查地进行调查。确实，主要进行国内调查的民俗学家与主要调查异文化的人类学家，他们前往调查地的时间、经费和准备（签证、获得调查许可）都是不同的。但是，如同通过仪式一样在遥远的国度做一次“苦行”，以此为开端逐步展开研究的一部分人类学家，比起他们，或许“反复的旅行”在学术上、伦理上更加值得信赖吧。至少双方都是存在长处和短处的，没有理由从最初就抗拒其中一种。当然也可以考虑将两者结合起来进行，实际上很多人类学家也是这么做的。特别是，现在的大学教师处于比较严峻的环境之中，很难拿到长达一年的有薪假期。正因为如此，我们更应该好好考虑“旅行”。与其相关联想到的是，被称为“美国人类学之父”的博厄斯在美洲原住民调查中就是采用的多次短期调查方法。

162

马林诺夫斯基的时代与现在的状况是绝对不一样的，因为交通的便利，去海外的交通费变得便宜，即使不去当地，因为网络的便捷也可以获知当地的信息。马林诺夫斯基之所以在特洛布里恩德岛滞留两年时间，一方面是因为正好遇上第一次世界大战，一方面是因为这是获知“不得体的未开化人”的最适宜的方法。然而，马林诺夫斯基的田野调查只不过是人类学调查、研究的一个模式，不是任何一个人都要经常遵循的规范。如果以反复调查为前提，就没必要为短期而觉得调查不够，不如说“旅行”的制度化是逃离马林诺夫斯基束缚的有效手段[1]。

2. 共同调查

《写文化》原著的封面上有两个人，一个是专心致志记笔记的人类学家（泰勒），一个是很惊讶地看着这一情形的本地人（图 6-1）。这一情形表明“书写”这一行为在人类学中有着核心意义。但是从另外一个角度来讲，也可以说是展示了田野调查的另外一个侧面。这一侧面就是孤独的民族志学者，换言之就是单独调查。

163

人类学也不是没有共同调查的传统的。例如，马林诺夫斯基的老师塞利格曼（C. G. Seligman）与里弗斯（W. H. R. Rivers）等都是 1898 年到 1899 年共计七个月的剑桥大学托雷斯海峡调查团的成员。现代美国人类学泰斗格尔茨作为哈佛大学社会关系学院（塔尔科特·帕森斯于 1946 年设立的跨学科学院）的项目成员，于 20 世纪 50 年代与其他领域的学者一起

[1] 从人类学家的角度看，在当地待两年的时间当然是很重要的，从永久居住在当地的同胞看来，那只不过是短短的一点时间。曾经以传教士、文官的身份被派往殖民地的西方人对只不过在当地居住几年时间就写文章的人类学家充满质疑（须藤 2002：41）。其实，重要的不是物理时间的长短，而是制定符合研究者的条件和研究题目的滞留计划。

在印度尼西亚进行调查。让人惊讶的是，格尔茨在描述其人类学家经历的《事实之后》(*After the fact*, 1995) 中讲到，他没有做过一个月以上的单独调查 (Geertz 1995: 115)。但是，即使参加了共同调查，人类学家也多是一个人在行动，很少出现在
164
同样的地方由很多调查者共同访谈一个人的现象。这与全程都在一起的传统的日本民俗学的共同调查形成对比。当然，知识这种东西，目的不同，调查的方法自然也不同，而且年轻的民俗学者也多独自调查[1]。

单独进行田野调查是一种全人格的体验。随时可能发生很多不可预测的事情，想要事先做好心理准备是很难的，调查者

---

[1] 1973 年，直江广治、竹田旦、崔仁鹤、樱井德太郎、佐藤信行、古川健一等出席了题为“柳田民俗学与朝鲜”的座谈会。在这次座谈会上，当时已经在日本待到第三个年头的崔讲道，外国人研究日本仪式活动的时候，“如果有不明白的地方，那就需要当地学者的帮助”。竹田旦对此发言说，“日本的民俗学家，比如说去韩国，像您说的那样，需要韩国民俗学者帮忙解释看不见的那部分，这与共同调查、共同研究等相联系。所谓共同，所谓合作，还是我们的学术里不可或缺的。只是，文化人类学与社会人类学又是怎样呢？在这一点上恐怕是没有民俗学那么紧迫需求合作的。人类学家可能更注重立足自身去做田野调查，强调以此为基础进行研究的独立性”(直江等 1987：375-376)。

笔者关注的问题是，竹田旦指出的人类学田野调查的“独立性”，这与日本民俗学的共同调查一经比较就显得特别突出。因此，即使民俗学家单独做调查，他们的学术传统里还是有共同调查这一点的，这一事实意味着，只要需要，随时都可以回归传统。换言之，我们本可以将其作为资源来使用——实际上，通常都单独调查的岩本通弥在佐渡岛的调查中使用了日本民俗学传统的做法来进行组织和实施，但是马林诺夫斯基以后的近代人类学还是很缺少这样的资源。

图6-1 《写文化》原著的封面

的品性由此在各个角度都能够得到体现。从社会学者的系统调查来看，人类学家的田野调查漫无目的，收集到的数据也未必可靠。但是，人类学家之所以重视在田野中的体验，真的就如同文字所表达的那样，是通过“身体”进行理解，也就是“用皮肤感受”，田野调查不是单纯的数据收集手段。虽然很少提及，但是人类学家一直都很重视身体化的知识，这可以说是对立足于理性精神基础上的近代知性的正面挑战。从这个意义讲，19世纪后半期登上历史舞台的人类学同时具备启蒙主义以及与其对抗的浪漫主义双重色彩[1]。为了获得不熟悉的土地的人们的身体感知，个体行动最为合适。因为在群体中很容易产生一种安全感，有时会对文化方面重要的人的行为及其产物感觉不够灵敏。

然而，共同调查也有好处。其最大好处就在于可以与同人分享、讨论调查结果。而且不用说，这与上述田野调查中学术的时间和空间的确保有很大的关联性。具体而言，例如在访谈的时候，如果是一个人，总是会向着一个特定的方向提问，如果旁边还有一个性格、关心点不同的研究者的话，话题很容易转向别处，有时也可以消解"不和谐""沉默的尴尬"。并且，

---

[1] 有关这一点，本章的英文版 Anthropological Fieldwork Reconsidered:With Japanese Folkloristics as a Mirror (Kuwayama 2006) 论述得更为详细，这里只做简单的补充。人类学的田野调查包含着"知性"与"感性"两个完全相反的侧面。知性与人类学的科学传统相关，调查者收集与研究课题相关的实证性数据。在这种实践中，人类学与使用民族志手法的社会学并没有太大差异。人类学家并不遵守如社会学者在取样、问卷调查、统计处理时所采用的严密的基准，他们的做法都是"差不多"。人类学的感性与其人文学传统相关，田野调查者将全身心投入到研究对象的文化中，在生活中抓住"感觉"。如此获得的理解是建立在共鸣基础上的文化移情，不是为了分析的认知性理解。人类学家强调长期的田野调查是因为"品味、掌握"异文化、获得当地的身体感知是需要时间的。如果把以上内容粗糙地对应到西方思想史上的话，理性与感性分别与启蒙主义和浪漫主义相对应。19世纪末登场的人类学从最初开始就吸收了两个互相竞争（即使不矛盾）的思想流派。人类学式田野调查的特点是"知性＝启蒙主义传统""感性＝浪漫主义传统"，并且更主要倾向于后者。

如果集体讨论访谈内容的话，还可以当场就确认自己漏听的内容[1]，明白即使是同样的话语，也可以有不同的解释和理解（图 6-2）。民俗学家会习惯性地在傍晚回到住处时与同人一起讨论，这不仅是为了提高调查的质量，也是为了防止出现上面提到的学术孤独。

165

图 6-2 民俗学家的共同调查（桑山敬己摄）

注释：在 2003 年 9 月佐渡岛的共同调查中，调查者经常频繁地就调查结果进行讨论。从左向右分别是岩本通弥、菊地晓、川森博司。

[1] 2004 年 12 月，与包括人类学家在内的 10 人左右的研究者，前往有很多基督徒的长崎墓地进行联合调查。有一位女性研究者看到墓碑后，非常感慨地说“这一带名字多为三个字，看那个是十田中”。她把“十”读作“TO”，因为她觉得有读作“To Tanaka”的姓。包括笔者在内的周围的研究者没太注意她说的话，注意到她误解的一个人纠正到“不对不对，那个十不是汉字中的数字，而是基督教里的十字架。你是中国专家，所以看什么都像汉字”。一众爆笑，不过，这种笑话在民族志学者的报告里还真有。例如，在笔者于 20 世纪 80 年代调查的冈山市农村，50 年代在同一地点做过调查的一位美国人研究者看见村庄中纪念碑上刻着“大觉大僧正”，这位研究者把前面的两个字“大觉”读作了“大黑”，在著作中将其解释成“大黑君”（Beardsley, Hall, and Ward 1959: 457）。

以上事实逼迫《写文化》以后的人类学进行自我反思。该书序章“部分真实”中，克利福德（Clifford）否定绝对真实的存在，强调文化研究的主观性[1]。众所周知，这与近代西方学术以解构为目的的后现代主义相结合，给学界带来国际性的巨大冲击。在标榜是有关人类的综合性科学的美国人类学学界，对于克利福德一派的批判一直很强烈，但是他的著作在年轻人中却很受欢迎。笔者并不是想要负面评价这件事，只是对于潜藏在主观性、部分性内的“盲人摸象”式的悲观主义持有异议。从被描述者的角度看，外来者只提取自文化的特定部分，不考虑其在全体中所占据的位置和它与其他部分的关联性态度，实在是太过随意和让人无法认同。

166

我们有必要认识到人类学式理解的界限。但是，如第二章所指出的那样，克利福德的讨论只是特定了某个问题，并没有提出解决方案。笔者认为，重要的是形成跨越主观性的间主观性，为此联合调查就是很必要的。“孤独的民族志学者”对于田野的独占所导致的问题是不应该在主观性、部分性的名义下光明正当化的。

3. 与当地（本土人）知识分子的关联性

在日本民俗学界，自20世纪30年代进行的“山村调查”以后，形成了以柳田国男为中心的中央学者与向他们提供信息的地方乡土史学家的分工体制。但是，在当地进行调查的是后

[1] 原题目为 Partial Truths，不仅意味着真实的部分性，也意味着复数性。

者，而设定调查项目、分析和记述调查结果的是前者，由此产生了中央和地方的学术上的序列。

这种序列在《远野物语》(1910）的写作中就可以看到。众所周知，柳田是从远野的佐佐木喜善那里听说了很多民间传说后将其写成文字，完成的《远野物语》，最近的研究发现其实佐佐木也参与了写作。然而，除了远野当地，没有几个人知道佐佐木的名字。并且，柳田调查远野时居住的旅馆被移到1986年开放的“远野传说村”中，成为远野观光的亮点（图6-3)。这一现象的背后，有村民对于柳田形象的利用，同时也表明现在的远野很大程度上是依附于“外来者”柳田的作用的。仅此一例，就会发现，即使时间流逝，中央与地方，大学教授与地方史学家之间，其间的力量差异也是持续存在的。

167

图6-3　岩手县远野市“远野传说村”中的“柳翁宿”前面可以看见柳田国男的半身像（桑山敬己摄）

实际上，这个问题带有一种俄罗斯套娃的结构性质，以美国为中心的中央与日本学界的关系也适用于此。例如，如第四章所述，柳田在《民间传承论》（1934）中感慨瑞士的学者没有将日本人的研究收录到世界民俗年鉴之中，讲到“没有对此学问做出卓越贡献的日本的内容，算什么世界书籍。今后的年鉴如果没有日本就是不完整的，必须放进去”（柳田 1998b：81）。但是，遗憾的是，七十五年过去了，情况并没有发生根本性的改变。美国著名民俗学家阿兰·邓迪斯（Alan Dundes）编辑的《国际民俗学研究》（1999）中对于柳田的介绍只有几行字的事实也表明了这一点。西方掌握着霸权的“学术世界体系”中，即使是柳田，也不过只是一个“乡下将军”。

有关这一点，我们已经论述过，在此不再赘述。只是有一点要指出的是，柳田虽然弄出了一个中央与地方的序列，但他也积极地进行乡土史学家的全国网络的建立，让当地人积极地参与到民俗调查中来。换言之，本土人不仅仅是研究对象，他们还被当作学术形成的主体。其背景是柳田的观点——本土的民俗只有本土人才明白。

168

佐渡岛的滨口一夫（滨口嘉寿夫）是本土学者的代表（图6-4）。他在1957年写下了《高千村史——农民的生活以及对于物的思考》（高千公民馆发行，非卖品）。这本450页的著作由两部分组成，第一部“村落民俗”中有“节庆习俗”“民谣”“传说”“俗信”四章，第二部分“村落历史”有“村落的诞生与形成”“严苛的检地”“繁重的租税”“受虐的生活”“村落的结构与行政”“提高生活水平的努力”“明治改革与村落”“村落近代化”“昭和的恐慌与其后的村落”九章。从一年的节庆习俗开始到包括近代化在内的社会变迁，内容涵盖之广引人注目。滨口还承担了未来社出版的《日本民俗》系列中收录的《佐渡民间传说》（1959）的编辑工作，像很多乡土史学家一样，他是学校的老师（社会系、国语系）。

169

图 6–4　手持《佐渡民间传说》的已故滨口一夫（1926—2007）

注释：2003 年 9 月，桑山敬己摄于滨口一夫在佐渡岛的家中。

在英美出版的人类学方法论概论性的书籍中，几乎都会讲到与本土人建立关系的重要性。但是，几乎没有言及如何与滨口这样的当地学者（本土人类学家）相处，从他们的研究中应该学些什么。最近的概论书［如深受好评的 H. R. Bernard 的《人类学研究方法》（*Research Methods in Anthropology*, 3rd ed,

2002］中虽然提及了利用网络搜索文献的方法，但是完全没有提及岩田书院在网络上公开的“地方史研究期刊数据库”这样的当地语言文献的使用方法。在这个数据库里有在当地刊发的有关当地的调查、研究报告书的期刊名、发行机构、地址、主页等，对于今后想要在那里进行调查的人来说是一个宝库。没有提及这一利用当地文献方法的做法使得我们不得不怀疑人类学依然停留在对未开化社会研究的阶段。

没有文字的未开化社会已经基本上不存在了，曾经为西方独霸的人类学在曾经的殖民地也得以普及，现在我们不能只把本土人当作研究对象，还应该把他们视为“对话的对象”，这种态度对于学科的进步是必要的。从这一角度看，虽然存在着与中央的学者的序列排布，但是我们应该向承认地方的乡土史学家和地方人为研究主体的日本民俗学学习。

4. 对物的瞩目

作为人类学家，与民俗学者在一起调查时，曾经会有出现违和感的瞬间。那就是他们对于物的执着。例如，与竹田开车路过韩国南部光州的一个公共墓地的时候，正好碰见一个丧葬仪式即将开始。竹田没有放过这个机会，用他丰富的调查经验和人生经验，还有流畅的韩语搭话，进入家属群中就祭品进行访谈（图 6-5）。遗孀与其孩子似乎对此也没有反感，很认真地回答竹田的问题，笔者非常佩服他作为调查者的能力，如果换做我的话应该只能是在远处观望吧。

170

图 6-5　日韩比较民俗学的调查情形（桑山敬己摄）

1998 年 3 月，竹田旦（中间左侧）在韩国光州广域市北区市立望月公共墓地进行调查。

实际上，由岩本负责的这个科研项目的成员中，既有人类学家，也有民俗学家，而后者远远比前者更为关注“物”。这是在参观乡土博物馆时留下的印象，人类学家更加关注物品的象征性和陈列方式，而民俗学家则是对陈列的物品本身（如果是纺织品的话，就会关注其材质、款式、制作方法等）感兴趣。换种说法，人类学家关注的是活生生的人类的内部、个人的故事——即使是有着相同的体验，也会有因人而异的版本，民俗学家关注的是人类的群体性活动的物质表现（比如说地方的特产）、与特定的习惯相关的“真实的故事”。

171

有关这种差异，我们可以轻松地用真实性、主观性等观点来进行批判，但是，笔者想在这里回顾人类学的历史，来看看人类学是如何处理物的。简单地说，人类学家将研究焦点从物

图 6–6　皮特利弗斯博物馆（桑山敬己摄）

中央的图腾柱是 1901 年泰勒从北美不列颠哥伦比亚省的原住民海达族那里拿到的。

转向心（价值观、世界观等）是在被称为“人类学之父”的英国人泰勒（Edward Tylor）以后的事情。在那之前，正如“人类学的殖民主义根源”所展示的那样，人类学家到殖民地寻宝，然后把它们展示在本国的民族学博物馆中。

其典型是在牛津大学的皮特利弗斯博物馆中，陈列着从世界各地“掠夺”而来的各种各样的物品（图 6-6）。这个壮观的“物之馆”吸收了创始人皮特利弗斯（A. H. L. Pitt Rivers）的理念，主要以制作技术的进化为基准进行展示。晚年，他希望能够将泰勒聘请为人类学系的讲师，但是失败了。实际上，他把自己的收集品捐献给大学的条件之一就是要雇用泰勒，而泰勒的代表作《原始文化》（1871）主要分析的就是宗教这种精神现象。而泰勒以后的英国人类学主要关心看不见的社会结

172

构，于是大学院系与博物馆分离了。

图 6–7　坪井正五郎捐赠的“朝鲜人的钱包”（前排左）
很自然地陈列在佐渡岛的明治纪念堂·开堂馆（桑山敬己摄）

另一方面，美国人类学在博厄斯时代还维持着与博物馆的关系，到了本尼迪克特的时候，研究的中心转向了性格（本尼迪克特用的是“类型”“结构”）。到了 20 世纪 60 年代象征人类学出现的时候，其与格尔茨的解释人类学形成一大势力。一般来说，美国的文化相对主义传统浓厚，很难处理可以将技术的进化表现得一目了然的物。这从近些年来人类学的概论性书籍里几乎看不到有关物与技术章节的事实就可以看出。另外提及的是，把民族学博物馆设为其中一部分的国立机构还有首都华盛顿的史密森学会里的国立自然史博物馆。

在很长一段时间里，日本都没有国立的民族学博物馆，梅棹忠夫等人竭尽全力于 1977 年在大阪千里的万国博览会旧址创建了国立民族学博物馆。不过，我们要注意的是，作为近现代史上唯一一个非西方的殖民地宗主国，日本在殖民地化过程中收集了很多异文化的物品，自然也有很多大大小小的展示这些物品的博物馆和资料馆，这是战前就出现的。1930 年开馆的奈良县天理市的天理参考馆就是一个典型的代表。佐渡岛的明治纪念堂·开堂馆（1902 年开馆，1975 年复原）中展示着日本人类学创始人坪井正五郎捐赠的“朝鲜人的钱包”（图 6-7），非常吸引来此参观的专家学者的目光。

以上非常粗糙地整理了人类学与物的关系史，接下来我们要思考两个问题。第一，现在的日本和世界影响力巨大的英、美、法的人类学家生活在物质丰富的社会中，对于物的关心是相对比较单薄的。第二，人类的心是看不见的。无论是社会结构，还是性格，都是在观察活生生的人类行为和精神的物质表现之后进行分析而得出的抽象概念，实际进行田野调查资料收集工作的时候还是需要借助于某些物质。例如，有关馈赠的互惠性调查，我们当然要观察物品的交换。

173

接下来我们来思考柳田的调查方法。他设定民俗调查对象包括三个部分，分别是有形文化、语言艺术、心意现象，是从有形到无形。柳田的模式见于《民间传承论》《乡土生活的研究方法》（1935）等，如同上一章提到的那样，其有模仿马林诺夫斯基在《西太平洋的航海者》中同样模式的嫌疑。不过这与本文论述无关。重要的是，柳田将有形文化研究定位为第一阶段，明确提倡从具体的物质开始进入，而马林诺夫斯基则只是提及要研究“部落组织及其文化”，他的民族志里也没怎么

174

触及物质本身，这与博厄思形成鲜明的对比。

在指导本科生的田野调查时，柳田的“从具体的物质进入”的方针很有参考价值。最近，我国出现很多有关田野调查的书籍，大家普遍认为实习课程很难，理由之一是大多数学生虽然对人的内心世界很感兴趣，但是却不知道该如何进行调查。例如，森正美讲到“讲授调查实习课程的时候，学生们从一开始就说什么想要知道那里的人们的想法、想要知道那里的人们的感情羁绊、想要知道看不见的东西，但是，想要发现看不见的东西只能从可以看见的东西入手啊”（森 2003：93）。同样的见解也见于五十岚真子的论文“从日常的物质开始搜索、文化人类学式分析指南”（2002）。她首先让学生列举身边的物品，以其中一些物品为突破口来促使学生进行自省式的思考，她认为这种方法很有效果。笔者进一步认为，想要使人思考观察物质的学术意义的话，有必要将其与已有的理论、民族志相关联来进行指导，当然最开始确实应该从具体的物质着手。对此，笔者毫无异议。实际上，在日本提及故人、先祖的时候，在牌位面前讲的话，更容易被人理解，调查也更容易进行，只是说随着进程的发展应该推进深入的考察。

无论如何，将泰勒称为自己学问之父的人类学家，整体上不太关注物。这与日本的民俗学家一经比较就变得很醒目。当然，我们可以说这并不是轻视物，只是看待物质的视角不同而已，鉴于大学院系与民族学博物馆分离的世界现状，我们认为还是有必要认识物质是文化的重要组成部分这件事[1]。

175

5. 知识分子的社会责任

应该没有比人类学家更为强调当地人的视角并与其密切联系的研究团体了。但是，当地对人类学家的评价似乎没那么好。被称作“美国人类学家的好妈妈”的米德在萨摩亚所受到的评价也是各种各样的。有关其对于萨摩亚人青春期的见解，在与德里克·弗里曼（Derek Freeman）进行论争的时候，很多萨摩亚人都支持弗里曼，也有说法是因为那是对于米德的反驳（山本 1994）。

虽然没有明说，但是很多人类学家之所以在当地没有受到好评，是因为他们没有遵守人际关系最基本的互惠准则[2]。田

[1] 很难把“物”翻译为英语，基本上应该对应的是 thing，根据情况也会对应 artifact、object、goods、matter，用英语书写的时候，不这样灵活使用的话，很难表现出“物”的内涵。Material culture 的 material 的物质含义更浓，经常会通过与观念对比来进行理解。特别是在美国人类学中，哈里斯（Marvin Harris）将文化唯物论与观念论进行对比。一般而言，以笛卡尔的二元论为基调的近代西方思想倾向于将人与物置于二元对立关系之中，日语“物”中所包含的人的精神——物不仅仅是物质，还是与其相关的人的精神的反映或者延长——则不在认知之中。米勒（Daniel Miller）也曾提及这一点（Miller 1994）。

[2] 最近，笔者注意到一件事，参加人类学家的聚会时，发现有很多人不会打招呼。这也可以说是人类学家的“厌恶人群”“害怕人”的现象吧。已年过五十进入中坚阶层的笔者，明明觉得身边的年轻人以前在哪里见过，但是他们就是不上前来搭讪，没办法，笔者只好主动上前打招呼。这或许是网络社会的一个特点，但是其他领域的专家参加人类学家的聚会时也会有同样的感觉，或许这已经成为一个普遍的现象。笔者倒是没有将打招呼与道德挂钩，只是想问，无法通过打招呼来建立人际关系的人怎么去做田野调查呢？客观看来，正应该对这些拒绝关系性的人说明田野调查的重要性，这个问题还是很严重的。

野调查中，人类学家从当地人那里获得珍贵的信息，日常生活也受到当地人的照顾。但是，问一问他们都有哪些回报，很多人类学家都无法回答。当然，本地人有时并不要求报答，有时也从一开始就要求一定的报酬。比如说最典型的就是给主人的住宿费。然而，最终获益的还是从当地人那里拿到资料，将其整理成书，获得作为学者的好名声的我们这群人类学家。成为研究对象的很多民族的生活并不富足，无论是在大学教室里上课还是在学会上发表论文，我们的生活空间十分自由，对于这样高高在上讲述他们故事的我们，当地人持有不满情绪也是情理之中的事情。

当然，这个问题因人而异，上述内容不过是一般论述而已。但是，出现这个问题的根本原因在于，人类学在异文化的停留是以回归为前提的一时的行为，从一开始就没有设定与被调查者之间的长期性互惠。人类学家之所以会受到特定文化的吸引，是因为感受到了一种文化的浪漫，也可以说是对于研究对象的单相思。排除万难前往调查地的人类学的热情是值得赞扬的，但是我们所持的是往返票。无论在田野中遇见多么艰辛的事情，都可以认为是回家之前的“修行”，正是因为修行，其后才可以被用作数据。在那些准备一辈子生活在那里的同胞看来，人类学家的田野调查不过就是一种“轻松的旅行”。而自我与他者的距离——空间和心理的分离——促使了与研究对象的牵连性的欠缺和无责任的态度。

176

另一方面，以自文化为研究对象的民俗学家与研究对象的距离则很近。如同人类学家憧憬异文化一样，民俗学家也有曾经因为左翼运动的梦想破灭而“逃亡”民俗的时期。但是，与反正只是“外来人”，而且还是短期滞留的人类学家本质不同的是，在民俗学调查中，调查者与被调查者，观察者与被观察者，描述者与被描述者，都是同一个近代国民国家的成员，研究者对于被研究者的利益和反应是很敏感的。当然外来研究者的想法与当地人的想法也未必完全一致，相互之间也可能会有反感情绪。然而，宫本常一推崇柿子饼为佐渡岛的特产，培育和太鼓的艺术团体（佐野 2000）；竹田常年致力于离岛振兴[1]，近些年岩本通过与当地官员的交流来指出政府文化行政方面的问题，等等，日本的民俗学家以具体的形式参与到研究对象的生活中。这是因为日本民俗学传统中有“经世济民”的理念，而不仅仅是对于自文化的一种处理方式。如果是这样的话，日本的民俗学从一开始就与重点关注对于观察到的现象进行分析的学问志趣不同。

调查菲律宾伊富高人的清水展很意外地被任命为他们的日本分部部长，负责筹集资金。以此为契机，清水展开始思考田野调查中“从‘关系’到‘关联’”“从‘关联’到‘责任’”

177

[1] 与竹田旦去伊豆七岛田野调查实习时，东海汽船轮船公司为了回报竹田长年的卓越贡献，为我们准备了两张特等席，而只是二等座的价位。没有特等座的时候，就为其提供有空座的最好的座席。

的变化[1]。他自身也承认，用这种形式来履行责任是很困难的，而且作为研究者这样做是否合适也有待讨论。只是有一点很明确的是，有关这一问题，世界上的人类学家还没有非常认真地讨论过。

美国人类学家在1971年发表了有关研究伦理的声明，1999年还发表了人权宣言。然而，他们的着力点在于保护研究对象不受到调查的消极因素影响（如对于个人隐私权的侵犯），而不是积极回馈调查结果[2]。实际上，每年秋天在大都市的高级宾馆举行的美国人类学会年会上，笔者从没看见有贤之士向贫困的部落民伸出援助之手。另一方面，在日本，人类学家与阿伊努民族也有着千丝万缕的关联，1989年日本民族学会（现在的日本文化人类学会）发表了“阿伊努研究相关的日本民族学会研究伦理委员会的见解”。其中包含这样一条，“我们不得不承认，目前为止的研究在反映阿伊努民族的想法和希望方面，在回馈研究成果方面，都做得不够”“现在，不仅仅

[1] 2003年12月，在熊本大学举办的九州人类学研究会例会上的发言，清水的“喷火的树精”（2003）有助于我们思考在人类学调查和人类学学术生产方面与本土人合作的效用。特别是，书的封面上有当地报道人的名字，与作者的名字并置在一起。

[2] 美国人类学会的“有关伦理的声明”（Statements on Ethnic 1971）与“人类学与人权相关宣言”（Declaration on Anthropology and Human Rights 1999）公开发布于学会主页上。前者出现的时代、政治背景请参考祖父江孝男的“借用资料的问题、研究费来源问题”（《民族学研究》1992年第57卷第1号）。读过这篇文章，就会发现美国人类学家对于研究伦理的讨论不是从向被研究者回馈研究成果的观点出发的。

是日本，在世界上的任何一个地方，单方面的研究至上主义都行不通了。要时刻铭记在心的是，我们的研究活动也只不过是一种社会性行为”。委员会用“社会责任的自觉”这样的话语来结束声明[1]。但是，这只不过是笔者自己的印象，到底有多少学会成员“铭记于心”还是个疑问。而在这样一个背景下，很多学者堂而皇之地对诸如“知识与权力”“民族志权威”等流行的自我反省式的题目进行言说。

三、为什么研究自文化的人类学家的地位低

最后，笔者想要简单讨论的是作为人类学家与民俗学家一起去调查时，一个民俗学家不一定会注意的问题，那就是人类学中自文化研究的地位低下的问题。

178

本章开始提到人类学田野调查的最大特点在于长期性，其实还有另外一个特点，那就是调查地应该是异文化，而且是远离自文化的场所。或许本为理所当然的一件事，这里所说的

[1] 或许是受到1985年至20世纪90年代前期的“阿伊努肖像权裁判”的影响，20世纪80年代后半期到90年代前半期，《民族学研究》有关调查伦理的报告非常多。主要有本多俊和（Henry Stewart）的“民族学与少数民族——调查者与被调查者”（1988年第53卷第1号）、安溪游地的“被动一方的声音——听写、调查地灾难”（1991年第56卷第3号）、上野和男和祖父江孝男的《日本民族学会第一期研究伦理委员会报告》（1992年第56卷第4号）、祖父江孝男等的“日本民族学会研究伦理委员会（第二期）报告”（1992年第57卷第1号）。

“远方”包含两层含义。第一，“自己＝调查者”与“他者＝被调查者”的距离是空间上的远离。对于人类学家来说，“他们”与“我们”是异质的，越是不一样，田野调查的价值越高。第二，两者在时间上远离。社会进化论登场的19世纪后半期，人类学成立，当时的人类学把作为观察者的自己定位为“发达”的文明一方，而被观察者则被定位为“落后的”未开化一方。例如，博厄思为代表的一部分学者虽然标榜相对主义，但是现实世界中两者之间的权力差异显而易见。结果是，自我与他者的同时代性被否定。两个“遥远”相重叠，自我与他者的距离越远，人类学家的田野调查越被认为是“真正的”。这种倾向即使是在今天也没有多大的改变。

如此想来，在都市与乡村的差异没那么大的时代，两者之间的时间差没那么大的时代，研究空间上也很“近”的自文化人类学的地位更加不高，这可以说是很自然的一件事。中西裕二的《我是人类学家吗？》（2003）是进一步追问这一问题的内容（这种评论也适用于一般的民俗学者），这也成为其他人类学家看低他们的一个主要原因。但是，这种态度让人不由觉得有些伪善，理由有两个。

第一，包括人类学在内的异文化研究自然包括与自文化的比较。研究者注意异文化中的特定现象，是因为与自文化相比，那很有意思，而不是因为现象本身有着什么普遍性意义。也就是说，研究异文化的行为是由此发现成长过程中社会化的自我，异文化研究的最终目的是回归自文化研究。在《写文化》之后讨论这种回归性或许有些过于庸俗，但应该没有几个人会想起，克拉克洪（Clyde Kluckhohn）早在半个世纪之前写下的《人类之鉴》（*Mirror for Man*, 1949）中就指出了同样的问题。人类学（特别是美国人类学）从最初就把观察自己当作主要问题点[1]。为了发现自文化就应当接触异文化，但是这不应该成为轻视自文化研究的原因。

第二，看一看日本文化人类学会的名单，意外的是很多人说自己是以日本为研究区域。包括笔者在内，说是研究日本，同时好像也在研究其他地域，没什么实际成果还说是日本研究的话，似乎有点挂羊头卖狗肉的嫌疑。或许，很多人是在上述的异文化研究回归性的潮流下打算进行自文化研究。如果是这样，更应该针对日本研究在人类学界的窘境探讨对策。2001年，日本文化人类学会期刊《民族学研究》（现在的《文化人类学》）专门出了特集《人类学 at home》，也不是说我们完全不关心日本研究，希望今后能够展开更深入的讨论。

四、作为日本传统的“两个 minzokugaku”

在本章即将收尾的时候，为了不引起误会而追述一句，笔

[1] 与英国社会人类学相比，美国的文化人类学传统上重视通过异文化来理解自文化。其典型就是本尼迪克特的研究。实际上，她的《菊与刀》与其说是日本国民性研究，还不如说是以日本人为鉴的美国人自画像。有关这一点请参考第七章。

者并没有觉得民俗学是最理想的学问。正因为是门外汉，不敢轻下断言，不过民俗学应该也有民俗学的问题，这是民俗学家自身应该解决的事情。举个例子，看日本民俗学会期刊 180《日本民俗学》里面的文章，会发现民俗学与人类学持有相反的问题，比如，缺少与异文化的比较视野，专注于当地的细节而忽视了理论的归纳等[1]。从这一角度来讲，本论不过是以民俗学为借鉴的人类学田野调查的再思考，是面向人类学家而写的。

话虽如此，日本有“两个minzokugaku”[2]的传统，这源于日本虽是发达国家，但是也有近代化落后的历史。换言之，西方的人类学家与遥远的他者相遇而发现的东西，日本人类学家是在自己国家的乡下一角发现的。这种“内外一致”在非西方圈很常见，也成为日本文化研究在国际学术市场的“卖点”。实际上，2006年3月德国波恩召开的国际会议上，笔者应邀

[1] 民俗学家铃木宽之说，之所以会努力使细节无误，是因为潜在的读者是被调查者自身（上述的九州人类学会例会上的评论人发言）。这与人类学家形成对照。通常，人类学家设定的读者是与自己处于相同语言文化圈的成员，这些成员不太清楚被描述群体的文化，人类学家是以此为前提来书写民族志的。所以才会出现“文化翻译”这样的概念，同时也会出现被调查者被排除在“对话对象”之外的情况。从这一角度来讲，面向被调查者，用他们的语言（日语）来书写的民俗学家总是带有一种自己写的东西会被研究对象看到，会受到批判的紧张感。对于日本的人类学，同样的情况也见于旧殖民地学者关注的韩国研究之上，至于其他领域，很遗憾，基本上多是“写了也就写了”的状态。

[2] 民族学与民俗学，两者在日语中的发音相同，都是minzokugaku。——译者

就日本的文化人类学与民俗学的关系发言（Kuwayama 2008）。2004年4月，经过长久讨论，日本民族学会更名为日本文化人类学会。希望这不会成为“两个 minzokugaku”的传统完全消失的机缘。

第三部分

表述日本

第七章　民族志的逆向解读——作为美国人论的《菊与刀》

一、驯化与异化导致的颠覆

如果说一定要选一本在日本文化论中最有影响力的书籍，187 很多人都会选择本尼迪克特的《菊与刀》（1946）。它不仅是美国的日本研究的金字塔，自 1948 年翻译成日语以后，在日本人之间也引起了很激烈的讨论。实际上“恩与义理”“耻文化”，这些现在似乎是很自然地说出来的日本文化特点也源于《菊与刀》。后文也会提到，在第二次世界大战期间完成的这本书的草稿也有美国战争情报局与作者一起研究的学者的贡献，但是他们的名字几乎都没有出现。从这个角度讲，本尼迪克特也有违背伦理之嫌，188 但是能够让一般的美国民众了解当时被视作“不如人”的日本人，也算是有所贡献的。另外，她的著作对战后日本人的自我文化形象也有着巨大的影响，直至今日依然没有褪色。因此可以说，跨越太平洋两端的日本和美国，以及日美两国以外的国家和地域，都坚信《菊与刀》是讨论日本的著作，甚至可以说这都是一种信仰了。

图 7-1　玛格丽特·米德著的《鲁思·本尼迪克特》
封面上的本尼迪克特（1887—1948）
资料来源：哥伦比亚大学出版社 1974 年版。

然而，把民族志视作一种文学作品的格尔茨在《文化的阅读方法、书写方法》（*Works and Lives*, 1988）中提倡其他的解读方法。他认为，本尼迪克特的修辞战略特点在于“理所当然的事情与异国风情的并置”（Geertz 1988: 106）。本尼迪克特一生贯穿了这一写作特点，格尔茨认为《菊与刀》中表现得更加明显。本尼迪克特无数次用“在美国”“在日本”并置的方法将“看惯的自己”与“完全不一样的他者”放在一起。但是，格尔茨认为其中“有引起混乱的骗局”。因为，本尼迪克特的妙手使得本应该异质的日本人看起来似乎同质了，对于美国的读者而言，他们就好像居住在遥远国度的同胞一样。换言之，

189

本尼迪克特的文本把异国风情驯化得理所当然，而理所当然的事情则异化成异国风情。格尔茨就《菊与刀》论述如下。

> 不知什么原因，日本变成了不会脱离常轨的国家，反而是美国看起来很怪异。给人的感觉是，实际上，“日本人很奇怪”这种说法是错误的，而认为他们很奇怪的人才是错误的。最初，日本人是美国人在战争中面临的本应该最为异质的敌人，最后却在征服中成为了最正常的人。（中略）本是作为一种解密东方的尝试而开始，最后却巧妙地以西方明晰性的解构结束。读完后，就如同读了《文化类型》（*Patterns of Culture*）一样，美国人觉得不可思议的反而是美国人自身。到底我们认为是切切实实的东西有什么依据。似乎，我们除了会说那是自己的东西以外，实际上是没有多少的（Geertz 1988: 121–122）。

格尔茨关注《菊与刀》的“颠覆效果”，评价其为“目前为止的民族志中最为辛辣与具有启发性的文本之一”。他认为，不应该将本尼迪克特的作品与同时代的果勒（Geoffrey Gorer）的《美国人的性格》（1948）、米德（Margaret Mead）的美国人论《有备无患》（*And Keep Your Powder Dry*，1942）进行比较，而应该与乔纳森·斯威夫特（Jonathan Swift 的）《格列佛游记》（1726）一起阅读。 190

由此，本章主张本尼迪克特以日本这一异质他者为鉴，描绘了一幅美国人的自画像。换言之，笔者认为《菊与刀》不是日本人论，而是美国人论。本尼迪克特板上钉钉似地说，在日本是这样，在美国是那样。以前，《菊与刀》的读者关注的是“在日本”的部分，从而认为这本书是日本人论，但是如果我们把这一部分隐藏起来的话，“在美国”的部分就会露出水面，一个美国人论——而且是本尼迪克特这个美国人类学史上光辉灿烂的人物所写的——就出现了。

二、本尼迪克特的“东方主义”

或许大家会觉得有些意外，但是《菊与刀》中是包含着现在所说的东方主义要素的。这并不是因为本尼迪克特的异国描写方式是异国趣味的，也不是因为文本把日本处理成应该予以救赎的可怜的败北者，而是因为她自己主动请缨担当起文化翻译者的作用，为美国读者描写、代言日本。她强调的是研究对象文化外部的人的优势（即使不是特权）。例如，第一章“研究课题——日本”里有如下内容。

191

各民族关于自己思想和行为的说法是不能完全指靠的。每个民族的作家都努力描述他们的民族，但这并不容易。任何民族在观察生活时所使用的镜片都不同于其他民族使用的。人们在观察事物时，也很难意识到自己是透过镜片观察的。任何民族都把这些视为当然，任何民族所接受的

> 焦距、视点，对该民族来说，仿佛是上帝安排的景物。我们从不指望戴眼镜的人会弄清镜片的度数，我们也不能指望各民族会分析他们自己对世界的看法。当我们想知道眼睛的度数时，我们就训练一位眼科大夫，他就会验明镜片。毫无疑问，有朝一日，我们也会承认，社会科学工作者的任务就是为当代世界各个民族做眼科大夫那样的工作[1]。

这里所说的“戴着眼镜的人”是指日本人，检验视力的人是指本尼迪克特。日本人把自己戴着的眼镜，也就是说自己的人生观和世界观看作是不言自明的东西，所以想让他们去解释也是没用的，需要作为社会科学者的自己来替他们代言，这就是本尼迪克特的立场。

简单地讲，人类学中把外部视角叫作 etic，把内部视角叫作 emic。人们常常认为《菊与刀》是从日本文化内部描述日本文化“类型（pattern）”——使得某种特定的文化成为独一无二的存在的统一表现形态——的一种 emic 的尝试，但是，这是外来人有意识的表象，所以其实是一种 etic。本尼迪克特的立场与文化唯物论者、倡导 etic 的哈里斯（Marvin Harris）相似。实际上，以下哈里斯的说法与本尼迪克特近似。“我们无

192

[1] 此段内容，作者译自本尼迪克特的研究（Benedict 1946: 13–14，2005: 26）。译者在此直接采用了商务印书馆出版的版本（〔美〕鲁思 · 本尼迪克特：《菊与刀——日本文化的类型》，吕万和、熊达云、王智新译，商务印书馆 1996 年版，第 10 页）。——译者

法让做梦的人去解释梦，同样地，我们也不应该期待某种特定生活模式下的人能够解释他们自己的生活”（Harris 1989: 6）。

在这样一个文脉下想到的是，本尼迪克特的日语使用中有很多不规范之处。典型代表就是意味着名望的“对于名望[1]的情理[2]”。被认为是“德语 die Ehre 的日语版”的这一概念，是理解日本人对于责任义务认知的关键，贯穿整本书。但是，日本读者都明白，“情理（義理）”这个词虽然存在，却没有“对于名望的情理”这种说法，至少一般来说我们是不这么讲话的。本尼迪克特说“对于我讲到的‘对于名望的情理’，日本人是没有特定的说法的”（Benedict 2005: 179）。可见，这种说法明显是本尼迪克特创造出来的，这不是 emic 而是 etic。这种语言上的创作常见于海外日本研究，并不是用了日语就是从内部探寻日本人世界观的尝试，人类学中对于当地语言的使用未必就代表是“本土人的视角”。

笔者在第二章中指出，西方的东方学工作是让西方人可以简单明了地了解东方。因此，东方学学者描绘的东方形象即使对于被描述的东方人没有意义，对于西方人来说还是很有意义的。萨义德明确指出，“东方学是否有意义，要看西方的态度而不是东方”（Said 1978: 22）。这一批判同样适用于《菊与刀》，其证据就在本尼迪克特的如下话语中：

193

[1] 日语写作“名”。——译者
[2] 日语写作“義理”。——译者

> 研究者若想弄清日本生活方式所赖以建立的那些观点，他的工作就远比统计证实要艰巨得多。人们迫切要求他报告的是，这些公认的行为和判断是如何形成日本人观察现存事物的镜片的。他们必须阐述日本人的观点如何影响他们观察人生的焦距和观点。他还必须努力使那些用完全不同的焦距来观察人生的美国人也能听明白。在这种分析工作中，最有权威的法庭并不一定就是“田中先生”——即普通日本人，因为“田中先生”并不能说清楚自己的观点。何况在他看来，为美国人写的那些解释，似乎无此必要[1]。

本尼迪克特对于天皇的说明很好地阐释了这一点。她指出西方人对于“神一样的天皇”的误解并论述如下。“‘神’在英文中被译成‘god’，但其词义则是‘至上’，即等级制的顶峰。在人与神之间，日本人并不像西方人那样有巨大的鸿沟，每个日本人死后都将变成神。”[2] 在此基础上，本尼迪克特用我

[1] 作者译自本尼迪克特的研究（Benedict 1946: 17，2005: 30）。译者直接采用了商务印书馆出版的版本（〔美〕鲁思·本尼迪克特:《菊与刀——日本文化的类型》，第 12 页）。——译者

[2] 作者译自本尼迪克特的研究（Benedict 1946: 127，2005: 158）。译者直接采用了商务印书馆出版的版本（〔美〕鲁思·本尼迪克特:《菊与刀——日本文化的类型》，第 89 页）。——译者

们意想不到的比喻来说明日本人的天皇观念。

> 天皇成了超越国内一切政治纠纷的象征。就像美国人对星条旗的忠诚，超越一切政党政治一样，天皇是“神圣不可侵犯”的。我们对国旗安排了某种仪式，我们认为这种仪式对人是完全不适用的。而日本人却充分利用天皇这个最高象征的人的价值[1]。

194

图 7–2　被本尼迪克特并置在一起的昭和天皇和星条旗

资料来源：星条旗 US Archiv ARCWEB, Identifier: 513220。

也就是说，对于日本人来说，天皇是超越一切的存在，就

[1] 作者译自本尼迪克特的研究（Benedict 1946: 128，2005: 160）。译者直接采用了商务印书馆出版的版本（〔美〕鲁思·本尼迪克特：《菊与刀——日本文化的类型》，第 90 页）。——译者

像星条旗之于美国人的意义。只不过，与美国人不同，日本人把天皇人格化了，对于日本人来说，最崇高的义务是“报恩天皇”这种很具体的形式，非人格化的星条旗象征的抽象概念“爱国心”则很淡薄（Benedict 1946: 129）。

这里很重要的一点不是本尼迪克特解释的妥当性，而是作为书写者的战略。也许，本尼迪克特预测到，大多数的美国读者都会对把天皇当作“人间的神灵”的做法持有违和感。考虑到基督教教义中人与神的明确区分，这种感觉基本上是不可能避免的。因此，作为日本代言人的本尼迪克特使用了美国人听不惯的当地语言 kami[1]，指出天皇所体现的神与他们基督教徒用 god 所表现的全能神不是一回事。

本尼迪克特在说明天皇神圣性的时候，尝试着用星条旗来比喻天皇。虽然从象征人格性这一点来说，两者是不一样的，但对于被告知日本人对天皇忠诚就像美国人对星条旗忠诚的美国读者来说，看这本书之前完全异质的日本人现在变得多少有些亲近感。同时，对于之前完全不带任何疑问的自己国家的象征——星条旗，现在也开始用新的目光来进行审视。实际上，本尼迪克特在个别地方将国家神道也比拟为星条旗[2]，这

195

[1] 日语中“神”的读音。——译者

[2] 本尼迪克特是这样比较日本的国家神道与美国星条旗的。“国家神道由于被视为民族象征而赋予特殊尊敬，就像在美国之尊敬国旗一样。因此，他们说国家神道不是宗教。所以，日本政府可以要求全体国民信奉国家神道，却并不认为违反西方的宗教信仰自由原则。就好像美国（转下页）

种“看惯的自己”和“异国风情的他者”并置的书写方法包含了驯化与异化所导致的颠覆效果。

《菊与刀》在美国持续有市场，可以说是上面提到的修辞学战略起的功效。然而，这里想要追问的是，“本尼迪克特的描述到底对于谁来说有意义？”将天皇与星条旗相提并论，这对于被描述的日本人来说有意义，还是对通过本尼迪克特来看日本的美国人有意义？答案显而易见。笔者认为，这里存在着本尼迪克特的东方主义根源。大部分日本人对于西方就人与神的严格区分是不了解的，即使知道也不会认为这对于思考自身有什么意义。更何况，只要他们不知道星条旗对于美国人的意义，那么把天皇比喻成星条旗这种行为对于他们来说也没有任何意义。还不如说让人更加疑惑。本尼迪克特有关日本的描述就像她自己承认的那样，对于“普通的日本人”来说是“不恰当而且过度的”，明明知道这一点，还这么书写，本尼迪克特可以说是一个彻头彻尾的东方主义者。

196

三、《菊与刀》的两个基本主题

《菊与刀》其实有两个主题，其他的都是衍生或者变形出来的内容。这两个主题就是日本人的二元性和阶层性。

（接上页）政府要求人们对星条旗礼敬一样，这只不过是忠诚的象征”。（Benedict 1946: 87，2005: 110）（引自〔美〕鲁思·本尼迪克特:《菊与刀——日本文化的类型》，第 61 页。——译者）

首先看二元性，这是同一事物中包含两个相互矛盾要素的状态。菊花所象征的日本人的优雅，刀所象征的日本人的攻击性，这是最典型的例子。有关菊与刀的象征性还有其他的解释，本章按照本尼迪克特的说法来理解[1]。本尼迪克特也是一位诗人，她对于日本人的描述让我们不由想起《文化模式》（1934）中“祖尼族 = 阿波罗型”“克瓦基特尔人 = 狄俄尼索

---

[1] 有关菊与刀象征性的另外一种解释是，以两者为基础的日本人的自我克制能力，即本尼迪克特口中的“自重”。按照这种解释，菊与刀就不是优雅与暴力双重矛盾性格的体现，而是自重这一性格的两种形式。证据如第十二章“儿童教育”的结论部分。她提到用金属线圈调整形状的菊花，金针体现了节制身体（也就是自重）的日本传统价值观，战后新日本则并不过度要求“个人自制的义务”，原因是“菊花完全可以摘除金属线圈，不经人工摆布而照样秀丽多姿”（Benedict 1946: 295-296，2005: 363）（引自〔美〕鲁思·本尼迪克特:《菊与刀——日本文化的类型》，第204页。——译者）。

本尼迪克特认为，日本人将自己的身体比喻为刀，“刀上锈 = 身体上锈”，为了防止上锈就要节制。在被赋予自由的新日本，这种价值观有助于调节自由与责任的平衡关系。本尼迪克特讲道，“在日本，对自我负责的解释远比自由的美国更加严格，在这种意义上，刀不是进攻的象征，而是理想和敢于自我负责者的比喻”（Benedict 1946: 296，2005: 363）（引自〔美〕鲁思·本尼迪克特:《菊与刀——日本文化的类型》，第205页。——译者）。

不过，如同在本章第四节论述的那样，这段话与《菊与刀》第一章中有关日本人出了名的话“但是也（but also）的说明产生了矛盾”。实际上，本尼迪克特将“栽培菊花”比喻成“对于审美性的崇拜”（Benidict 1946: 2）。也就是说，在第一章中，菊与刀明显是优雅与暴力的象征。或许，矛盾的原因在于，《菊与刀》的题目是马上要出版的时候编委会才定下来的，本尼迪克特据此将相关联的部分，也就是第一章和第十二章进行了修改（福井 1997: 161）。

斯型”的分析。据笔者所知，目前还没有人提出，本尼迪克特从日本人身上找到了祖尼族和克瓦基特尔人的双重特点的看法。但是，看过几份挖掘出来的资料就会发现，还是有这种可能性的。

例如，第二次世界大战中，本尼迪克特身处战争情报局。在日本降伏之前向美国政府当局提交了“日本人的行为模式”报告。刊发年月不详的这份报告中，她形容日本乡下的节日庆典是“狄俄尼索斯的”“暴力的”“歇斯底里的”（Benedict n. d.[1]: 46）。同时提到包括菊花在内的品评会，讨论日本的美[1]。两者之间的对比虽然不如菊与刀这么明确，她把草木品评会与乡下节日对比，并将乡下的节日描述为狄俄尼索斯似的，由此我们可以想象，本尼迪克特是把菊花想象成阿波罗型的了。

现在，“日本人的行为模式”被收藏在她的母校瓦萨学院图书馆的特别收藏区里（Folder 102. 8, Ruth Fulton Benedict Papers, Vassar College Libraries）。1997 年，福井七子将其译成日文《日本人的行为模式》，因为是《菊与刀》的原型而备受瞩目。单倍行距 53 页的小书，随处可见本尼迪克特的笔记，是十分重要的资料（图 7-3）。随处可见《菊与刀》中没有的

197

[1] 这份资料中本尼迪克特提及菊花时讨论的不是日本人的性格，而是为了不成为世人笑柄而要慎重行动，也就是自重这件事。以下内容引自这份资料：“日本人把自己处理的像是盆栽，或者说是花木鉴赏大会上的菊花一样。他们在菊花里放入金属细线，努力使每一朵花瓣都不乱动。”（Benedict n. d. [1]: 45）这里要注意的是，日本成人的自重与孩子天真烂漫的言行举止形成对比。这种对比正是狄俄尼索斯和阿波罗的性格。

观点，没有文体修饰的地方，以下讨论中会涉及这些内容。

接下来是阶层性，有关这一主题，本尼迪克特以表示责任义务的“忠”“孝”“恩”“义理”为中心词汇进行讨论，不过她的日语使用不太规范，这是众所周知的事情，无需赘述。不过，有关二元性与阶层性的关系，目前为止大家都不太关注，所以有必要多说几句。直接讲到结论的话，二元性是与一元性相对立的概念[1]，如果说一元性是指要么黑要么白，只能选其一的话，二元性就是包括黑白在内的两者均可，或者说根据情况而随时发生变化的相对性。本尼迪克特把这种相对性叫作“状况伦理”，这是（被认为）重视阶层性的日本人“有自知之明”，根据与身边的人们的相对关系来采取相应态度和行动的倾向。

《菊与刀》第三章到第十章主要讲述的就是日本人的阶层性，第三章的标题“各得其所”是理解上述内容的关键点。原话是 Taking One's Proper Station(自知之明)，是一种有点古旧的表达方式，这个概念极端地讲，就是日本人只有在社会上找到自己的相对位置才会有安心感。本尼迪克特认为，这种癖性在伦理领域就是“状况主义”，行动是否合适是根据行为人所处的场所和时间来界定的。日本人打招呼就是典型案例。

---

[1] 在思想哲学领域，与 dualism(二元论）相对的用语是 monism（一元论）。但是，本论是把美国人重视 unity、uniformity 的态度与日语中的“二元性”配对在一起，表述为“一元性”的。

198

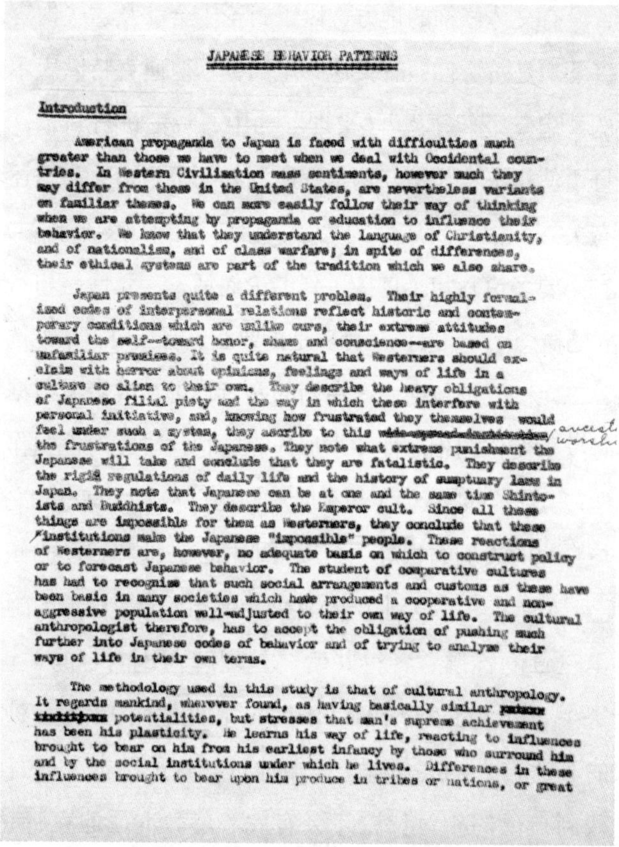

JAPANESE BEHAVIOR PATTERNS

Introduction

American propaganda to Japan is faced with difficulties much greater than those we have to meet when we deal with Occidental countries. In Western Civilization mass sentiments, however much they may differ from those in the United States, are nevertheless variants on familiar themes. We can more easily follow their way of thinking when we are attempting by propaganda or education to influence their behavior. We know that they understand the language of Christianity, and of nationalism, and of class warfare; in spite of differences, their ethical systems are part of the tradition which we also share.

Japan presents quite a different problem. Their highly formalised codes of interpersonal relations reflect historic and contemporary conditions which are unlike ours, their extreme attitudes toward the self--toward honor, shame and conscience--are based on unfamiliar premises. It is quite natural that Westerners should exclaim with horror about opinions, feelings and ways of life in a culture so alien to their own. They describe the heavy obligations of Japanese filial piety and the way in which these interfere with personal initiative, and, knowing how frustrated they themselves would feel under such a system, they ascribe to this the frustrations of the Japanese. They note what extreme punishment the Japanese will take and conclude that they are fatalistic. They describe the rigid regulations of daily life and the history of sumptuary laws in Japan. They note that Japanese can be at one and the same time Shintoists and Buddhists. They describe the Emperor cult. Since all these things are impossible for them as Westerners, they conclude that these institutions make the Japanese "impossible" people. These reactions of Westerners are, however, no adequate basis on which to construct policy or to forecast Japanese behavior. The student of comparative cultures has had to recognise that such social arrangements and customs as these have been basic in many societies which have produced a cooperative and non-aggressive population well-adjusted to their own way of life. The cultural anthropologist therefore, has to accept the obligation of pushing much further into Japanese codes of behavior and of trying to analyse their ways of life in their own terms.

The methodology used in this study is that of cultural anthropology. It regards mankind, wherever found, as having basically similar potentialities, but stresses that man's supreme achievement has been his plasticity. He learns his way of life, reacting to influences brought to bear on him from his earliest infancy by those who surround him and by the social institutions under which he lives. Differences in these influences brought to bear upon him produce in tribes or nations, or great

图7–3 《日本人的行为模式》的原稿（桑山敬己摄）

199

对一个人来讲是十分适度的鞠躬，在另一位和鞠躬者的关系稍有不同的主人身上，就会被认为是一种无礼。鞠躬的方式很多，从跪在地上、双手伏地、额触手背的最高跪拜礼，直到简单地动动肩、点点头。一个日本人必须学习在哪种场合该行哪种礼，而且从孩提时期起就得学习。[1]

根据情况改变行为模式的做法并非日本人所独有，但是本尼迪克特受其所惑的同时也被其所吸引。实际上，她多次讨论战争中日本士兵的突变。特别吸引她的是，日本士兵会采用组织特攻队这种极端的手段来尽忠天皇，但是一旦成为俘虏，就好像自己已经阵亡，非常积极地泄露自己一方的军事秘密。本尼迪克特对于战后日本人的变色龙态度也感到很吃惊。拿着竹枪也要战斗到最后一个人最后一分钟的日本人，一旦战败，一夜之间，态度发生一百八十度大转变，积极热情欢迎占领军进城。她认为出现如此戏剧性变化的原因就在于日本人的“状况伦理”。

瓦萨学院保管的“日本人的国民性”（Japanese National Character）表明，本尼迪克特是把日本人阶层性的具体表现——责任义务与状况伦理联系在一起进行解释的。以下是其中的一部分内容：

> 日本人的状况伦理不仅仅是简单的战争中战后的变色龙状态。他们的道德准则把自重的人们应该承担的责任和义务划分得很细致。这是很具体的而且是个别的，人类的义务是指在特定的情况下一定要有借有还。看日本的文学

---

[1] 作者直接翻译自本尼迪克特的研究（Benedict 1946: 48，2005: 65–66）。译者直接引自〔美〕鲁思·本尼迪克特：《菊与刀——日本文化的类型》，第34页。——译者

200　作品和电影，多是责任义务及相关纠葛（义理与人情的双重夹板之间等）的表现。日本人在责任义务的领域，也会像攻击性、自我否定的领域一样，是非常具体的、个别的（Benedict n. d. [2]: 3）。

图 7–4　阴与阳因为能够表示
相互排斥的事物的共存，所以在美国很常见

这种状况伦理在《菊与刀》中经常出现，我们要注意的是，①日本人的状况伦理与西方人的绝对伦理基准形成对比；②这种绝对性应该结合西方的一元性来理解。本尼迪克特认为日本人的状况主义源于养育孩子的方式。她这样说："所有西方人讲到的日本人的性格矛盾，看到他们养育孩子的方式之后就会恍然大悟。日本人养育孩子的方式造成了他们的双重世界观。"（Benedict 1946: 286；2005: 350）详细内容下一节我们再讨论，她的总体意思是，关键问题在于，日本人养育孩子的方式不是或黑或白，或善或恶，或圣或俗，一定要二选一，而是说按照西方的标准不能够并置在一起的要素混合在了一起，而这就造成了成人人格的二重性。其证据就是，本尼迪克特说，在西方被认为是反社会的“恶”这种人类的冲动，在日本就只是“不恰当”的行为，在特定的情况下是被允许的。她的结论是“日本人没有绝对的道德标准”（Bebedict, 1946: 287）。 201

为了避免不必要的误会，笔者在此多说一句。本尼迪克特并没有主张过西方的绝对伦理比日本的状况伦理更优越。有人认为她看低日本，看高西方，认为基督教的“罪感文化”优于日本的“耻感文化”。在笔者看来，这纯粹是一种误读。因为本尼迪克特是一个地道的文化主义相对论者，她十分尊重日本文化，对于战后美国占领日本的情况，也强调“无论怎样，对于习惯不同的国民，我们都不应该强求他们采用和我们一样的生活模式”（Benedict 1946: 314，Benedict 2005: 385）。

无论如何，《菊与刀》中描述的日本人的二元性是允许相互排斥的要素共存的。这与图 7-4 中的阴阳一样，白底黑点与黑底白点[1]，二选一原理下是不会有世界的统一性的。本尼迪克特指出的日本人人格的二重性，从某个角度来讲是二元性的表现，这与欠缺绝对标准的状况伦理相关。而状况伦理又是与

[1] 我们不应该将阴阳中的黑白同西方的善恶对立视为一体。以下赖肖尔的说法正是这一含义。“西方区分善恶，两者经常处于互搏状态。而东方的阴阳区分，就像白天与黑夜、男与女、明亮与黑暗一样，是相互补充的力与力之间的关系，他们保持相互均衡。没有善恶的绝对区分，只有力与力的协调和均衡的感觉。”（Reischauer 1995: 141）

明白自己在社会中所处位置的重要性，也就是“各得其所”这种阶层性的经验相关联来进行解释的。

四、日本的二元性与美国的一元性

日本人的二元性表现在各个方面。其中本尼迪克特关注的是，相反的特征共同存在于日本人的性格之中。从学术史角度看，她是文化与人格学派（现在也叫作“心理人类学”）的带头人之一，最大的关注点是文化对于人格形成的影响。人所共知，本尼迪克特在《菊与刀》的开头处写到，外国人对于日本人的描述中有太多“但是也（but also）”（Benedict 1946: 1）。对她而言的“但是也（but also）”是与“菊花的栽培 = 优雅”共存的“对刀的崇拜 = 暴力”。本尼迪克特这样写道：

202

> 菊与刀，两者都是一幅绘画的组成部分。日本人生性极其好斗而又非常温和，黩武而又爱美，桀骜自尊而又彬彬有礼，顽固不化而又柔弱善变，驯服而又不愿受人摆布，忠贞而又易于叛变，勇敢而又懦弱，保守而又十分欢迎新的生活方式[1]。

---

[1] 作者译自本尼迪克特的研究（Benedict 1946: 2，2005: 12）。译者引自〔美〕鲁思 · 本尼迪克特：《菊与刀——日本文化的类型》，第 2 页。——译者

然而，本尼迪克特说，要是抹去自己的文化偏见，就会发现这种矛盾不是矛盾了。

一旦我们弄清了西方人的观念与他们的人生观不相符合，掌握了一些他们所使用的范畴和符号，那么西方人眼中经常看到的日本人行为中的许多矛盾就不再是矛盾了。我开始明白，为什么对某些急剧变化的行为，日本人却认为是完整一贯的体系中的组成部分。[1]

203

那么，本尼迪克特的“西方前提”是什么？在笔者看来，这是把《菊与刀》当作论述美国人性格特质的书籍来阅读，或者说“民族志逆向阅读”“反向民族志”中最基本的问题。

首先，我们思考为什么本尼迪克特认为优雅与暴力共存于一个人身上是一件很矛盾的事情。在近代西方社会，二元对立思考模式盛行，而在日本并非如此，或许人们会认为这是日本人一流的“禅问答”，但实际上不是这样的。原本，日本就随处可见原来不相容的要素却不经过绝对的对立就可以在一起的案例。“神佛习合”就是一个典型案例。回顾历史，神道与佛教之间总是有很多纠葛，现在共同体的祈祷仪式通常采用神道仪式，而每家的祖先供奉则采用佛教仪式，两者通过恰当的“分工”而共存。一神教的世界对此是无法理解的。再比如，天皇与将军的权威二分化。前者是祭司，后者是统治者。本尼

[1] 作者译自本尼迪克特的研究（Benedict 1946: 19，2005: 33）。译者引自〔美〕鲁思·本尼迪克特:《菊与刀——日本文化的类型》，第 14 页。——译者

迪克特把天皇比作太平洋群岛的“神圣酋长”（Benedict 1946: 68-69）也不无道理。除此以外，根据内外区分来穿戴和服或洋服，根据症状来采用中医或西医等，异质要素的共存是日本人日常生活中不可或缺的部分。

从这个角度讲，二元性并不是一个特别值得进行学术思考的问题。至少，要通过与绝对不同的东西进行对比，才能够成为一个重要现象。换言之，本尼迪克特之所以关注日本人的二元性，是因为她认为这与美国人的基本生活原理不符。那么，这个基本生活原理为何？通过文献很难回答这一问题，笔者通过在美国十一年的生活经验认为，是超越状况的思考与行动的一贯性。并且，这种一贯性是美国 integrity（道德、人格的一贯性）理念的核心，它所带来的是对于一贯性的信仰与经验的统一性。Integrity 的意思是高洁、诚实、正直、完全、不欠缺，在美国的日常生活中特别用于道德与人格，是“建立在原则基础上的一贯性，值得信赖”的意思[1]。

204

以身边事情为例，美国宗教中有新教徒和天主教徒，政治上有自由主义与保守派，性别上有男女之分，等等，这样的区分是逼迫主体（行为人）二选一，并不允许同时选择双方。当然，更改信仰和转向的事情也时有发生，那也是在放弃原有信

[1] 有关 Integrity 的含义，在沼崎一郎就拙著（*Native Anthropology*，2004a）所做书评中有十分详尽的说明，在此引用。这个 integrity，如果在美国生活就会经常听到这个词，但对日本人来说，即使查阅词典，也很难理解其含义。在各种情况下，如果有人说“你没有 integrity 吗”，对方（转下页）

仰和属性的基础上获得新的身份。也就是说，美国式经验的统一性是严禁允许双重意识的心灵结构的。因此，美国人才会对日本人的真心话与套话、内里与表面、内与外等矛盾的事项同时出现的现象感到很吃惊，并从学术角度给予关注。每个社会都有实话与套话的双重意识，但是美国人都尽量使两者一致。当无法填补两者之间的鸿沟时，很多人都会偷偷地觉得很羞耻，充满罪恶感。实际上，正是这种心情成为推动包括人种问题在内的各种美国社会改良运动的推动力，承认实话与套话的日本人在美国人看来就是“谎话连篇的人”。以下内容就是以日本人为鉴描述出来的美国人形象。[1]

> 根据我们的经验，人是“按照其本性”而行动的。我们按照老实或不老实、合作或固执来区分绵羊与山羊。我们把人加以分类后就指望他们的行动始终如一。他们不是慷慨大方，就是吝啬小气；不是主动合作，就是疑心深重；不是保守主义者就是自由主义者，两者必居其一。我们期望每个人既然信仰某种特定的政治思想，就应一贯反对相反的思想意识。（中略）比如，非教徒变成了天主教徒，“激进派”变成保守主义者，等等，这种转变应当名

205

（接上页）总是会回答，“你是在怀疑我的 integrity 吗”，如此反复经历这样的经验，我们才会明白，这是表示“诚实的一贯性”的概念，对于美国人来说是一个重要的价值观（沼崎 2005：289）。

之曰“转向”，并应建立起与此相适应的新人格。[1]

本尼迪克特把这种世界观称为“对于行为一贯性的西方信仰”，将其定位为“在个人的性格中建构格式塔（Gestalt），给人间带来秩序”（Benedict 1946: 196–197）。格式塔是在学术上给她影响的德国心理学派的理论之一，认为整体不是部分的累加，而是一个整体性存在。她这样讲：

> 日本人从一种行为转向另一种行为不会感到心理上的苦痛，这种能力是西方人难以相信的。我们从来没有体验过如此走极端的可能性。可是在日本人的生活中，矛盾——在我们看来就是矛盾——已深深扎根于他们的人生观之中，正如同一性扎根于我们的人生观之中一样[2]。

有名的耻感文化与罪感文化的对比就应该放置在这样的脉络下理解。《菊与刀》中，本尼迪克特提出的“日本 = 耻感文化”的见解，在其后的日本文化论中是如此普及，以至于到现

[1] 作者译自本尼迪克特的研究（Benedict 1946: 196，2005: 239–240）。译者引自〔美〕鲁思·本尼迪克特：《菊与刀——日本文化的类型》，第136页。——译者

[2] 作者译自本尼迪克特的研究（Benedict 1946: 197，2005: 240）。译者引自〔美〕鲁思·本尼迪克特：《菊与刀——日本文化的类型》，第136–137页。——译者

在提起本尼迪克特，就会想到耻感与罪感的对比。但是实际上，这个问题在《菊与刀》中所占的比例非常小，从页数上来说，也不过是第十章“道德的迷茫”中的几页纸而已。更为重要的是，本尼迪克特设定的耻感不过是日本人状况伦理中的一面而已，与耻感相对应的西方人的罪感意识是以她所说的“绝对的道德标准”为基础的（Benedict 1946: 222）。耻感文化要求符合某特定状况行动。而状况只要是会随着时间、地点发生变化，日本人在西方人眼里就都是没有行为一贯性的。这种一贯性的欠缺与美国人的一贯性形成对比，这就相当于本尼迪克特所说的“要求人格一贯性和善恶不两立的美国人的欲求”（Benedict 1946: 198）。以下是她有关罪与恶的说法。

206

提倡建立道德的绝对标准并且依靠它发展人的良心，这种社会可以定义为“罪感文化”。不过，这种社会的人，例如在美国，在作了并非犯罪的不妥之事时，也会自疚而另有羞耻感。（中略）真正的耻感文化依靠外部的强制力来做善事。真正的罪感文化则依靠罪恶感在内心的反映来做善行。羞耻是对别人批评的反应。一个人感到羞耻，是因为他或者被公开讥笑、排斥，或者他自己感觉被讥笑，不管是哪一种，羞耻感都是一种有效的强制力。（中略）耻感在日本伦理中的权威地位与西方伦理中的“纯洁良心”“笃信上帝”“回避罪恶”的地位相等[1]。

稍稍说些题外话，我们来看一看无论公私都与本尼迪克特有深交的米德在第二次世界大战期间写下的美国人国民性论著《有备无患》（*And Keep Your Powder Dry*, 1942）。实际上，米德在这本书中有讨论耻与罪，本尼迪克特有可能参考了她的观点。米德认为，美国之所以罪感文化盛行，是因为父母全面承担教训孩子的责任。或许大家认为这是理所当然的，但是米德说，这样的社会在世界上其实是少数的。其证据是，当时调查的犹太基督教圈以外的很多社会，父母想要教训孩子就必须依赖外部制裁和权威。例如，在一部分美洲印第安人中，孩子如果不听父母的话，父母就会雇用穿着吓人衣服的舞者来训斥孩子。米德指出有些社会"人家说什么了"是很大的制裁（Mead 2000: 80–81），这跟本尼迪克特所说的日本的"世人的眼光"是一致的[2]。

207

[1] 作者译自本尼迪克特的研究（Benedict 1946: 222–224，2005: 272–274）。译者引自〔美〕鲁思·本尼迪克特：《菊与刀——日本文化的类型》，第154–155页。——译者

[2] 本尼迪克特并没有使用"世间"这个词，但在《菊与刀》第十二章"儿童教育"中提到日本人社会化过程中，来自"外部社会"承认的重要性（Benedict 1946: 274），这就是"世人的眼光"。本尼迪克特的考察依据是后文提到的果勒的论文"日本性格的结构"。笔者用"准据集团理论"来将"世间"看作 reference society（准据社会），将日本人的人际关系模式化为"自己""身边""人们""世间"这样的同心圆关系（Kuwayama 1992）。并将"身边"定义为 immediate reference others（近接准据他者），将"人"定义为 generalized reference others（一般准据他者）。

与此相对照，美国的父母是与孩子正面相向的，对于错误的事就会训斥说："那是错误的，无论你多讨厌我，我都要告诉你那是错的。"当然，父母并不认为自己是道德的镜子，不过米德认为，通过这种接触方式，孩子们的心灵受到教育，即使不在外人目光的注视下，也不会轻易犯罪；如果做错了事，也会通过忏悔自己的行为、悔过自新来获得心灵的平和（Mead 2000: 80–81）。这个脉络下的"心灵"是米德深受影响的精神分析学中的"超自我"，米德认为它伴随孩子的成长一起发展（Mead 2000: 83）。同时，米德认为罪感文化与清教徒主义相关，并论述如下：

208

图 7–5　玛格丽特・米德（1901—1978）以所谓的"未开化社会"为鉴来描述自文化

注释：她的讨论不仅给人类学，也给整个美国社会以很大影响。

罪的本质在于可以通过接受惩罚而获得救赎。"我犯罪了，所以要接受惩罚。但是，如果我承受住了惩罚，悔过自新并向着新的人生道路前进的话，就会再次得到神灵的垂怜，"这一系列的理论就是清教徒主义的教义本质（Mead 2000: 104–105）。

有意思的是，20 世纪 30 年代的美国新政时期，建立在罪感意识基础上的传统育儿法问世，一部分有识之士强调了外部制裁的有效性。米德坚决反对这一点，并断言如下。"这完全破坏了心灵，排除了所有内部的道德制裁，会被耻，也就是害怕公众批判的情绪所替代"(Mead 2000: 82)。这里要注意的不是米德的见解本身，而是本尼迪克特与米德都在战争情报局工作这件事和米德的考察给本尼迪克特的《菊与刀》中有关罪与耻的讨论埋下的伏笔。

我们都知道，本尼迪克特将日本人人格中的二重性原因归结在日本的育儿方式（社会化）之上。她认为，日本人的人生中包括放纵与自重两个正相反的阶段。放纵期属于孩子和老人，他们都在"自由的领域"，所以可以"不知羞耻"地自由行动。相反，成人属于自重期，必须慎重行动。成人需"知耻"。在这种社会化进程中的断绝使得日本人形成了二重性格。《菊与刀》第十二章"儿童教育"的开头写道：

209

日本人的人生曲线与美国的人生曲线正好相反。它是一根很大的浅底U字形曲线，允许婴儿和老人有最大的自由和任性。随着幼儿期的过去，约束逐渐增加，直到结婚前后个人自由降至最低线。这个最低线贯穿整个壮年期，持续几十年，此后再次逐渐上升，过了六十岁，人又几乎可以向幼儿那样不为羞耻和名誉所烦恼[1]。

本尼迪克特认为，在这一点上日本与美国也形成对照。

在美国，我们这种曲线是倒过来的，幼儿教养非常严格，随着孩子日益成长而逐渐放松，待至他找到能够自立的工作，有了自己的家庭，就几乎可以不受别人的任何掣肘。在我们这里，壮年期是自由和主动性的鼎盛时期。随着年龄的增长，精力日益衰退，以致成为他人的累赘，就又要受到约束。按照日本那种模式来安排人生，美国人连想都想不到，似乎那是与现实背道而驰的[2]。

通过与异质他者进行对比，提供自民族内省所需知识，本尼迪克特这种巧妙的修辞战略通过上述内容清晰可见[3]。

---

[1] 作者译自本尼迪克特的研究（Benedict 1946: 254，2005: 310）。译者引自〔美〕鲁思·本尼迪克特:《菊与刀——日本文化的类型》，第176页。——译者

[2] 作者译自本尼迪克特的研究（Benedict 1946: 254，2005: 310）。译者引自〔美〕鲁思·本尼迪克特:《菊与刀——日本文化的类型》，第176-177页。——译者

[3] 笔者很介意的一个理论问题是，本尼迪克特指出的美国社会化进程中的断绝与重视一样性与统一性的美国人性格的形成有着怎样的关（转下页）

210 接下来我们看一看开头提到的英国人类学家，《美国人的性格》（*The American People*, 1948）的作者果勒（Geoffrey Gorer）尽管并不出名，但是本尼迪克特借鉴了很多他的观点。果勒（1905—1985）从剑桥大学毕业后，于20世纪30年代中期前往美国，向本尼迪克特和米德学习人类学。他特别关心的是文化与性格的关系问题。1941年，果勒写成论文“日本式性格的结构与宣传工作”，第二年就获得了在同盟国美国战争情报局的工作。然而，第二年又在驻美英国使馆获得了别的任务，所以推荐本尼迪克特接手其工作（Caffrey 1989: 314）。现在，果勒在战争情报局时代撰写的一部分论文收藏于上面提到的瓦萨学院图书馆。其中的“日本人性格的结构”（Japanese Character Structure）的几个章节，读过之后会觉得这才是《菊与刀》的原型。

> 日本人的人生是一个弧形。幼年期时，弧形从高处开

（接上页）系。也就是说，如果日本人的二元性是因为幼年期与成年期的断绝而产生的，美国人的人生曲线虽然是相反的，但是为什么断绝却没有使美国人形成双重性格呢？还有一个疑问，就是性别的作用问题。“待至他找到能够自立的工作，有了自己的家庭，就几乎可以不受别人的任何掣肘”的部分，原文是 a man runs his own life when he gets a self-supporting job and when he sets up a household of his own，文中用的是表示男性的 he 这个第三人称单数形式，虽然这种用法在当时很常见，但是本尼迪克特描述的美国人的人生历程，是不是男性特有的东西呢？有关性别问题，请参照其与下文提到的果勒研究的差异。

> 始，可以随意任性，其后弧形开始逐渐下降，在结婚前后降至最低点。过了这一时期，弧形又开始升高，到了61岁又可以像幼年期那样任性了。（中略）日本的幼年期与老年期是撒娇与任性的狂欢期。而青年期和壮年期则是限制与辛苦、服从的时期（Gorer 1943: 24）。

我们并不清楚果勒的论文是否正式出版过，但上文引用的本尼迪克特的文章与果勒的文章如此酷似，以至于让人不由得想起了“剽窃”一词。米德后来承认果勒的研究是“本尼迪克特的国民性研究，特别是日本国民性研究的先驱”（Mead 1959: 426）[1]。顺便提及的是，果勒参照了秋元俊吉的1937年的作品，《日本的家庭生活》（*Family Life in Japan*）这本书。

211

果勒给本尼迪克特的影响还可见于日本的状况伦理与西方的绝对伦理之间的对比。他运用精神分析理论提出，日本人有洁癖，有着忌讳排泄物等污秽的习性。当时，很多西方人认为日本人的排泄训练很严格，果勒从“污秽禁忌”这个角度出发

[1] 有一点很重要，果勒提及，上文论述的内容尤其适用于女性，这表明他明确意识到了日本国内的性别差异问题。但是，本尼迪克特无视这一点，为读者展示了一个普遍化的国民形象。果勒描述的日本女性的生活轨迹如下。①女孩子到了5岁就得表现得像个女性。②其后，各种制约逐渐严格，结婚前需要做到最大程度的自重。③结婚后的数年，同样的情况会持续，生了孩子后各种制约程度会减弱。④生了三个孩子后就可以吸烟喝酒。⑤孩子结婚、自己成为婆婆后就获得了权威，可以有更大程度上的放纵。⑥到了61岁，会有一个古来稀的仪式，其后不再承受外界的制约与嘲笑。

对其进行解释。他把日本的排泄物禁忌与西方儿童的性禁忌放置在一起，认为分别是状况伦理与绝对伦理的产物。一眼看去，是非常突然的讨论，仔细读下来的话，就会有恍然大悟的感觉。

> 在禁止儿童性行为的社会，那是绝对禁止的。不存在让孩子享受生理上性快感的场所和机会。严格实施这种禁忌的社会，其价值体系中通常会出现道德绝对性。具体而言，就是绝对禁止、绝对犯罪、绝对恶的概念和不可能实现的理念与现实中的日常实践的对比。另一方面，因为生理原因，不可能完全禁止排泄。可以禁止的是在错误的时间或者错误的地点排泄这件事。如果这种清洁训练成为社会价值体系的基础，就不会存在绝对的东西与绝对的善恶。存在的是，在正确的时间做正确的事，分毫不差的仪式的进行、肉体以及仪式上的清洁、“正确”，也就是“恰当的”行动。恰当的行动是根据行动的背景而界定的（Gorer 1943: 12）。

212

如此，果勒将日本（被认为）严格的排泄训练与日本人的状况伦理联系在了一起。但战后美国人来到日本，实际观察日本人的育儿方式，才发现日本人的排泄训练其实是很宽松的，他的见解也就烟消云散了。理论上也把育儿与成人性格之间的因果关系过于简单化，后世并不太关注。但是，相对于西方的绝对道德观念，设定日本的状况伦理这一点是我们应该给予好评的，这一点在《菊与刀》中随处可见[1]。

无论如何，本尼迪克特认为，区分美国人（有关这一点其实是指西方人）和日本人的是西方经验的统一性。那么，这种统一性来自何处？在回答这个问题之前，先引用列举《菊与刀》和本尼迪克特藏书区中收藏的资料里几处她对自己西方人身份的描述。

> 实际行动与此是否相符合暂且不论，西方人的伦理是绝对的。顺从我们原则的话，撒谎就是恶，不能因为没有恶意就可以认为谎言是道德的。我们有绝对恶的概念，这把神与恶魔完全分开。我们把世界和自身的灵魂视为神与恶魔战斗的场所。因此，稍稍变换一下思路的话，同样的力量可以成为善，也可以成为恶，这很难理解。道德问题就是按照原则行动，对于如此思考的我们来说，很难理解像日本人那样按照矛盾的原则来行动的国民（Benedict n. d. [1]: 51，1997: 121）。

[1] 米德说，“本尼迪克特的学生、年轻的同人们的研究成为她自身思考的一部分，所以她将这些人作为一个整体表示感谢，但是没有单独向某一个人表示感谢”（Mead 1959: 426）。这些话并不是要贬低本尼迪克特，不过，却也表明，在《菊与刀》早就获得日本文化论金字塔标志地位的现在，我们有必要明确这本书的形成过程，特别是战争情报局中研究者之间的合作关系。

情况发生变化，日本人就会改变态度，这算不上道德问题。而我们热衷于“主义”，热衷于意识形态上的信念。即使失败，我们的信念也不变。战败的欧洲人到处都在组织地下活动。而日本人则除极少数极端顽固分子外，不需要组织抵制或在地下反对美国占领军的运动。他们不感到在道义上有坚持旧路线的需要。（中略）（这些西方的研究者）把日本人关于侵犯的伦理与欧洲人的公式混为一谈。在欧洲公式中，任何个人或民族，如果进行战斗，首先必须确认其战争目的的永恒正义性，其力量则来自久蓄胸中的憎恨和义愤[1]。

213

我们对于性享乐的许多禁忌是日本人所没有的。日本人在这个领域不大讲伦理道德，我们则是要讲的。他们认为，像其他“人情”一样，只要把“性”放在人生的低微位置上就行。“人情”没有什么罪恶，因而对性的享受没有必要讲伦理道德[2]。

日本人的上述“人情”观具有一些重要后果。它从根本上推翻了西方人关于肉体与精神两种力量在人的生活中

[1] 作者译自本尼迪克特的研究（Benedict 1946: 171–173，2005: 211–212）。译者引自〔美〕鲁思·本尼迪克特：《菊与刀——日本文化的类型》，第118—119页。——译者

[2] 作者译自本尼迪克特的研究（Benedict 1946: 183，2005: 224–225）。译者引自〔美〕鲁思·本尼迪克特：《菊与刀——日本文化的类型》，第127页。——译者

互争雄长的哲学。在日本人的哲学中，肉体不是罪恶。享受可能的肉体快乐不是犯罪。精神与肉体不是宇宙中对立的两大势力，这种信条逻辑上导致了一个结论，即世界并非善与恶的战场。（中略）日本的神也显然兼具善恶两性。他们最著名的神素盏鸣尊是天照大神（女神）之弟，是“迅猛的男神”。这位男神对其姐姐极为粗暴，在西方神话中可能把它定位为魔鬼。（中略）[1] 这样的神在世界神话中虽不罕见，但在高级的伦理性宗教中，这种神则被排除在外，因为把超自然的东西划成善恶两个集团，以分清黑白是非，更符合善与恶的宇宙斗争哲学[2]。

18 世纪后半期开始——这与美国革命以后的历史时段具有同等重要意义——忠开始意味着具体的向天皇尽忠。对于西方人来说，最错愕的就是明治维新以后，这种忠真正地戴上了宗教外衣。日本人并不像西方人那样带着绝对性来区分人与神。因此，在他们的认知中，天皇就是“神”。（中略）这种模糊人与神区别的信仰使得西方的神职人员战栗。就算不是神职人员，应该也是接受不了的。但是，在日本的传统中是不会把人与神向西方那样固定一

214

---

[1]〔美〕鲁思 · 本尼迪克特:《菊与刀——日本文化的类型》，第 131—132 页。——译者

[2] 作者译自本尼迪克特的研究（Benedict 1946: 189-191，2005: 231-233）。译者引自〔美〕鲁思 · 本尼迪克特:《菊与刀——日本文化的类型》，第 132 页。——译者

> 个范畴的。东方哲学的基本观念是人类具备神性。（中略）西方人拒绝日本人的哲学，日本人也接受不了建立在西方思维模式基础之上人与神之间的巨大鸿沟（Benedict n. d. [1]: 27–28，1997: 72–73）。

笔者认为，解读通过与日本比较而得出的西方一元性、唯一信仰、经验统一性的关键，在于玛丽·道格拉斯（Mary Douglas）的《洁净与危险》(1966)。第三章“《利未记》中的可憎物”里，她从分类与秩序的角度来考察旧约《圣经》中出现的各种饮食禁忌。道格拉斯的基本主张是，不在《圣经》分类体系中的生物是不干净的，不可以吃。例如，猪和牛一样是分蹄动物，但是不反刍，所以猪不符合《圣经》中“适合食用的动物仅限于分蹄且反刍的生物”的教义。道格拉斯认为，之所以会有猪肉禁忌，是因为它是不符合规律的、违反神的秩序。犹太基督教的教义中，神灵通过食物与选民结盟，所以这种禁忌被严格认真地执行。有人说这种解释牵强附会，但过往研究通常将饮食禁忌与神学或者卫生学观点相联系，这个观点却是从宇宙论的秩序角度出发的，是值得肯定的。

215

道格拉斯的说法中特别引人注目的是，神圣性（holiness）是通过“全体性（wholeness）”“完全性（completeness)”来定义的。在《圣经》中，这意味着“向教会奉上物质的物理完整性和接近教会的人们的肉体完全性”（Douglas 1966: 51）。也就是说，物质与精神必须都完整才算神圣，否则是不可以奉到神灵面前的。道格拉斯和她所代言的犹太基督教的传统中，“神圣性 = 全体性 = 完全性”是与唯一性一致的。例如，神圣性要求“耿直与同一性”，禁止“矛盾与两义性”，所以忌讳“异种混淆物和其他混乱”。道格拉斯这样说：

> 神圣性要求与个体所属种类的属性一致，不可以与不同种类的物质相混同。（中略）所谓神圣性就是要明晰天地创造的范围，伴随着正确的定义、鉴别与秩序。（中略）所谓神圣就是全体、一个。神圣性就是个体和种的统一性（unity）、一贯性（integrity）、完全性（perfection）。有关饮食的规则，只不过是用同一性的原理来发展神圣性的隐喻而已（Douglas 1966: 53–4）。

反过来讲，内部包含多种异质要素的东西是不完全的、欠缺全体性的、部分的。实际上，道格拉斯认为二元性是一种缺陷。而且，更重要的是，二元性是不洁净的、是违背神灵意志的。　216

如此看来，我们就明白本尼迪克特为什么会关注菊与刀所象征的日本人的二元性了。也就是说，两者的共存打破了西方人理所当然的精神生活基底，挑战了神灵创造的秩序。对于西方人而言，日本人的二元性侵犯了神圣的禁忌，跟在神灵面前犯罪没什么两样。当然，从日本人的角度看，同一人物、物质包含相互矛盾的要素并不是什么对神灵的亵渎。大贯美惠子

（Emiko Ohnuki-Tierney）明确指出，在日本，即使是神也都有双面性，是双重性格，也就是和魂与荒魂的共存。大贯美惠子说：

> 日本这样的二元世界的特点是两义性。在这样的世界，秩序与违反秩序并不对立。（中略）一元世界强调范围的划分。二元世界重视阴阳、自者与他者等相反原则的统合（Ohnuki-Tierney 1987: 158）。

生于美国并接受犹太基督教神圣观念影响的本尼迪克特，一方面错愕于第二次世界大战中和战后日本人的行为，一方面以日本人为鉴来重新审视自我。在这一过程中，她一面描写日本这一他者，一方面也无意中描绘了美国这个自我。

217

五、日本的阶层性与美国的平等性

《菊与刀》的另外一个主题是日本人的阶层性，书的前半部分对这一问题进行了详细的讨论。第三章“各得其所”的开头处，本尼迪克特清楚地讲道：

> 要想理解日本人，首先必须弄清他们的“各得其所”（或“各安其分”）这句话的含义。他们对秩序、等级制的信赖，与我们对自由平等的信仰有如南北两极。在我们看

来，对等级制赋予正当性，把它作为一种可行的社会结构是非常困难的。日本人对等级制的信赖建立在对人与其同伙以及个人与国家之间的关系所持的整个观念之上[1]。

现在读《菊与刀》，会痛感那是20世纪中叶美国战争行为的产物。因为书中随处可见有关太平洋战争中日本士兵的行动、日本部队的资料等。其中有德、意、日三国同盟的盟约序文，同盟缔结时的诏书。前者“德意志、意大利和日本的政府认为世界一切国家各自据有应有的空间（英译 proper station）是任何持久和平的先决条件”，后者“万邦各有其所（英译 proper place），万民才能得其安，此旷古大业，道阻且长”。同样的话语还见于珍珠港袭击后递交给美国前国务卿科德尔·赫尔（Cordell Hull）的宣战书。对于各民族独特的话语很敏感的本尼迪克特注意到了资料中的“各得其所”，开始分析日本人的阶层性。 218

相对应的是，美国政府的文书中有万国平等之说。本尼迪克特认为正是这种阶层与平等的差异使得日美两国的命运决定性地、悲剧性地区分开了。

平等，对美国人而言，是企求一个更美好世界的基础，是最崇高、最道德的基础。对我们来说，它意味着拥有不受专制

[1] 作者译自本尼迪克特的研究（Benedict 1946: 43，2005: 60）。译者引自〔美〕鲁思·本尼迪克特：《菊与刀——日本文化的类型》，第31页。——译者

压迫、不受干涉、不受强制的自由，意味着在法律面前人人平等和人人都有改善自己生活条件的权利。这就是当今世界正在有组织地实现基本人权的基石。即使在我们自己破坏这一原则时，我们也支持平等的正义性。我们以极大的义愤向等级制宣战[1]。

本尼迪克特认为，这种态度自美国作为国家诞生之日起就是存在的。实际上，独立宣言、宪法修正条例中也有平等的理念，1831 年拜访美国的法国政治思想家托克维尔（Tocqueville）在其名著《美国的民主》（1835—1840）中讨论的也是新世界的平等意识（Benedict 1946: 45–46）[2]。

在讨论日本人的阶层性的时候，本尼迪克特选取了日本人在日常生活中经常使用的几个词汇并探讨了这些词汇的含义范畴。结果是，发现所有的词汇都展示了 indebtedness——略微有些难以翻译的词汇，如“恩情”“负债”“债务”等——的意

[1] 作者译自本尼迪克特的研究（Benedict 1946: 45，2005: 62）。译者引自〔美〕鲁思 · 本尼迪克特:《菊与刀——日本文化的类型》，第 32 页。——译者

[2] 托克维尔并不是毫无批判地称赞建立在平等意识基础上的民主主义。例如，他认为没有比美国更缺乏真正的精神独立和言论自由的国家了，理由是因为信奉民族主义才去迎合大众。他提出了一个概念“多数暴政”，很好地说明了这一点。并且，《美国人的性格：一本读物》［*The Character of Americans:A Book of Readings*(revised edition)，Michael McGiffert(ed.), Dorsey Press, 1970］是收集了有代表性的美国国民性论述的论集，非常有助于我们的相关思考。虽然现在已经绝版，但是笔者在学生时代，东京外国语大学教授（当时）梁田长世曾介绍并解说给笔者，在此表示深深的谢意。

味。接下来我们要讲述的是很多读者已经明了的事情，只不过是本尼迪克特主动请缨为代言人，面对不会日语的美国人来陈述的内容。

首先，“恩”是指“被动产生的义务”（Benedict 1946: 116）。日本人会从认识的人或者有过接触的人，如父母、学校的老师、天皇，甚至只是擦肩而过的好心人等各种各样的人那里得到恩情。与这种恩情的扩散性形成对照的是，“忠”与“孝”只面对特定的人群。根据本尼迪克特的定义，“孝”意味着“对于父母和祖先的义务”，“忠”意味着“对天皇、法律、日本的义务”（Benedict 1946:116）。战前的“家族国家”“忠孝一体”，臣民必须侍奉相当于国家的父亲的天皇（Kuwayama 2001）。

本尼迪克特把“义理”分为“对于世间的义理（giri-to-the-world）”和“对于名望的义理（giri-to-one’s-name）”，定义前者为“向伙伴报恩的义务”，后者为“无论自己的名字和舆论评价受到多大的责难，都不能让自己的名望受损的义务”（Benedict 1946: 134）。我们已经提及，相当于德语的名望（Ehre）的“对于名望的义理”是本尼迪克特创造出来的词语，其不规范的语言让我们感受到她的日语能力不足。但是，从学理上理解恩、孝、忠、义理等当时的日本日常生活中经常使用的词汇，深入挖掘其深藏的文化含义，这一点贡献是值得称赞的。战后不久出版的《菊与刀》，使得日本有识之士吃惊的是，一个陌生的外国人居然发现了这种日常性下埋藏的文化无意识。

本尼迪克特使用民间故事、小说、电影、报纸、广播、日裔美国人的访谈、军事文书等各种与帝国日本相关的资料[1]，描绘出了从日常琐事到天皇崇拜，日本人的生活中充满了阶层性色彩的状况。同时，还展示出相反的平等理念是如何深入美国人生活之中的。以下是作者对于本尼迪克特以日本为借鉴描绘出的美国人形象的再解释。

220

首先，日本的阶层不是无慈悲的压抑和榨取，而是根据每个人的属性将其在社会上定位，给予他们适当报酬的系统。第二次世界大战结束以前，身份、性别、出生顺序等先致属性受到重视，下对上必须服从。作为对于忠诚和奉公的回馈，他们会接受赠予、恩惠、庇护等"报酬"。这个系统当然是有利于上层社会，但是这种上下之间的互惠性还是将对于施恩者感谢的理念与责任根植于受益者的心中。这种心情，比如说在家庭

---

[1] 本尼迪克特与她的研究同伴为了研究交战中的敌国而使用的方法被称为集体"远距离文化研究"。详情请参考米德与罗达·梅特劳克斯（Rhoda Metraux）编辑的《远距离文化研究》（*The Study of Culture at a Distance*, 1953)。近些年来，这本书作为"玛格丽特·米德现代西方文化研究"丛书的一部分而再刊。丛书总编辑威廉·比曼（William Beeman）讲到，媒体研究领域经常参照这本书。人类学家在20世纪60年代实际上已经放弃了国民性研究，但是现在最为流行的现代领域居然参考第二次世界大战中出现的人类学手法，真的是一个有意思的现象。

当中，是与“我是父母生出来的”，也就是自己之所以能够存在全部仰仗于父母的这种想法相关。

上述的家族国家，所有的臣民都是天皇的子孙，为了报答“父亲”无限的恩情，我们必须自我牺牲——教育敕语中有代表性的话语“若遇紧急事，义勇奉公先”——这不仅仅是政治性的捏造，毋宁说是政治性地利用臣民的日常感觉。标榜民主主义的战后日本，这种明显的政治性操作已经消失。然而，接受恩惠（受到照顾）时，“得到”“为我”这些话，即使在现在也是人们的口头禅，考虑到这一点，以“恩义”为代表的日本人的责任义务意识可以说并未消失。本尼迪克特称这些日本人为“背负过去的人”，并写道：

> 他们那些西方人称之为崇拜祖先的行为中，其实很大部分并不是真正的崇拜，也不完全是对其祖先，而是一种仪式，表示人们承认对过去的一切欠有巨大的恩情。不仅如此，他们欠的恩情不仅是对过去，而且在当前，在每天与别人的接触中增加他们所欠的恩情。他们的日常意志和行为都发自这种报恩感，这是基本出发点[1]。

221

这段话让我们想起小泉八云（Lafcadio Hearn）的《心》

[1] 作者译自本尼迪克特的研究（Benedict 1946: 98，2005: 121）。译文引自〔美〕鲁思·本尼迪克特:《菊与刀——日本文化的类型》，第68页。——译者

（1896）的一个章节，而在这段话后面[1]，本尼迪克特就美国人的平等意识讲述了很多内容。平等的理念否定上层人士的权威，培育的是独立和自我依赖精神。

> 西方人极端轻视对社会欠恩，尽管社会给他们以很好的照顾、教育、幸福生活，包括他们的降临人世。因此，

[1] 人类学家可能没太注意，本尼迪克特其实受到小泉八云的很大影响。至少，小泉八云在《心》的第十四章“祖先崇拜的思想”中有关恩义的见解是早于本尼迪克特的。他认为，西方的基督教圈内很少把“我们 = 现在”与“祖先 = 过去”积极地联系在一起，而在日本的日常生活中，祖先是“活着的”，总是与我们在一起。日本人明确地感受到“我们西方人绝对在感情上感受不到的——现实亏欠过去的恩义、对于亡者的爱的责任——事情”（平井呈一译《心》，第 271 页，插入一部分原文）。之后，小泉八云写到，日本人——本应是所有的人——是 debtors，即欠债人。而《菊与刀》第五章“亏欠过去与世人的人”的原标题是 Debtor to the Ages and the World。

小泉八云批判到，因为“对于物的感谢就是要向希伯来的神灵奉上一切的教义”使得西方人“忘记了对过去的感谢的理念”（《心》，第 277）。这种批判演变成了“从某种意义上来说，我们的亡者其实就是神灵”的非常激进的近代西方文明的批判。为什么说是过激呢，将祖先神格化的话就会从根本上瓦解基督教教义，这就像是在提倡基督教进入西方生活之前的精神生活状态一样。小泉八云的话语对于西方人产生多大的影响，我们并不知晓，19 世纪末到 20 世纪初期，对于西方人来说，作为西方的日本代言人，小泉八云的最大魅力不是对于日本人生活的描写，而是以日本为借鉴描绘出来的西方的深层状况。从这一角度来讲，本尼迪克特是小泉八云的“高徒”，小泉八云自身或许可以被定位为从卢梭开始的以“高贵的野蛮人”为借鉴的近代西方文明批判论流派。而且，只要高贵的野蛮人是一个虚构，其内容——无论是小泉八云还是本尼迪克特所展示的日本人形象——的真伪就不是一个问题。有关这一点留作今后课题继续研究。

> 日本人总感到我们的动机不纯正。在日本，品德高尚的人不像我们美国，他们绝不说不欠任何人的恩情[1]。

《菊与刀》出版四十年后，《日本的近代化与宗教伦理》（1957）的作者罗伯特·贝拉（Robert Bellah）又出版了《心灵的习惯》这本在美国有大量读者的著作。讨论美国个人主义的这本著作中，贝拉批判性地讨论了现在美国人对于成功的态度。他认为，美国人即使成功了，也只是称赞自己的功劳，不会对背后帮助自己的人表示感谢（Bellah, et al. 1985）。这与总是说“托您的福”的日本人形成对照。本尼迪克特的论述直至今日仍没有失效。

扩散的亏欠意识逼迫日本人“欠债还钱”。“恩就是借，借了就要还”，这是《菊与刀》第六章“报恩于万一”前面就提及的话，本尼迪克特主张“亏欠（恩）不是德，归还才是德。德开始于人们积极地报恩”（Benedict 1946: 114，2005: 142）。她认为，可以从“忠”与“皇恩”中看出其本来的姿态。 222

> 在民政管理中，“忠”强制一切，从丧葬到纳税。税吏、警察、地方征兵官员都是臣民尽忠的中介。按照日本人的观点，遵守法律就是对他们的最高恩情——“皇恩”

[1] 作者译自本尼迪克特的研究（Benedict 1946: 98，2005: 121）。译者引自〔美〕鲁思·本尼迪克特：《菊与刀——日本文化的类型》，第68页。——译者

的回报[1]。

本尼迪克特认为，与此相对照，在美国法律是有损个人自由与权利的。

这一点与美国的风习形成最强烈的对照。在美国人看来，任何新法律——从有关停车的尾灯标志到所得税，都是对个人事务中个人自由的干涉，都会在全国激起愤慨。联邦法律更受到双重怀疑，因为它干扰各州的立法权，认为它是华盛顿官僚集团强加于国民的。许多国民认为，对那些法律，无论怎样反对，也不能满足国民的自尊心。因此，日本人认为美国人是无法无天的，我们则说他们是缺乏民主观念的驯民[2]。

223 这里所说的“自尊”在《菊与刀》的脉络中也可以翻译为“自重”，有关它的含义，我们且进行一番思考。即使是同样的语言，文化不同含义也可能不同，这早在本尼迪克特的计算之内。她认为，日本人的自重意味着“返还世人承认的对

[1] 作者译自本尼迪克特的研究（Benedict 1946: 129，2005: 161）。译者引自〔美〕鲁思·本尼迪克特:《菊与刀——日本文化的类型》，第91页。——译者

[2] 作者译自本尼迪克特的研究（Benedict 1946:129-130，2005: 161-162）。译者引自〔美〕鲁思·本尼迪克特:《菊与刀——日本文化的类型》，第91页。——译者

于恩人的亏欠”，美国人的自重意味着“自己的事自己管理”[1]（Benedict 1946: 130）。

日本人的自重与“对于名望的义理”相关。也就是说，日本人通过有借有还来保持名誉的清白。而标榜平等的美国人不仅自我管理，还无限追求个人可能性。

> 对名义的义理（原文翻译为“情义”），还要求其生活与身份相适应。缺少这种义理，就丧失了自尊。德川时代的取缔奢侈令对各类人的衣着、财富、用品几乎都作了详细规定。按照身份而生活就意味着接受这种规定并视之为自尊的组成部分。对这种按世袭阶级地位做出规定的法律，美国人将大吃一惊。在美国，自尊是与提高自己的地位联系在一起的。一成不变的取缔奢侈令是否定我们这个社会基础的。（中略）我们承认收入的差异，并认为这是合理的。争取获得较高的薪金已成为我们自尊体系中的一部分[2]。

---

[1] 本尼迪克特认为，“自重”含义的差别与日美文化中“勇气”的差别相关联。上面提到的“日本人的国民性”这篇文章中，她将日本人的“勇气”定义为“遵从惯习”，而美国的则是“反对惯习，进行改革”。她这样说，“日本人以这种亏欠意识为核心建立自己的伦理体系，西方的民主主义国家以人权的概念为中心来建立自己的伦理体系”（Benedict n. d. [2]: 4）。

[2] 作者译自本尼迪克特的研究（Benedict 1946: 149，2005:184）。译者引自〔美〕鲁思·本尼迪克特：《菊与刀——日本文化的类型》，第104页。——译者

本尼迪克特继续讲到，以“各得其所”为德的是世袭制的等级社会，在这一点上，日本与革命前的法国相似。

> 在日本，有钱会令人疑惑，守本分才让人放心。即使在今天，穷人和富人一样，都以遵守等级制的习惯来保持其自尊。这在美国是无法理解的。法国人托克维尔在1830年代就在前引著作中指出了这一点。生在18世纪法国的托克维尔，尽管对平等制的美国给予好评，但他仍对贵族生活知之甚深，十分钟情。认为美国虽有其美德，却缺少真正的尊严。他说：“真正的尊严在于各安其分，不卑不亢，自王子以至农夫，皆可以此自许。”托克维尔一定能理解日本人的态度，即认为阶级差别本身并没有什么不体面[1]。

224

1948年2月21日，本尼迪克特离世前半年，她在一生执教的哥伦比亚大学的国际会馆以“美国文化类型”为题进行演讲。这是她就美国本身进行阐释的为数不多的机会之一。就还残留有世袭等级制的欧洲，本尼迪克特讲道：

---

[1] 作者译自本尼迪克特的研究（Benedict 1946: 150，2005: 185）。译者引自〔美〕鲁思·本尼迪克特：《菊与刀——日本文化的类型》，第104页。——译者

美国少数民族里有一种说法可以很好地体现他们对于“成为美国人”持有的看法。现在美国黑人经常使用这种说法。他们认为选举、雇用、住宅等相关要求是成为“一等市民”的权利。他们很愤慨自己是“二等市民”“三等市民”。他们的“阶级”概念与欧洲人的完全不同，只看这一点就会明白少数群体是如何认知成为美国人这件事的。很多从欧洲来的移民来自有牧神——潘——的斯拉夫语族。爱尔兰族来自于英国的“不在地主”[1]占据了绝对社会经济地位优势的国家。大多数新移民都长于世袭阶级制国度。在这些国家里，“自知之明”是继承下来的传统生活模式之一，而且还有其固有的阶层尊严（Benedict 1948: 5–6）。

225

本尼迪克特认为，在平等的国度美国，“阶级”的含义从世代传承变为通过个人、集体的努力可获得转变。她说道：

在美国，“阶级”向“一等市民”转变，我国的少数民族为了获得成为一等市民的权力，前后奋斗数十年，只要努力奋斗，总会获得。只要努力，就可以抹去二等市民的污点。“我是移民，也许无法获得一等市民的权力。但是我的孩子或者孙子总有可能。”这种心理就好像彩虹之

[1] 在日本，指没有居住在其所有农地所在地的地主。——译者

> 下放置的金壶，几代人向着这个方向奔跑，总会到达法律之下人人平等、雇用机会均等、在特定都市区域生活的权利平等的社会。所有美国少数民族的历史都是几代人向着这个目标踏实迈进的故事（Benedict 1948: 6）。

我们再次参考米德的《有备无患》来看她的阶级观念。与本尼迪克特一样，米德也采用了通过与异文化比较来阐释美国的修辞学战略。她对比的国家是英国[1]。

226

> 美国的等级制度是像梯子似的分类，人们都努力向上爬。说是阶级，却不是根据出身来划分秩序的阶级和社会分类。如果问“人上人是什么”，英国人会回答是最高等级称号家族出生的人，而美国则会说是即使想要动，也只能向下运动的人（Mead 2000: 37）。

米德认为，美国的阶级是相对的，各个阶级没有固定的内容。所以，很难像旧世界那样通过言谈举止、语言、饮食、服装、宗教、政党等来判断某一个人属于哪个阶层。“美国这个流动的社会”中“没有绝对的阶级标准”（Mead 2000: 40），

[1] 按照米德自身的说法，给她提供英国信息的主要是她的丈夫 Gregory Bateson。米德在理论上主要依据的是“性格结构”的概念，这是与本尼迪克特合作创造出来的。而有关作为异文化的美国研究，同样是英国人果勒的功绩卓越（摘录于 Mead 2000 中收录的 Bibliographical Note 1942）。

行为模式与阶级之间没有绝对的对应关系。她认为这是新世界和旧世界的最大差异。

这种见解真的是对社会现状的真实反映吗？还是只是一种理念的倡导？有关这一点还是有讨论的余地。但是，在此这并不是一个大问题。重要的是，我们应该意识到，本尼迪克特在战时与米德一起进行国民性研究，受到了米德美国观念的很大影响。而且，更重要的是我们应该注意到，本尼迪克特认为美国社会是人人平等的无等级社会，而相反的形象则是等级社会日本。

最后我们再谈谈本尼迪克特如何考量第二次世界大战后美国在对日占领政策中面临的最大难题。这个难题就是如何处理天皇？瓦萨学院的本尼迪克特收藏库中收藏的资料显示，战争结束前一年，即 1944 年 12 月，太平洋相关研究所连续开了两天的会议，主题就是“有关日本人的性格特点的会议”。除了本尼迪克特，米德、果勒、道格拉斯·哈林（Douglas Haring，战争前后十分活跃的日本研究者）和精神分析学的爱利克·埃里克森（Erik Erikson）等也都出席了。根据会议记录，本尼迪克特话不多，谈及日本人的责任感时，说了一句“日本政界重新组编的时候，总说的那句‘政府没有执行天皇的意思’是用来说明其为何失败的”（Institute of Pacific Relations 1944: 11）。从之后《菊与刀》中的话语看，或许本尼迪克特已经意识到了天皇的作用不是“统治者”，而是“祭司”（Benedict 1946: 68–69）。或许是因为这个原因，在“如何

227

处理天皇”的文件中，她对于追讨天皇战争责任这一点表现得很踌躇。

这份文件很少人知道，只有三页纸内容，是本尼迪克特自己写下的（刊发年不详），福井七子翻译并收录到《日本人的行为模式》中。其中，本尼迪克特注意到，发现异文化中“奇妙的事情”时，人首先做出的是否定的反应。她说，当时的美国人之所以忌惮天皇，是因为裕仁天皇作为现人神居然拥有基督教圈内只有神灵才具有的神圣性。对于美国人来说“不可思议的事情”是，日本人不严格区分人与神的倾向。有关这一点上一节我们已经讨论过，这里我们就本尼迪克特提出的另外一个理由来进行讨论。这就是美国人信奉的个人主义与对于个人独立起到很大阻碍作用的强大的对父亲的嫌弃感。

> 美国人无论是神职人员还是非神职人员，都对天皇持强烈的否定态度，其中还有另外一个理由，那就是天皇向世界展示了一个最为极端的“好父亲”的形象。而这与美国成年人自重的个人主义是极不相容的。在美国，所谓成长，就是靠自己吃饭，切断与父亲或父亲象征相关的所有联系。美国人很难理解不把依赖当作屈辱的社会。对于我们来说，依赖与屈辱是表里一体的关系。因此，对天皇持否定态度的美国人的大部分都认为只有抨击天皇或者让其退位，才能实现日本人的自重。这是建立在美国人最为强烈的伦理前提基础上的伦理性主张（Benedict n. d. [3]:1,

228

1997: 135）。

本尼迪克特所说的“好父亲”的含义我们不是很清楚，但是从文章脉络来判断，应该可以解释成为“强大的父亲”。《菊与刀》中也有“神圣的父亲”“梦想中的好父亲”等说法（Benedict 1946: 125）[1]。

美国的平等理念否定无论是机构还是个人的所谓权威。这种对于权威的厌憎培育了美国人的独立心和拒绝依赖的自我依赖性，由此诞生了个人主义这种涵括性的美国理念。果勒就这一点在《美国人的性格》中进行了精彩的描述。他认为美国人有两个特点。第一，“情绪性的平等主义”“所有（白人的）男性在讨厌从属于他人、法律上也禁止这一点上是平等的，机会与地位，众生平等”。第二，“统治者的权威是我们应该从道德上抵抗的，对于他者对权威的追求必须小心翼翼，居于国家权威位置的人是潜在的敌人或者掠夺者”（Gorer 1964: 30）。果勒认为，可以从美国移民历史、特别是学校中孩子学到的抵抗英国统治的故事找到源头。

[1] 本尼迪克特就明治初期日本天皇的神格化讲道，“只是把天皇形象化为臣民的父亲还是不够的。因为父亲在家中虽然会接受对于恩义的报答，却不是能够集中‘高度尊重’的人，所以天皇必须是脱离世俗的神圣的父亲”。日本人对于天皇的信仰就是作为最高道德的忠，必须忘我地冥想出一个不与人世间接触的干净的理想中的好父亲（Benedict 1946: 125，2005: 156）。

> 对于权威的否定，在美国是值得称赞的行为。个人否定父亲所象征的家庭权威的动机中包含想要获得社会的承认。欧洲性格的父亲要求服从。然而，某人的父亲是帮助还是阻碍孩子成为与自己不一样的人这一点并不是重要的问题。重要的是，为了成为美国人，就必须否定作为模板或者权威的父亲。（在移民国美国）父亲并不是无所不知的人。一旦成为美国人，这种否定会一直持续。无论离迁移祖多远，美国人都会否定作为权威和模板的父亲。同时希望自己的儿子也能做到这一点（Gorer 1964: 31）。

229

果勒认为，有权威的人想要在美国被接受，就必须表现得“像个普普通通的儿子”。然而，20 世纪 40 年代，有三个人通过强大的权力打破了这一规则。这就是罗马教皇、苏联的斯大林和日本的裕仁天皇（Gorer 1964: 31）。

受到精神分析学很大影响的果勒认为，养育孩子的方式与性格的形成之间有着直接的因果关系。他认为，美国父母可能犯的最大错误是把孩子养得“很娘”。果勒对这个不太好听的词汇的定义是“表现出不适合某一场所的依赖心、恐惧感、欠缺积极性的姿态、被动性的人”（Gorer 1964: 85）。在他的观察下，无论男女老少，这种烙印潜藏于所有的美国人身上。正因如此，他们常常施加压力让孩子们充满旺盛的独立心。“反抗权威就是独立心的证据，表明在向一个男人成长。不这么做，就是成为娘娘腔的不吉利的预兆”（Gorer 1964: 102）。

果勒是在第二次世界大战结束不久后说下这些话的。我们 230
很难说他的观点是否妥当，但是，他的观点也在其后来到美国的外国人类学家的著作中有所体现。其中一个就是中国出生的、曾担任美国人类学会会长的许烺光（Francis Hsu）。在"美国的核心价值与国民性"（1961）一文中，他将自我依存定位为美国的基本价值观。

> 在美国社会，对于依赖的恐惧感是很强烈的，不能自立的人是敌人。"依赖性格"是一个贬义词，人们通常认为被这样评价的人是需要去看精神科医生的（Hsu 1970: 239）。

多少有些夸张，但是这个说法表明了为什么土居健郎的《依赖的结构》（*The Anatomy of Dependence*，1971）在美国的有识之士之间造成了很大反响。日本人的二元性使得本尼迪克特感到错愕，"依赖"这个词汇所表现出来的对于依赖的欲求，在日本这不仅是人生的现实，而且因为依赖对方的好意需要作为成人的经验与判断，所以依赖其实是社会性成熟的标志，这样一个事实对于美国人来说就是"不可思议的事情"。依赖理论在美国引起的兴奋，其实就是称赞独立心的美国式禁欲部分在外界的一种“投射”[1]。

231

六、逆向民族志在民族志三角结构中的位置

本章认为本尼迪克特的经典日本人论其实可以作为美国人论来看。笔者提倡将这种尝试称作“民族志的逆向理解”或者“逆向民族志”。这种逆向理解不容易，而且书写者的文化前提通常都是看不见的，并不是总能够做到逆向理解。从这一角度来讲，《菊与刀》同时揭露了描述者与被描述者的文化，能够做到这一点的民族志不多。但是，考虑到做异文化研究必然少不了参照自文化，所以逆向民族志的书写总是有可能的。

第一章中论述到，作为一个著作种类的民族志由“书写

---

[1] 土居的依赖理论在美国引起强烈反响的原因如下。首先，“依赖”所表现出来的对于依赖的欲求在成年人的世界，就好像是幼儿时期对于来自母亲的爱、保护、拥抱的无意识欲求的表现。这在人类社会是很普遍的情感，在西方精神分析学方面，埃里克·弗洛姆（Eric Fromm）在《弗洛伊德思想的伟大与界限》（1980）中认为这相当于“对于无法无天的孩子的憧憬”（Fromm 1980: 29）。然而，在以自我依存为理念的美国社会，通常这种依赖欲求是被遏制的。自控意味着将反社会欲求关闭到无意识领域。但是，一旦他们接触到来自日本的依赖理论，自控部分就突然得见天日，就好像被“归还”，幼年时期的无忧时光重回记忆。这会引起强烈的不安，美国人带着不安与兴趣来接触依赖理论。有关这一点请参考拙著（Kuwayama 1996: 173）。英语圈中的学者弗兰克·约翰逊（Frank Johnson）认真地验证了依赖理论（Johnson 1993）。

者”“被描述者”“读者”三方构成。从本章的脉络来讲，书写者是本尼迪克特，被描述者是日本人，《菊与刀》的读者包括四类：①与作者同属一个语言文化圈的人，也就是美国人；②被调查被书写的本土人，也就是日本人；③本土的人类学家，也就是在日本做人类学的人；④既不是书写者也不是被描述者，也就是日美以外的人。这里要注意的是，本尼迪克特把日本人当作描写的对象，所以第二类读者和第三类读者成为一体，《菊与刀》超越了人类学这一学问框架，受到广泛讨论。现在，已经很少有人在做国民性研究，但从社会影响的角度来讲，国民性研究是有一定好处的[1]。本章所尝试的是，作为被描述者的“我”“写回给”书写者本尼迪克特。可能是多少有些奇怪的说法，这不是书写文化（writing culture），而是返写文化（writing BACK culture)。

使得民族志的逆向阅读成为可能的因素之一是近年人类学中出现的两大变化。一个是作为民族志读者的本土人的出现和本土人类学家增加导致的国际影响力的增加。以前，本土人只　232

[1] 本尼迪克特时代盛行的国民性研究因研究对象规模、理论困难等问题，现在基本上已经被放弃了。特别是，后现代主义影响很大的20世纪80年代中期以后，人们都不正眼去看国民性这样宏大的叙事。不过，第四章“柳田国男的‘世界民俗学’再考”中我们也讲道，以国为单位的思考、实践并非毫无意义。人类学以特定时间、特定地点的田野调查为基础，其研究成果自然就会倾向于“特定”的人群。因此，不做到某种程度的一般化——也可以说是将大宇宙看作小宇宙的尝试，读者就会被极度限定在某个范围内。这就使得人类学这个学问的社会基础变弱，甚至可能消失。

是研究对象，很难参与人类学的学术研究。当然，田野调查中，他们作为报道人和“当地的伙伴”起到了很大作用。但是调查后的事情——资料的分析、调查结果的报告、与出版社进行交涉、博物馆展示、大学讲座等，他们所能参与的范围受到极大限制。实际上，这是本土人一直很不满意的事情。然而，如本书第一部分中反复讨论的那样，这种情况现在发生了根本性的变化。

《菊与刀》于1948年被翻译成日语，之后本尼迪克特受到各种领域的不同研究者的评判。这些内容被作为特集收录于川岛武宣、南博、有贺喜左卫门、和辻哲郎、柳田国男这些代表当时日本学术动向的知识分子所编写的《民族学研究》（1950年第14卷第4号）中的“鲁思·本尼迪克特的《菊与刀》带给我们的”部分，这恐怕是最初的也是最正式的评论。其中有褒有贬，还有嘲讽，就像直到现在依然有无数的批判一样。《菊与刀》中有关于日本的事实误判和错误，受到批判也是情理中的事，但问题是，这些评判的前提是本尼迪克特描述了日本这一行为。

本章中笔者尝试的是，在这个大前提上打一个括号，探讨本尼迪克特的日本描写背后的事情。开头处说到，她的修辞性战略的特点在于将“不可思议的他者”与“司空见惯的自己”进行对比。因此，隐藏“他们”的部分、关注“我们”的部分的话，《菊与刀》就不是日本人论而是美国人论。作为逆向民族志，笔者提示的美国人形象就像把照片的正相变成负相一样。换言之，笔者提倡的是，有关某种异文化的民族志叙述，是以异文化为借鉴的自文化描述。如此一想，《菊与刀》中被描述的人（= 日本人）的工作不是把书写者（= 本尼迪克特）提示的他者形象（= 日本人形象）作为自画像（= 日本人形象）来仔细讨论，而是找出文本中埋藏的书写者的自我形象（= 美国人形象），并将其“返写”给书写者。

233

以上不是为了解构而解构的表面尝试。本章是一种在民族志描写者与被描写者之间建立平等伙伴关系、创造真诚的对话空间的实践。研究异文化的人类学家的使命并未截止于从田野返回后书写调查结果时，而是从踏入他者土地的那一瞬间，我们和他们的双向对话就已开始，就像《菊与刀》所显示的那样，一直持续到书写者进行这次旅行之后的很久时代。这种没有终点的旅程中，“我们”被“他们”书写，“他们”被“我们”书写。于是，真正的学术交流开始了。

第八章　美国教科书中的日本——照片与文本

本章是全书最后一章，我们重点讨论美国的文化人类学教科书（概论性书籍）是如何书写日本的，特别是其图像的使用方法。美国教科书产业发达，仅文化人类学，2000 年至少有20本主要的教材面世[1]，其中很多隔几年就要重新修订。虽

[1] 2000 年面世的教科书，笔者得到的有如下 21 本（以作者名的首字母为序）。(1) Richard A. Barrett, *Culture and Conduct: An Excursion in Anthropology* (2nd ed.), Belmont, California: Wadsworth Publishing, 1991. (2) Daniel G. Bates and Elliot M. Fratkin, *Cultural Anthropology* (2nd ed.), Boston: Allyn and Bacon, 1999. (3) Paul Bohannan, *We, the Alien: An Introduction to Cultural Anthropology,* Prospect Heights, Illinois: Waveland Press, 1992. (4) Richley H. Crapo, *Cultural Anthropology: Understanding Ourselves and Others* (4th ed.), Guil-ford, Connecticut: Brown and Benchmark Publishers, 1996. (5) Carol R. Ember and Melvin Ember, *Cultural Anthropology* (9th ed.), New Jersey: Prentice Hall, 1999. (6) Gary Ferraro, *Cultural Anthropology: An Applied Perspective* (3rd ed.), Belmont, California: Wadsworth Pub-lishing, 1998. (7) Marvin Harris, *Culture, People, Nature: An Introduction to General Anthro-pology* (7th ed.), New York: Longman, 1997. (8) Marvin Harris and Orna Johnson, *Cultural Anthropology* (5th ed.), Boston: Allyn and Bacon, 2000. (9) William Haviland, *Cultural An-thropology* (9th ed.), Fort Worth, Texas: Harcourt Brace College Publishers, 1999. (10) Roger M. Keesing and Andrew J. Strathern, *Cultural Anthropology: A Contemporary Perspective* (3rd ed.), Fort Worth, （转下页）

说只是教科书，但是它们不仅在学生中有很大的影响力，而且因为记载了很多在学界中受到支持的见解，所以不容小觑。然而，不可思议的是，对教科书中有关异文化的表述却几乎没有什么研究，这倒是一件不可思议的事情。下面以日本为例来思考这个问题。

一、研究的个人背景

241

如果是专业书籍或者学术论文，作者一般不太言及研究动

（接上页）Texas: Harcourt Brace College Publishers, 1998. (11) Conrad P. Kottak, *Anthropology: The Exploration of Human Diversity* (7th ed.), New York: McGraw-Hill, 1997. (12) Conrad P. Kottak, *Cultural Anthropology* (8th ed.), New York: McGraw-Hill, 2000. (13) Serena Nanda and Richard L. Warms, *Cultural Anthropology* (6th ed.), Belmont, California: Wadsworth Publishing, 1998. (14) James Peoples and Garrick Bailey, *Humanity: An Introduc-tion to Cultural Anthropology* (5th ed.), Belmont, California: Wadsworth Publishing, 2000. (15) Richard H. Robbins, Cultural Anthropology: A Problem-Based Approach (2nd ed.), Itasca, Illi-nois: F. E. Peacock Publishers, 1997. (16) Abraham Roseman and Paula G. Rubel, *The Tapestry of Culture: An Introduction to Cultural Anthropology* (6th ed.), New York: McGraw-Hill, 1998. (17) Emily A. Schultz and Robert H. Lavenda, *Cultural Anthropology: A Perspective on the Human Condition* (2nd ed.), Mountain View, California: Mayfield Publishing, 1998. (18) Ray-mond Scupin, *Cultural Anthropology: A Global Perspective* (4th ed.), New Jersey, Prentice-Hall, 2000. (19) Raymond Scupin and Christopher R. DeCorse, *Anthropology: A Global Per-spective* (3rd ed.), New Jersey: Prentice Hall, 1998. (20) Ernest L. Schusky and T. Patrick Cul-bert, *Introducing Culture* (4th ed.), New Jersey: Prentice Hall, 1987. (21) Sheldon Smith and Philip D. Young, *Cultural Anthropology: Understanding a World in Transition*, Boston: Allyn and Bacon, 1998.

机，读者也并不期待这些事情。但是，在此笔者还是想就自己分析教科书的原因做一些说明。

笔者从东京外国语大学（英美语学科）毕业后，经历了一些曲折后继续在该大学研究院学习（地域研究科）。硕士课程结束后，很幸运地获得富布赖特奖学金的资助前往加利福尼亚大学洛杉矶校区（UCLA）的研究院留学，接受了人类学专业训练。获得博士学位后，在南北战争时期南军的首府弗吉尼亚州里士满市弗吉尼亚联邦大学担任助理教授（1989–1993)。刚就职就在每个学期承担文化人类学概论的课程，仔细翻阅几本教科书后，决定使用南达（Serena Nanda）的《文化考古学》（*Cultural Anthropology*，第三版与第四版分别出版于 1987 年和 1991 年）。开始讲课不久后，很多出版社寄来教科书的样本，还有一些销售员直接找到研究室来。最初决定不加理睬，后来有空的时候就翻一翻，结果注意到两件事情。

第一，美国的亚洲研究成果丰硕，但是极少涉及日本以及东亚。而非洲、埃塞俄比亚、拉丁美洲、北美（主要是原住民）则常被提及。人类学知识有着地域的偏向，这一点在此得到体现[1]。

---

[1] 有关英国的情况请参照库珀（Adam Kuper）的《考古学与考古学家》（*Anthropology and Anthropologists*，1983)。根据 1981 年进行的调查，英国人类学家研究的地域，按照频率来列举为撒哈拉以南的非洲、英国、印度与尼泊尔、欧洲大陆、东南亚、中东与北非、美拉尼西亚与波利尼西亚、中南美、北极与北大西洋、加勒比海（Kuper 1983: 206–210）。该调查中并不包含东亚，20 世纪 80 年代初期，Joy Hendry、Brian Moran 开始了日本研究。

第二，日本难得登上教科书，也是被描述为与西方完全不同的奇异人类。例如，照片中多数日本女性穿的不是现在日常生活中穿的洋服，而是和服。和服确实是日本传统文化的一部分，但是为了保持新旧平衡，我们是不是应该兼顾和服与洋服两方面呢？本来，和服（特别是振袖、小袖）在美国的媒体中是与艺妓形象联系在一起的，驱动了美国男性的性好奇心。什么说明都不附加而将其放入教科书，不仅不会促进异文化理解，反而还会增加误解。如此我们就会发现，人类学教科书中异民族形象的定型化充分显示了文化表述中普遍潜藏的问题。 242

图 8-1　美国文化人类学的教科书

注释：美国大学使用的教科书多为大开本，400–500 页的空间里挤满了小小的字，还会加入很多漂亮的照片和插图。

243

二、美国人类学中的日本

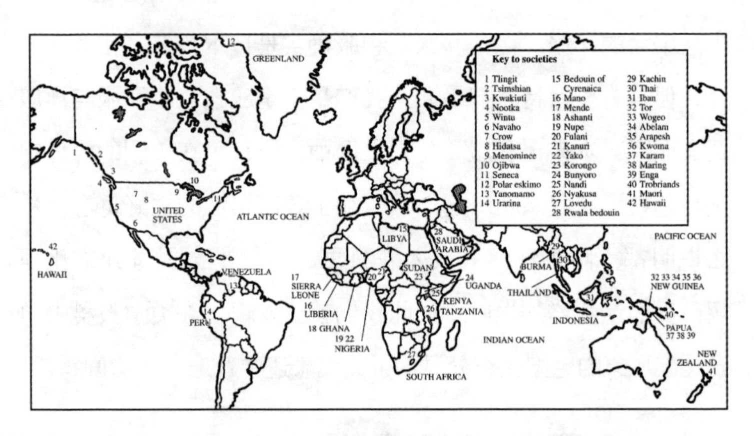

图 8-2　美国人类学中的“世界”地图

资料来源：Rosman and Rubel 1998: 2–3（Kuwayama 2004 中重新制作）。

图 8-2 是一本教科书中刊载的“世界”地图（Rosman and Rubel 1998: 2–3）。其象征性地展示了美国人类学中日本以及东亚各国的周边性位置。如图所见，书中出现的民族名称表完全覆盖了这一区域。或许，日本及周边区域根本就不在作者和阅读这些书的年轻美国学生的头脑中。就好像在说，人类学的世界认知与东亚无关一样。这虽然是一个极端的例子，但是其他教科书中也有类似的状况。

东亚的周边性也可见于美国人类学整体。美国人类学会的年会中，有关日本分会的时间总是被安排在不太方便的时段，这就是一个典型的边缘化现象。美国人类学会号称有超过一万人的会员数量，是世界最大的人类学会，通常年会都在 11 月下旬左右（某周的星期三到星期日的五天时间）举行。遗憾的是，日本相关分会通常都被安排在出席率最低的第一天和最后一天，分配使用的房间也很小。表明东亚在该学会中存在感单薄的另一个指标是东亚研究专家的部门设立时间非常晚。美国人类学会除了文化、社会人类学以外，还有体质人类学和考古学，分为若干个部门（2008 年秋天截止有 38 个部门）。历史最悠久的部门美国民族学会有百年以上的历史，而东亚人类学会直到 2000 年才设立[1]。

244

三、对美国人类学教科书的内容分析

以下讨论建立在对 20 世纪 90 年代前后出版的 19 本教科书（表 8-1）的分析基础上。其中大部分后来都修订过，所以也参考了最新版，实际上各版的差异并不是那么重要。之所以这么说，是因为美国大学的教科书有着巨大的二手市场（很多学生会卖掉上个学期的教科书，并购买新学期的教科书），如果数年不修订的话，书就卖不出去了。因此，新版与旧版的差别主要就是书的设计、页码的版面设计、照片的选择等。也就

[1] 东亚人类学会成立以前，作为部门被承认的地域有非洲、中东、欧洲、北美、拉丁美洲。现在，美拉尼西亚部门还有再下一级的“关心团体”。有些地方还没有部门或关心团体，主要集中在亚太地区及俄罗斯。有关俄罗斯，图 8-2 里除了莫斯科近郊以外，基本上都被遮盖住了。这表明因为冷战的原因，俄罗斯不在美国人类学的研究范围。

是说，修订不是因为学术理由，而主要是因为商业理由，十余年间的变化并不大。当然，也有像南达在修订时采用新的作者进行大幅修改的情况（桑山 2001），但除了这些例外，至于内容本身，知道旧版的就足够了。

245

表 8–1　成为分析对象的美国文化人类学教科书

(1) Barrett, Richard	1991	*Culture and Conduct: An Excursion in Anthropology* (2nd ed.). Belmont, California: Wadsworth Publishing.
(2) Bates, Daniel G., and Fred Plog	1990	*Cultural Anthropology* (3rd ed.). New York: McGraw-Hill.
(3) Bohannan, Paul	1992	*We, the Alien: An Introduction to Cultural Anthropology*. Prospect Heights, Illinois: Waveland Press.
(4) Crapo, Richley H.	1993	*Cultural Anthropology: Understanding Ourselves and Others* (3rd ed.). Guilford, Connecticut: Dushkin Publishing.
(5) Ember, Carol R., and Melvin Ember	1990	*Cultural Anthropology* (6th ed.). Englewood Cliffs, New Jersey: Prentice Hall.
(6) Ferraro, Gary	1992	*Cultural Anthropology: An Applied Perspective*. St. Paul: West Publishing.
(7) Harris, Marvin	1991	*Cultural Anthropology* (3rd ed.). New York: Harper Collins.
(8) Harris, Marvin	1993	*Culture, People, Nature: An Introduction to General Anthropology* (6th ed.), New York: Harper Collins.
(9) Haviland, William	1993	*Cultural Anthropology* (7th ed.). Fort Worth, Texas: Harcourt Brace Jovanovich.

续表

(10) Howard, Michael C., and Janet Dunaif-Hattis	1992	*Anthropology: Understanding Human Adaptation*. New York: Harper Collins.
(11) Kottak, Conrad Phillip	1991	*Cultural Anthropology* (5th ed.). New York: McGraw-Hill.
(12) Nanda, Serena	1991	*Cultural Anthropology* (4th ed.). Belmont, California: Wadsworth Publishing.
(13) Oswalt, Wendell H.	1986	*Life Cycles and Lifeways: An Introduction to Cultural Anthropology*. Palo Alto: Mayfield Publishing.
(14) Peoples, James, and Garrick Bailey	1991	*Humanity: An Introduction to Cultural Anthropology*. St. Paul: West Publishing.
(15) Robbins, Richard H.	1993	*Cultural Anthropology: A Problem-Based Approach*. Itasca, Illinois: F. E. Peacock Publishers.
(16) Rosman, Abraham, and Paula G. Rubel	1992	*The Tapestry of Culture: An Introduction to Cultural Anthropology* (4th ed.). New York: McGraw-Hill.
(17) Schultz, Emily A., and Robert H. Lavenda	1990	*Cultural Anthropology: A Perspective on the Human Condition* (2nd ed.). St. Paul: West Publishing.
(18) Scupin, Raymond, and Christopher R. DeCorse	1992	*Anthropology: A Global Perspective*. Englewood Cliffs, New Jersey: Prentice Hall.
(19) Schusky, Ernest L., and T. Patrick Culbert	1987	*Introducing Culture* (4th ed.). Englewood Cliffs, New Jersey: Prentice Hall.

1. 不同类目的表述频率　246

表 8-2 是上面提到的 19 本教科书中如何表述包括阿伊努族等少数民族在内的日本的分项表格。美国文化人类学的教科书通常由以下 16 个类目构成：人种、史前史、语言、生

计、经济、婚姻与家庭、亲属、性别、阶级、政治与法律、心理·社会化·教育、宗教、艺术、文化变迁、应用、其他[1]。这一部分为了调查教科书中哪里提及了日本，主要利用了人名搜索和事项搜索的方法。而事项的分类则是依据著者本身的分类来进行。例如，家（IE）不在“亲属”一章而是在“婚姻与家庭”中被论及的情况下，就将其分类到“婚姻与家庭”部分中。只不过，分类本身也有困难而且是随意的，所以表8-2也就是表示一个大体的倾向而已。

为了调查每个类目的表述频率，笔者设定了以下三个范畴。①文本表述：仅用文字描写日本，没有照片或者其他的图像（占比约68%）。②文本和照片双渠道下的表述：文字描述下的日本，旁边附有照片（占比约8%）。③照片表述：虽然使用了日本的照片，但是教科书文本里并没有特别提及日本（占比约24%）。

图8-3是“照片表述”的典型。文中并没有提及日本，但是为了说明特定的主题而使用了日本人的照片。这种表述方式约占总体的四分之一，这一事实表明，对于美国人来说日本人的“他者性”更多地表现在外表上。后文也会讲到，美国地理

[1] 很多美国大学采用的是十五周的学年制度，这种形式便于教学安排。课本章节的排列多为本文中说明的顺序，即从可视的向不可视的排列。这种排列是重复哈里斯提倡的文化唯物论（更为宏观的建立在生计分类基础上的进化论模式）的做法。现在，象征论和解释论在人类学家之间的影响力很大，而教科书层面的唯物论和进化论的攻势由此显得十分有趣。

教育中发挥重大作用的《国家地理》(*National Geographic*) 中有很多漂亮的图片，日本也频繁出现在这本杂志中，这说明在美国，日本的“可视性”更为重要[1]。

表 8-2　美国文化人类学教科书中的日本表述分类

类目	频率（次数）			
	文本表述	文本与照片的表述	照片表述	整体（%）
人种	5	2	1	8（6.0%）
史前史	1	1	0	2（1.5%）
语言	11	1	3	15（11.3%）
生计	1	0	3	4（3.0%）
经济	5	0	6	11（8.3%）
婚姻与家庭	9	1	4	14（10.5%）
亲属	0	0	1	1（0.8%）
性别	3	0	1	4（3.0%）
阶级	7	1	0	8（6.0%）
政治与法律	2	0	1	3（2.3%）
心理·社会化·教育	16	2	3	21（15.8%）
宗教	4	0	3	7（5.3%）
艺术	2	0	2	4（3.0%）
文化变迁	7	0	3	10（7.5%）

[1] 20 世纪 50 年代到 1986 年，《国家地理》作为特集而表象的国家中，出现频率最高的是日本。该杂志采用的特定国家的出现次数也是日本第一（Lutz and Collins 1993: 120）。

续表

类目	频率（次数）			
	文本表述	文本与照片的表述	照片表述	整体（%）
应用	4	2	1	7（5.3%）
其他	13	1	0	14（10.5%）
总计	90（67.7%）	11（8.3%）	32（24.1%）	133（100%）

248 表8-2十分清楚地表明，在16个类目中，日本最频繁地出现的是心理·社会化·教育部分（15.8%），接着是语言（11.3%）、婚姻与家庭（10.5%）。由于篇幅关系，我们无法对所有类目进行说明，此处仅对如上三项进行阐述。

图8-3 “照片表述”的典型

注释：这张照片出现在“文化变迁”章节。照片的说明是“日本的女性也开始吃冰淇淋了，但还没有接受洋服”。或许，笔者是被穿着和服的老婆婆吃着西方进口的冰淇淋的光景所吸引了吧，但文章中什么说明都没有，其原因不得而知。

资料来源：Ember and Ember 1990:322。

2. 心理・社会化・教育

在这一类目下，有关日本的表述很多，这与本尼迪克特的《菊与刀》有很大关系。如上一章所述，这本书从心理学角度来分析日本的国民性，教科书中近一半的文本表述都是有关本尼迪克特的。

探索“国民性”是“文化与人格”学派的重要学术内容。249其中包括明晰异民族精神特征的实践。第二次世界大战后，国民性研究受到重视，美国政府为了了解交战国的心理特点而利用了人类学。其中影响最大的是本尼迪克特的《菊与刀》(1946)。这本书对于维持战后日本的天皇制也起到了很大作用(Howard and Dunaif-Hattis 1992: 368–369)。

“心理・社会化・教育”领域中，日本频繁出现的另外一个原因是，现在称作“心理人类学”的“文化与人格”学派有着丰厚的日本人的人格与自我相关研究积累。这一领域的主要课题是“西方的个人主义”与“日本的集体主义”的对立，日美之间棒球的差异是经常被使用的例证。

日本人与美国人一样重视竞争与成功，日本人的竞争存在于集团之间而不是个人之间，对于团队的忠诚胜于个人能力的张扬。评论家怀汀（Robert Whiting）比较了日美棒球的模式，发现在日本无论是多么优秀的棒球选手，如果缺乏团队精神，威胁到了团队的和谐，就有可能被“抹杀”。怀特认为日美之间个人主义与协调精神的差异可总结如下。现在，美国十分尊重个性，是一个以“我行我素”为座右铭的国家。而在日本，日语中的“个人主义”是带有污点的，别说“我行我素”不可以，甚至还有“枪打出头鸟”这样的谚语。这是日本的国民座右铭（Crapo 1993: 374–375）。

250

这种简单的二元对立分析在近年的日本研究专家中受到质疑，很多教科书都很慎重地使用相关内容。例如，提出文化唯物论的哈里斯（Marvin Harris）论述如下。

> 日本政治经济之执牛耳者，一部分精英阶层长久以来一直提倡并称赞集体精神的美德、对于企业和国家的忠诚、对于权威的家族主义式追寻。然而，也正因为这个原因，我们常常忽视了社会纠纷往往也是日本传统一部分的事实。（中略）有时，这种伴随暴力的抗议表现在各种防公害运动、环境保护运动、学生运动、消费者运动、废弃核武器运动、防噪音运动、持续十余年的农民反对成田机场扩建运动等之上（Harris 1993: 378, Harris 1997: 362）。

3. 语言

日语有三个主要特点，即文字、敬语、独特的非语言交际。首先看文字，对于美国人来说，日本人使用汉字所表现出来的他者性比想象中还要强烈，教科书中汉字的照片非常显眼。在美国都市街角，经常能够看见穿着带有汉字图案T恤的人，可以说这也是一种类似的现象。以下表述强调了汉字与阿拉伯字母之间的差异。

> 世界上没有几个国家像日本这样，盲人比视力正常的人在学习方面更有优势的了。盲人学生学习用盲文读写，一般的学生要学习数以千计的汉字需花费很多的时间，而盲人学生则不用（Barrett 1991: 108–109）。

不可思议的是，美国教科书中基本没有日语假名的相关叙述。假名是汉字的缩略形式，或许对于美国人来说没有多大的“异国风情”，基本上都被忽略了。但是，就像紫式部的《源氏物语》一样，假名在平安时代出现的女性文学中发挥了重大作用。在后世，平假名的普及也大大提高了普通老百姓的识字率（纲野 1990）。

251

日语的另外一个特点是敬语，通常在演讲时使用，也有性别差异。

> 日语与韩语中都有敬语，讲话人通过使用不同的动词和称呼语来表现敬意、郑重、日常性。情境的不同是通过年龄、性别、社会属性、与某一特定集团的疏远程度等表现出来的（Scupin and DeCorse 1992: 200, Scupin and DeCorse 1998: 261, Scupin 2000: 111 ）。
>
> 关于日语，男性用语和女性用语差别很大，甚至有专家认为敬语就是“真正的”女性用语。与马达加斯加

语不同，日语中女性用语的特点就是郑重表现的地方较多（Rosman and Rubel 1992: 53, Rosman and Rubel 1998: 59）。

有关日本人的非语言交际，鞠躬是最引人注目的。其中一个原因可能是好莱坞电影的影响，影片中总是能够看见日本演员像膜拜一样深深地弯下腰去鞠躬。很多日本的大联盟成员也是这样来回应观众支持的，这可以说是符合通过好莱坞电影接触到日本人的美国人对于日本人期待的表演。典型的记述如下：

252

> 非语言交际是社会互动的一个重要方面。日本人的鞠躬与美国人的握手一样，谁都明白的动作在特定的脉络中有着深远的象征意义。非语言交际的研究不仅使得我们加深了对于人类的了解，还促进了对于异文化的理解（Scupin and DeCorse 1992: 202, Scupin and DeCorse 1998: 264, Scupin 2000: 114）。

如上记述旁边还添加了一张三位日本女性喝茶的照片，请注意她们穿着和服鞠躬的姿态（图 8-4）。

图 8–4　日本人的非语言交际

注释：这张茶道照片的说明是："相互鞠躬的日本人。这种行为表达的是敬意。"对美国人来说，和服、茶道、鞠躬和榻榻米是他们最熟悉的日本的文化指标。

资料来源：Scupin and DeCorse 1992:202。

4. 婚姻与家庭　　253

这个类目中最受关注的是相亲。结婚并不是由个人而是由近亲决定的，日本和中国是典型。相亲通常被用于与理想化的西方恋爱结婚相比较。

> 在很多社会，婚姻是由自己以外的人决定的，比如说亲人或者媒人。有时甚至在孩提时代就已经定下了结婚对象。比如说印度、中国、日本、东欧、南欧等。在这样的国度和地区，人们认为，婚姻意味着两个亲属集团结合形成一个新的社会经济关系，所以个体是不能自由恋爱或者选择结婚对象的（Ember and Ember 1990:185, Ember and Ember 1999: 168）。

有关这一说明后附加的照片“媒人祭司”（图 8-6），后文再述。

很多教科书对日本的婚姻变化进行解说的着力点还是在于传统价值的存续上，例如下文。

> 随着日本社会产业化的进行，自由恋爱会影响到结婚对象的选择，现在很多日本人都自己选择恋爱对象。但是，如人类学家亨得利（Joy Hendry）指出的那样，恋爱结婚直到现在还是受到质疑，因为认为恋爱结婚会影响有关结婚的具体的重要事项、不符合（恩义所代表的）对于父母的传统责任和义务的观念。在很多情况下，在这样一个高度发达的社会里依然有着“相亲”名义下的婚姻抉择（Scupin and DeCorse 1992: 362, Scupin and DeCorse 1998: 416, Scupin 2000: 269）。

254

有关家庭生活，经常出现的是对家（英语中通常写作 the *ie*）的介绍，但是跟相亲比的话，关注度较低。有意思的是，日本在“婚姻与家庭”类目中经常出现（10.5%），但是在“亲属”类目中则很少被提及（0.8%），在表 8-2 所列的 16 个类目中也是出现频率最低的。这与分类的随意性自然有一定的关系，但从对于美国人来说的他者性角度出发也可以对此做出说明。

也就是说，相亲结婚对于美国人（至少是美国主流社会）

来说很少见，所以是一种奇特的惯习［其实，历史上西方的恋爱婚姻也是很晚近的现象（Shorter 1975），这里暂且不提］，而日本的亲属组织跟西方的有很多相似点，所以不是很受关注。例如，亲属名称方面，日本与西方相同，都是爱斯基摩式的，叔舅姑婶堂表兄弟姐妹都不会去区分父方还是母方。继嗣也是如此，日本与西方都采用双系继嗣制（不过由本家和分家构成的同族偏重父系）。极端地讲，日本的亲属对于美国的读者来说他者性很低，不值得特别关注。如此，人类学教科书中一方面对于异质的他者进行多彩而详细的描述，一方面又经常忽视与自己相近的人和事物。

最后谈一谈“艺术”。日本的艺术在世界受到较高的评价，人类学教科书中却很少提及。表 8-2 显示，谈及日本的一共 133 处，艺术相关只有四处（占比 3.0%），这种情况与外国观光客用的导游书形成鲜明对比。例如，索斯诺斯基（Daniel Sosnoski）编辑的《日本文化介绍》（*Introduction to Japanese Culture* 1996）中，整整一章的版面都给了艺术，茶道、花道、陶瓷器、日本画、书道、邦乐、歌舞伎等标题用罗马字清晰地标示出来，上面还添加了很多彩色照片。可以说，基本上没有不提及日本传统艺术的外国人用导游书。

255

或许，有关艺术记述很少的原因在于，人类学将研究重点放在普通老百姓而不是精英之上。重视普通老百姓的态度来源于将文化作为民族生活模式来理解的人类学框架，所以比起高级艺术，可能更偏重于民众艺术。实际上，索斯诺斯基提及的很多日本艺术都是有钱阶层练习的事情。当然，追溯至江户时代，会发现对其发展起着主要作用的是町众，也就是普通老百姓，但是现在则主要是精英阶层在享受，考虑到这一事实，才会从人类学的教科书中被省略掉了吧。仔细看一看照片的利用方式我们会发现，这种表象有个奇妙的“歪曲”。在图 8-4 和后面提到的图 8-5 中，我们可以明显看到日本的艺术（特别是穿和服的日本女性的茶道）的照片总是作为“基底”被频繁用于其他类目当中。有关这一点，我们在下一节详细探讨。

四、照片的使用

美国人类学教科书中对于照片的使用因下面两个原因而值得探讨。第一，表 8-2 明确显示，在 133 次的日本表述中，32 次（占比 24.1%）是“照片表述”。加上“文本表述与照片表述”（11 次，占比 8.3%），合计 43 次，占比达到 32.3%（四舍五入）。为什么要用这么多的照片？给读者怎样的影响？我们必须回答这些疑问。其次，频繁使用照片是美国人类学教科书非常重要的特点之一，同属英语圈的英国教科书（如 Hendry 1999）中则很少见这种现象。将异民族的照片展示于书本中的行为与民族学博物馆中展示异文化的物质有着异曲同工之妙。以下以上面提到的三个类目为核心来进行讨论。

256

首先，在“心理 · 社会化 · 教育”方面，本尼迪克特的

《菊与刀》给有关日本的表述以极大影响。如第七章论述的那样，本尼迪克特的关注点在于日本人性格的双重性，简单总结如下。“日本人生性极其好斗而又非常温和，黩武而又爱美，桀骜自尊而又彬彬有礼，顽固不化而又柔弱善变，驯服而又不愿受人摆布，忠贞而又易于叛变，勇敢而又懦弱，保守而又十分欢迎新的生活方式。”[1] 这种双重性很好地体现于图 8-5。两者都是受到好评的哈维兰（William Haviland）的《文化人类学》（*Cultural Anthropology*, 5th ed., 1987）中刊载的内容，日本人的审美性表现在穿着和服的日本女性的茶道，军事性则体现在旧日本军的万岁欢呼之上。这两个形象可以说是相当于本尼迪克特的“菊”与“刀”。

图 8–5　日本人性格的双重性

注释：这两张照片象征了本尼迪克特在《菊与刀》中论述的日本性格的双重性。

资料来源：Haviland 1987: 131。

---

[1] 作者译自 Benedict 1946: 2。译者引自〔美〕鲁思·本尼迪克特:《菊与刀——日本文化的类型》，第 2 页。——译者

另外，还有两点需要注意。第一点，如上两张照片有着性别的区分。日本人的审美观、温和、懦弱、忠贞是与女性形象联系在一起的，而男性则是军事性、好斗、勇气、黩武等的象征。这种极端的形象由来已久，特别是在媒体表象中更是如此，日本人的华丽与残忍各由艺妓和武士来“代言”（江渕 1992，Johnson 1988）。第二，照片中出现的多为女性。这暗示着美国男性从日本女性身上感受到的性魅力。例如，明治时代来日的西方日本文化代言人小泉八云（Lafcadio Hearn）与日本人结婚并归化日本，是一个亲日派；实际上他跟现在很多美国男性一样，一方面憧憬日本女性，一方面藐视日本男性，他这样表达这种情感：“日本文化的最高杰作是日本女性，而最丑陋的是日本男性。”这种态度中包含“他者的女性化”的问题，常见于政治性强势群体对弱势群体的描述。考虑到在近现代史中，“东洋女子”会引发西方男性的性幻想这一事实，美国主导的统治日本的欲望可以说既是政治性的也是性的。有关这一点后文详述。

258

我们先回顾图 8-4 中的照片，穿着和服的两位女性优雅端庄地鞠躬。中间放置的道具表明这是茶道的场景。对于日本人来说这种光景并不是日常行为，而对于不了解日本文化的人来说，这可能是日本人的日常生活。实际上这与好莱坞电影中的日本人形象一致，问题是有关鞠躬的刻板印象因为“鞠躬的日本人，这种非语言交际是敬意的表达”的说明而被强化[1]。外国人，特别是对于西方人来说，和服、茶道、鞠躬、榻榻米具备高度的他者性。海外非常熟悉的日本文化特征中最为戏剧性地表达了“我们”与“他们”的距离的正是这种“日本式指标”。这些确实是日本传统文化的一部分，这些照片并非捏造。但是，如果把特定的文化从整体脉络中抽离出来而过度强调，那么不仅会强化文化刻板的印象，还会拉大“我们”与“他们”的距离。结果是，他者更加奇妙，更加成为一个离自己很远的存在。

通过照片来建构异质他者的方法也可见于恩伯夫妇（Carol and Melvin Ember）的教科书中的照片（图 8-6）。这张照片是为了从视觉上“辅助”相亲结婚的说明，照片中两个日本男性穿着和服对坐在绘有古代宫廷贵族画像的屏风前。这张照片的说明是“日本的‘go-between’ priest 定日子，在很多社会都是由新郎和新娘以外的人进行重要的决定”（Ember and Ember 1990: 186）。这个 go-between 是“媒人”的英译词汇，priest 是“祭司”“神职人员”“神官”“僧

[1] 笔者在弗吉尼亚联邦大学工作的时候，一个年长的同人在与我打招呼时总是用好莱坞模式跟我鞠躬。这或许是他自己尊重异文化的表现，笔者对于这种刻板印象下的动作有一种违和感。有一天，他还是这样跟我打招呼，我就用跳马的姿势回应了他。他苦笑着说“好奇怪”，然后就离开了。实际上这正是我想对他说的话，因为那深深的好莱坞式鞠躬就好像我的“跳马”一样奇怪。

259 侣”等的意思。也就是说，作者把图 8-6 中的男性视作“媒人祭司”，但是日本的媒人肯定不是祭司，他的说明只能是个笑话。并且，照片的设置看起来十分做作，其民族志的可信性让人不由生疑。

图 8–6　日本的“媒人祭司”这种人为的设置有损教科书的学术价值。

资源来源：Ember and Ember 1990: 186。

美国人类学教科书中使用的大多数照片都是“商业摄影师”的作品，与《国家地理》的照片一样，秀美且观赏性强，但作为民族志资料的价值低。编辑《人类学与照片 1860 年到 260 1920 年》（1992）的爱德华（Elizabeth Edwards）认为，到 20 世纪初为止，摄影是“人类学资料收集中集体行为的一部分”。然而，随着民族学博物馆和大学的人类学家逐渐分离，学科重点转向社会结构等不可视的现象的分析上，照片摄影变得边缘化了（Edwards 1992: 4）。或许，正是因为这种边缘化使得可供民族志使用的带有可信性的照片越来越少，导致教科书的编排对于商业照片的依赖性越来越强。一般而言，教科书中文字说明的质量都很高，但是原本作为视觉辅助的异民族照片（视觉表象）却越来越奇怪，上述因素是原因之一。

这种文本与印象的落差在图 8-7 中也有所体现。这张照片是斯库平（Raymond Scupin）与德科尔斯（Christopher DeCorse）的教科书中刊载的，与下面产业社会的核心家庭文本说明并置在一起。

> 商业化后期（特别是 20 世纪 60 年代以后），英国、西欧、美国、日本等社会中，人口减少趋势加剧。（中略）与高生育率更为有利的产业革命以前的社会形成对照，产业社会下，大家族并不是一件好事。养孩子的高费用是原因之一。性别关系的变化（女性外出工作、家庭规模的变化）等社会因素加剧了出生率的低下。（中略）有关避孕的知识、避孕工具的普及等使得家庭的规模受到限制（Scupin and DeCorse 1992: 351–353, Scupin and DeCorse 1998: 406–407, Scupin 2000: 259）

图 8-7 中的说明用一句话总结了上文，“日本这样的产业社会，大多数夫妇都倾向于核心家庭”。

图 8–7 现代日本的核心家庭之一

注释：说明上写有“日本这样的产业社会，大多数夫妻都倾向于核心家庭”，但是这张强调传统文化的照片对于美国学生理解现代日本社会是否有帮助呢？

资料来源：Scupin 2000: 260（同样的照片还见于 Scupin and DeCorse 1992: 353, 1998: 407）。

261 然而，看了这张照片，读者的印象恐怕不是现代日本的家庭，而是传统的日本家庭吧。使用这张照片的目的是从视觉上展现近代产业社会日本的样态，但为什么却要强调前近代的传统呢？只要是了解日本潮流的人都应该知道，照片中人的服装、发型都已经过时了。也就是说，问题在于文字、照片不配套，其主要原因在后者体现出的日本文化特征、物质（作为前面穿着和服的女性，作为背景的神社）之上。

图 8–8　现代日本的核心家庭之二

注释：说明上写着“悠闲的日本的核心家庭”。这张照片原本是要说明核心家庭更适应于产业社会日本。但是图片中人物服饰和其他物品却在强调着日本的传统。

资料来源：Harris and Johnson 2000: 125

同样的背离也见于哈里斯的《文化人类学》（*Cultural Anthropology*, 5th ed., 2000）。图 8-8 是“悠闲的日本的核心家庭”，但是请注意都穿着和服的样子[1]。妻子 / 母亲背后有佛龛，旁边还有浮世绘的挂轴，放在玻璃箱里的日本人偶、日式花瓶等，人偶前面还有一个火盆，还有现在都很少见的铁壶和火筷子。传统日本的东西被完美地放置在一起，这张照片不由　262

[1] 对于日本的读者或许不用说明，但其实照片中的和服是棉布做的浴衣。第二次世界大战后，和服逐渐没有了市场，到了 20 世纪 90 年代，年轻女性中流行穿着浴衣去看花火，使得和服人气扶摇直上（Wada 1996: 158）。也就是说，图 8-8 应该是近些年拍摄的作品，但是正流行的浴衣与火钵、铁筷子这些古董放在一起实在很奇怪。

得让人怀疑是一种作秀，也就是文化虚构。这样一张照片放在作为研究者深受好评的哈里斯的教科书的“家庭生活”一章的扉页上，实在让人觉得有些吃惊[1]。

上述日本核心家庭的例子有助于我们思考这样一个问题，那就是人类学教科书中照片的使用往往会带来意想不到的效果。文中的说明是，日本是产业社会，与前产业社会不同，大家族制度是没有好处的，这导致了核心家庭的增加。在这一点上，日本与西方一样，但是放置在旁边的照片反映的是传统日本社会，所以结果反而是强调了日本与西方的差异。换言之，日本虽然是可以与西方并肩的发达国家之一，实际上日本也与美国、英国、法国、德国、意大利、加拿大、俄罗斯同为 G8 成员，但因为是亚洲国家，瞬间就被排斥掉了。由此看出的是把“他们 = 日本”从“我们 = 西方”分离出去的无意识的东方主义欲望，这在隐藏在物质表层下面的精神世界领域尤为显著。并且，如图 8-7 那样古色古香的照片所展示的那样，“我们”与“他们”的隔绝体现在时间和空间双方面。日本是异质他者，原本与西方有着乔纳斯 · 费边（Johannes Fabian）在

[1] 哈里斯的《文化人类学》（*Cultural Anthropology*, 3rd ed., 1991）第八章“家庭生活”的第一页上有一张和图 8-7 相似的照片。那张照片里面，一位拿着相机、半蹲的日本父亲正在给穿着和服的母亲和孩子在明治神宫前拍照片。同一张照片还出现在哈里斯《文化、人类、自然》（*Culture, People, Nature*）的第六版（1993）与第七版（1997）中。另外要指出的一点是，屈膝弯腰的半蹲姿势在美国被视作东方人的特征。

《时间与他者》（1983）中提到的“同时代性”，但被作为观察者的西方给否定了。作为异质他者的日本，“他们 = 日本人”被封闭于时间上遥远的过去，空间上则生活在远离“我们 = 西方人”的 home 的田野中 [1]。

这种对于同时代性的否定也见于家庭以外的类目中的照片。例如，“文化变迁”中文本表象的焦点通常都是变身为经济大国的日本形象。尽管在 19 世纪以后日本发生了巨大的社会变迁，但是其仍然保持着自己的传统，很多文本都把日本作为一个例证近代化与土著文化可以同时并存的好例子来展示。但是，图 8-7、图 8-8 这种强调传统的照片，与其说是在描述文化变迁中的连续性，还不说是在描述拒绝变化，由此，难得的好说明都被浪费了。

263

从教科书的作者角度来讲，这种问题基本上不是自己有意识地弄出来的，照片通常都是委托编者来做，编写教科书的编辑有着很大的裁量权。但是，书出版时，署名毕竟是作者，这个事实不容小觑。视觉形象的影响力往往大于文字，所以我们必须十分小心选择。

[1] 有关 home 与田野的对比请参考 Gupta and Ferguson (1997)。按照他们所说，田野是人类学家的研究对象，也就是奇异的他者居住的地方，与西方统治性且多数派的文化 home 完全隔离。每个田野的价值是根据与代表性的 home 的距离，也就是他者性的程度来决定的。他们认为，这种差异的计算使得“有关田野的纯粹性的等级”出现了（Gupta and Ferguson 1997: 12–15）。

五、几个理论问题

接下来我们将焦点置于美国的和服印象，从理论上考察上一节所提到的问题。之所以以和服为例，有两个原因。第一，如同上面提到的各种照片展示的那样，和服是美国人在表象日本时的隐藏主题。第二，通过探讨某物我们能够更加深入地了解一般的文化事象。

1. 象征意义与统计意义

和服作为日本风味的指标或者说符号，提醒我们在文化研究中有必要对研究对象的象征意义和统计意义进行分析。这里所说的象征意义是指某个集团在向外部世界表象自我的时候，264为了使某一特定的物或者现象具备高度的他者性而赋予其价值的行为，这一价值通常超越自己所属集团成员的认知程度。与象征意义形成对比的是统计意义，它是指根据实际的频率而赋予特定物或现象的价值。这两个意义未必一致，更多的时候反而是成反比例的。因为一个文化中不常见的事情如果在另一个文化中根本未曾出现过，自然会引起注意，而某个文化中经常看见的东西在其他文化中也稀松平常，自然不会引起人们的兴趣。现代日本的和服可以说是统计学意义低而象征意义高的典型。

世界上还有很多例子与日本和服类似。例如，竹泽泰子在论文“美国的刻板印象与民族性”中讲到，印第安人的羽毛头饰实际上仅见于为数不多的几个部落（19 世纪后半期，500 多个部落中只有 20 个左右），原住民大多从事农业或者渔业，但是羽毛头饰与马匹长久以来都被视为印第安人整体的象征。竹泽认为，特定的民族集团的标志通常都是任意选择的反映集团与统治集团之间想象距离的物质（竹泽 1988：377–379）。也就是说，距离越大越被赋予强调他者性的标记，而这种选择是恣意的。

同样地，第二章中提到的纳拉杨（Narayan）就祖国印度的“自我拷问身心的圣人”夸张地写到，这个圣人进行一种叫作 tapas 的修行，“金鸡独立状、不可歪斜、单手高举、头下垂、悬空在火之上”，用这个圣人来表象印度整体，是一种部分真实替换一般事实的手法。纳拉杨说，这个圣人是“西方人眼里印度形象中必然登场的人物”。他还赞同同为印度裔的阿帕杜莱（Arjun Appadurai）的观点，认为“异国化、本质化、全体化的冲动”是东方主义的他者建构的基底（Narayan 1993b:480）。

265

笔者绝对没有否定文化研究中象征意义重要性的意图。但是，原本只是特定文化的一小部分的东西成为表象文化全体标志的时候，我们是有必要思考其后的运行机制的。在各种原因中，媒体和观光的影响最为值得注意。在日本，山下晋司（1996）等人论述到，19 世纪后半期以后普遍化的观光有着超出预想的影响。特别重要的是，导游书、观光手册、明信片、照片杂志等描绘的异文化形象。

例如，美国的《国家地理》在 1911 年，也就是有着划时代意义的彩色系列出版的第二年，就刊登了一张穿着和服、拿着扇子和伞的六位艺妓的照片。被称作“舞女”的这些女孩子成为《窥视日本》（*Glimpses of Japan*）特集的一部分“装饰”（Bryan 1997: 126）。这个题目让人想起数年前出版的小泉八云的《陌生日本一瞥》（*Glimpses of Unfamiliar Japan*）。之后的 1995 年，该杂志以 Geisha（艺妓）为题，出版了 16 页的特辑，上面全是穿着艳丽和服与庇护人一起载歌载舞的艺妓。或许，预期到日本读者可能会对此有所不满，所以这一期的日语版中完全没有出现艺妓的照片，但是日本 = 艺妓的印象已经由在京都一带接触过艺妓的美国男性观光客强化、再生产，形成了美国人眼中的日本人形象的一部分。美国人就是用这些知识来想象、创造日本风味的本质——和服的。

这一点通过与法国的“意大利人味”比较就会更加明了。文化研究泰斗霍尔（Stuart Hall）跟随把神话解释为超语言的巴特（Roland Barthes），分析一个叫作 Panzani 的法国意大利面公司的照片广告（图 8-9）。Hall 认为，意大利面与蔬菜一起被放置在网袋里，从神话层次来说，是“有关作为国民文化的地道意大利人含义的信息”（Hall 1997: 41）。这个广告在法国播放，所以不是以意大利人，而是以法国人为对象群体的。也即是说，广告上的意大利面是对于法国人来说的意大利符号，与意大利人无关。巴特说，“这是从某种观光刻板印象而来的法国人的知识，意大利人根本不知道西红柿和胡椒还能代表意大利人，更何况根本都不知道 Panzani 这个牌子”（Hall

266

1997: 69）。把 Panzani 与意大利联系在一起的就是这种法国知识。同样，作为日本味符号的和服只有在与美国式的（更为广泛地说是西方的）知识相关联后才具备了上面提到的含义，观光与媒体等在这种知识的形成和传播中影响不小。

图 8–9　法国的意大利面制造公司的广告表现了法国人眼中的意大利

2. 描述者与被描述者的“共谋”　267

和服在被作为日本符号而想象、创造出来的过程中，日本人自身也发挥了一定的作用。为了理解这一点，简单回顾和服的历史。最初，和服[1]如其字所示，是指穿的东西，它统指各种各样的传统服装。西方称作“kimono”的服装，来自于日本封建时代初期武士阶层女性穿的“小袖”。作为古代宫廷服饰发展起来的小袖通过与欧洲进行贸易于16世纪初期在西方闻名，但是江户幕府的锁国政策导致西方与日本联系中断，一段时间里小袖被人们遗忘。期间，日本崇拜快乐主义至上的町人文化发展起来，尽管政府颁布了很多节约令，但是小袖还是逐渐华丽起来。当时引领时尚的多为歌舞伎演员和花魁，描绘这群人的浮世绘有着特别高的人气。其后，小袖的一种，也就是袖子比较长的振袖在年轻女性之间流行起来，并深深吸引了19世纪中叶开国后来日本的西方人的目光。其后，他们就开始用kimono来称代所有艳丽的小袖和振袖（Wada 1996）。

1868年的明治维新标志着日本近代化的开始，而日本所谓的近代化基本就是西方化。如五条誓文中第四条所讴歌的那样，日本人把过去的传统视作“陋习”，认为应该将其排斥出近代文明国家形成的过程。然而，随着时间的流逝，这种过度的西方化引起了民众的不满，围绕着女性服饰出现了国民层面的讨论。韦德（Yoshiko Wada）述及：

---

[1] 日语写作“着物”，发音为kimono；“着”在日语中有“穿”的意思，“物”是“东西”的意思。——译者

19 世纪 90 年代日本的社会批判倾向于盲目否定自文化传统的行为。主要着力点在于女性的服饰，很多人开始认为塑身内衣对身体不好。结果是，女性之间开始流行回归和服，和服开始具有象征含义。也就是说，只有和服才能体现传统日本的信息开始在海内外传播。之后，和服与日本女人味同义，讽刺的是，这助长了“和服 = 女性用的异国长褂上衣”的西方人的误解。实际上直到明治时代，不问阶层，所有男女老少都可穿着和服（Wada 1996: 153）。

268

乍一看，“和服回归”可以被解读为对西方化的抵抗，但实际上是日本人和西方人的“共谋”使得和服成为日本的“民族服装”。世界各地都有这样的案例，殖民地化导致民族身份受到威胁的时候，人们就会想要回归自己的传统文化。在回归传统的过程中，人们会随意选择一个代表过去荣耀的人或事，将其塑造为集体的文化象征。明治日本的和服就是代表。然而，这里要注意的是，和服并不能够完全与西方文明对置，因为作为统治者的西方人也很喜欢和服，认为这是日本人应该引以为傲的传统。不论当时国粹主义的意图为何，将女性的和服定义为日本文化精髓的结果，有助于日本在国际社会地位的提高。如果西方人不喜欢和服，和服就会像其他很多日本传统和惯习一样（比如说丁髻、混浴）被禁止或排斥。

围绕着被征服民族的传统有一个悖说。一方面，他们希望治愈受伤的自尊心，挽回尊严，实现与征服者之间的平等，而被迫“创造”传统（Hobsbawm and Ranger 1983）。然而，另一

269 方面，创造出来的传统应该又不得不是可以让更为广阔的世界，特别是征服者/殖民者很有面子的东西。被征服者的“奇妙”的惯习又成为征服者进一步暴力和侵略的口实。如此，民族传统的创造即使不说是征服者的意志，至少也反映了他们无言的默认。结果就是出现了讽刺性的共同，或者更进一步地说是共谋。

现如今的国际关系中，世界各地介绍文化传统的各种活动成为这种共谋的温床，特别是文化盛典。这种活动经常由各种为促进友好关系而设立的政府机构、公共组织来举办。以明治以后的英日关系为例，介绍日本文化的第一个文化盛典是1892年在伦敦设立的日本协会（Japan Society）主办的。在开幕式上，日本外交官先向观众介绍了柔道，之后展示了实际的柔道表演。之后，日本协会又把能乐、茶道、华道等介绍给了英国社会（Victor Harris 1997: 144）。

270

图8–10 海外文化盛典的茶道

注释：1998年牛津大学召开的日本艺术日（Japan Arts Day）上的茶道展示（桑山敬己摄）。

实际上，这种活动一直持续到现在，1998年笔者在牛津大学看到的日本艺术日上，弓道、尺八、俳画、书道等与必备展示的茶道和华道一起呈现在观众面前。表演者多为日本人，他们都穿着和服，这简直就是一场东方主义的展示。还有一点更让人不可思议，那就是这些表演者或者已经在英国生活多年，或者有着在其他国家游学、生活的经历。就个人对话范围所见，介绍俳画的男性是日本一流报纸的原记者，但与英国人结婚了。作为茶道助手的女性是日裔巴西人，是其师傅的妻子。尽管是外国人，但是在观众眼里她还是地道的日本人，或许是因为她的日本味道的面孔和华丽和服的原因吧（图8-10）。与一个世纪前的日本协会的活动一样，牛津大学活动的开幕式上，驻伦敦日本大使馆的一等秘书来到会场并进行演讲[1]。会场上分发的活动安排的第一页有驻英大使的贺词。另外提及的是，和服远隔大西洋在美国闻名的契机是1976年召开的费城世界博览会（Stevens 1996: 17），展示、表演文化的公共空间的影响力由此可见一斑[2]。

271

[1] 这位日本一等秘书感叹在国内很少见到这些传统艺术的连珠炮式的表演，对同席的笔者说“感觉日本文化像是被浓缩了一样”。

[2]《游客与旅游》（*Tourist and Tourism*，1997）的编者在序章中讲道，“政府的利益、旅游产业、遗产·身份意识·归属感等概念相互纠缠”，彼此之间有时是“相互压榨”的力量关系。处于弱者立场的当地主人也会反抗，与观光相关的人们之间的差异变得模糊（Abram and Waldren 1997: 9）。

图 8-11　成田国际机场的特产店

注释：日本的“传统”商品化，呈现于旅游者面前（桑山敬己摄）。

271　这里应该想到的是，日本有很多将和服商品化的土特产店。如成田国际机场的特产店（图 8-11），这些店设定的顾客群体是即将离开日本的观光客和将要去往国外的日本观光客。对于外国人来说，这些代表日本传统文化的特产可以成为一种美好的回忆，而对于给外国人购买日本特产的日本观光客来说，也是一个很好的让外国人认识日本的机会。无论如何，通过观光，日本的传统流传，从中我们可以看到主人和客人的“共谋”。曾经，非西方观光地的客人（西方人）的势力是压倒性的，主人（非西方人）很被动，近些年的研究显示，实际上力量的流动是双向的。

3. 他者的女性化

文化表象中另外一个值得注意的地方是他者的女性化。接下来我们讨论穿着艳丽和服的日本女性的照片数次登上杂志和书籍所带来的日本的女性化问题。

如表 8-2 所示，美国教科书中“照片表象”与“文本与照片表象”的日本表述合计 43 次（占比 35%），其中和服 15 次（占比 35%）。而且，其中大多为日本女性。即使都是和服，女性用、男性用是有差异的，考虑到男性用的和服也带有象征意义，这种表象似乎不得不说是带有偏向性的[1]。如上数字仅限于美国的人类学教科书，但还是能看出异质他者女性化的一般文化表象倾向。在这样的女性化中，强者将自己定位为男性，弱者被定位为女性。女性化的他者暴露在征服者/殖民者的视线中，成为政治、经济、性欲望的对象。

272

他者的女性化是见不得光的歧视，是在不平等的异文化相遇时经常观察到的现象。第二次世界大战后占领期的日美关系是典型。1999 年普利策大奖的获奖作品之一是约翰·道尔（John W. Dower）的《拥抱战败》第四章“败北的文化”中放置的两个日本人的照片（Dower 2004: 148–149）。一张是战时 1944 年拍摄的，一个日本俘虏在美国战舰甲板上全裸，在几百敌兵面前“抓虱子”。当时美国人把日本人当猴子看，看到真实日本人的美国士兵的表情是困惑的，并带着冷笑。另一张

[1]《国家地理》中描绘的人物，除了众所周知的男性装饰华美的美拉尼西亚以外，基本都是女性（Lutz and Waldren 1993: 146）。发展中国家也习惯上被女性化（ibid: 179–180）。到色情杂志开始泛滥的 20 世纪 60 年代为止，《国家地理》是“美国人可以看见女性裸体胸部的唯一的大众文化平台”（ibid: 172）。

是在战后日本拍摄的，一个穿着和服的女性优雅地站立在庭院草坪里。这让我们想起《国家地理》中的舞女，与甲板上的“猴子”形成鲜明对比，这位女性吸引了进驻士兵的目光，士兵从不同角度举起了照相机。道尔写到，“昨天还是危险的男性的敌人，眨眼间就变成了白人征服者眼中的女性的、诱人肉体的主人”（Dower 2004: 157-158）。

273 然而，如果说女性化是败者的命运，那么“男性化”现象在胜者与败者地位发生逆转时是否会出现呢？为了回答这一问题，我们看一看战后四十年来的日美经济关系就知道了。从20世纪80年代初期开始，以汽车产业为中心的美国对日贸易赤字达到一个顶峰，当时三大汽车制造公司巨头之一的克莱斯勒公司的总裁李·艾柯卡（Lee Iacocca，美国经济界的英雄）甚至宣称这是日美间的“贸易战争”。日本由此从战后的温顺女性形象转变为以日元为武器的想要占领美国的恐怖性存在。《商业周刊》（*Business Week*）在1989年8月7日封面上的配图很好地说明了这一点（图8-12）[1]。穿着日本铠甲的眼睛又细又长的日本商人（这也是一种定型化的日本人形象）置身于模仿

---

[1] 首页的题目是“日本再考”，武士插图旁边的文字如下。“经过多年交涉，美国的对日贸易赤字依然上升到了年均520亿美元，日本社会始终处于封闭状态。结果是，美国的日本观念发生了根本性的变化。根据这种修正主义的见解，日本真的是一个异质国家，过往的自由贸易政策根本没有发挥作用。如果是以前，这种想法会被批评为‘排日’，没人理会，现在则有学术论据支撑这一看法。日本直面政治危机的现在，美国的课题是在不破坏美日关系大格局的前提下恢复经济平衡。”

日之丸旗帜的白底红圆圈中。他是武士国家日本的象征，这与亚洲各地战争博物馆中的日本形象重叠[1]。

图 8-12 《商业周刊》的封面（1989 年 8 月 7 日）

以上事实表明，女性化是征服者 / 殖民者特有的“眼光”，但是随着力量关系的改变，立场也会发生逆转。一般来说，某种文化被赋予的性别角色是由其在特定时间的相对力量所决定 274

[1] 吉田宪司讲道，中国和韩国的主要战争博物馆的展示将着重点放置在第二次世界大战中日军的侵略（吉田 2001:118）。这些博物馆多在 20 世纪 80 年代中期建立，那正是因为日本教科书“歪曲”历史导致日本与邻国关系紧张的时间点。有关外国博物馆中的日本展示，请参考栗田靖之编的《海外博物馆、美术馆中的日本展示的基础研究》（2001）。

的，所以美国的日本形象是随着日本在国际社会的相对地位的变化，在艺妓与武士、本尼迪克特的菊与刀之间摇摆的。

频繁使用异民族视觉形象的美国文化人类学教科书是美国社会大众文化表象的反映。其与媒体、观光产业创造、流通的民族形象密不可分。

4. 文化相对主义的圈套

最后我们来谈一谈文化相对主义的圈套。近代产业国家日本与美国、西欧有很多共通之处，但是如同和服的例子展示的那样，美国人类学教科书把日本表象为一个与西方完全不同的文化。如西方个人主义与日本集体主义的对比所展示的那样，日本不仅是异质，而且还被置于与西方完全不同的另一个端点。在美国，很少像对待日本这样，将某个国家表象为极致的我们与他们、西方与其他的二元对立关系之一极。

实际上，这种二元对立的思考方式源于文化相对主义。从学术史角度来讲，文化相对主义是美国人类学之父博厄思为了批判在 20 世纪初期飞扬跋扈于世界的西方中心主义而提倡的理念。相对主义的立场是，每种文化都应该按照其各自的立场来理解，文化间的差异不是优劣的指标，应该尊重文化差异，这与将西方置于人类进步顶点的进化论形成根本对立。这是人类学世界观的基础，直至今日仍被大多数研究者支持。

275

另一方面，包含在文化相对主义里面的个别主义，特别是本尼迪克特等对于各文化独特“类型”的探索，也是漏看跨越文化界限的共同点的原因。通常，表述异文化的时候，无论是否有意识，自文化都会成为一个参照点。因此，着力点都会放置于区别自他的特征方面，这种倾向尤见于文化相对主义。实际上，相对主义的异民族表象就像《菊与刀》中“西方 = 罪感文化”“日本 = 耻感文化”的对比一样，把“他们”建构成为一个与“我们”比现实更夸张的不同的存在。有关文化相对主义的另外一个问题是，一方面我们把文化间的差异最大限度地展示出来，一方面又在努力最小化内部差异。“奇特的日本”，这种异质他者被建构出来的原因之一也在于此。

文化相对主义的另外一个圈套可以说很意外，就是即使不是要将自己理想化，也要肯定性地描述自我。相对主义尊重差异的态度确实让我们对物质、社会都处于困境的异民族产生了共鸣。但是，这种理解也是以他者为鉴审视自我，如果没有质疑自文化前提的心理准备，就会陷入自我肯定的陷阱。以下有关性别的记述就是典型。

> 即使是传统的日本、中国这样的男性社会，通常一家最年长的女性也会有着一定的处理家中事务的裁夺权。不过，在中国、日本等社会的大多数情况下，女性是被禁止参与公共事务的，也没有自己的财产。更不用说可以插手选择结婚对象这种事。无论从社会角度还是法律角度来讲，女性都必须从属于父亲和丈夫（Peoples and Bailey 1991: 238，2000: 173）。

276

著者要阐释的是性别建构中存在着文化差异，他们并不是要责难中国、日本，这是警诫自己不要用自民族的标准来判断异民族。但问题在于，接触到这些描述的美国学生，特别是在自己的国家容易受到性别歧视的女学生会被置于社会心理学所说的“相对欠缺”的状态中，也就是将自己与更加不幸的人相对比并进行自我安慰，这与著者本来的意图产生了背离。并且，这种比较所产生的欣慰感会导致出现“万幸没像他们那样”的不会反省自我的满足感。这与日本学生在学习了异文化之后说的“生在日本真好”“终于再次发现了日本的好”一样。原本倡导尊重差异的相对主义如果导致对于异质他者的随意判断，甚至是蔑视的念头，那实在是莫名其妙。

如果不进行历时跨文化的比较，就很难正确理解女性的地位。上面引用的文章中，只是说“传统的日本、中国”，但是并没有明确是哪个时代。其中隐含的是“统称的过去”（Kahn 1995: 328），对于美国人来说的“他者 = 东亚”失去了与“自己 = 西方”的同时代性。结果是，作为读者的美国学生被剥夺了批判性省察自文化历史的机会。其实，美国女性获得选举权也不过是从宪法第 19 条修正条款出现的 1920 年开始而已。

六、解决方案

277

在结束本章之前，笔者想要提出两个可以解决美国人类学教科书两大问题的现实方案。首先，关于文字与图像的错位，可以通过作者与编辑协商，以及编制教科书的工作人员与地域研究专家合作，简单地解决。人类学形成的 19 世纪末 20 世纪初，摄影需要高度的专业训练，现在随着技术的进步，外行也可以拍出好照片。实际上，很多人类学研究室里沉眠着很多照片影像资料。这些虽然可能不具备巨大的商业契机，但这是可以利用的很好的民族志资料。由此，教科书的学术信赖感也能得以增加。

另外一个问题就是有关同一个文化不同侧面的信息量的分歧。表 8-2 所示，日本在“心理 · 社会化 · 教育”“语言”、“家庭”等领域被详细描述，“亲属”“政治与法律”则几乎被忽视。这种分歧因特定侧面被夸张的照片的使用而被扩大，结果是读者心中产生了片面的不完全的文化形象。这个问题解决起来不太容易，方法之一是限定教科书中列举的文化事项的数量，对列举文化的各个方面进行全面的解说。对少数文化进行详细的说明，或许不利于展示文化多样性，但是可以防止出现东方主义刻板印象的再生产[1]。

20 世纪 80 年代中期以后，文化表象成为人类学最重要的

[1] 有关这一点，请参考奥斯瓦尔特（Wendell Oswalt）的《生活周期与生活方式》（*Life Cycles and Lifeways*，1986）。这本教科书中有对展示不同文化发展水平的五个民族（玻利维亚的 Siriono、因纽特的 Netsilik、肯尼亚的 Gusii、美国的 Hopi、埃塞俄比亚的 Qemant）的简洁说明，这些说明根据每一章的标题在正文以外的专栏进行。也就是说，解说内容涵盖从生计方式到宗教的所有民族文化的特征。这对于学生理解每个文化的整体形象是非常有用的方法。

278 课题之一，仅在美国，《美国人类学》（*American Anthropology*）、《文化人类学》（*Cultural Anthropology*）等主要期刊中刊载了很多有关这一主题的论文。特别是前者，定期刊载博物馆展示和影像人类学相关的书评。但是，对入门阶段教科书的文化表象进行的真正分析到目前为止还未得见。教科书是人类学家的“家”，考虑到它在大学教室中起到的决定性作用，这实在是一件很遗憾的事情。教科书如何描写、展示异民族世界，本章如果能够成为促使对这一问题研究的契机，实属荣幸。彼时，我们应该尊重被描述的本土人的反应并与他们合作展开研究。

参考文献

一、英语文献

Abram, Simone, and Jacqueline Waldren (1997), "Introduction: Tourists and Tourism: Identifying with People and Places", in Simone Abram, Jacqueline Waldren, and Donald V. L. Macleod (eds.), *Tourists and Tourism: Identifying with People and Places,* Oxford: Berg, pp. 1–11.

Abu-Lughod, Lila (1991), "Writing against Culture", in Richard G. Fox (ed.), *Recapturing Anthropology: Working in the Present*, Santa Fe, New Mexico: School of American Research Press, pp. 138–162.

Aguilar, John L. (1981), "Insider Research: An Ethnography of a Debate", in Donald A. Messerschmidt (ed.), *Anthropologists at Home in North America: Methods and Issues in the Study of One's Own Society*, Cambridge: Cambridge University Press, pp. 15–26.

Akimoto, Shunkichi (1937), *Family Life in Japan*, Tokyo: Maruzen.

Alatas, Syed Farid (2001), "The Study of the Social Sciences in Developing Societies: Towards an Adequate Conceptualization of Relevance", *Current Sociology* 49(2):1–28.

Amory, Deborah (1997), "African Studies as American Institution", in Akhil Gupta and James Ferguson (eds.), *Anthropological Locations: Boundaries and Grounds of a Field Science*, Berkeley: University of

California Press, pp. 102–116.

Appadurai, Arjun (1992), "Putting Hierarchy in Its Place", in George E. Marcus (ed.), *Rereading Cultural Anthropology*, Durham: Duke University Press, pp. 34–47.

Asad, Talal (1986), "The Concept of Cultural Translation in British Social Anthropology", in James Clifford and George E. Marcus (eds.), *Writing Culture: The Poetics and Politics of Ethnography*, Berkeley: University of California Press, pp. 141–164.「イギリス社会人類学における文化の翻訳という概念」,『文化を書く』(春日直树等译)，纪伊国屋书店，1996。

Asante, Molefi Kete (1999), *The Painful Demise of Eurocentrism: An Afrocentric Response to Critics*, Trenton, New Jersey: Africa World Press.

Ashcroft, Bill, Gareth Griffiths, and Helen Tiffin (eds.), (1995), *The Post-Colonial Studies Reader*, London: Routledge.

Asquith, Pamela J. (1996), "Japanese Science and Western Hegemonies: Primatology and the Limits Set to Questions", in Laura Nader (ed.), *Naked Science: Anthropological Inquiry into Boundaries, Power, and Knowledge*, New York: Routledge, pp. 239–256.

——(1998), "The 'World System' of Anthropology from a Primatological Perspective: Comments on the Kuwayama –van Bremen Debate", *Japan Anthropology Workshop Newsletter* 28:16–27.

—— (1999), "The 'World System' of Anthropology and 'Professional Others'", in E. L. Cerroni-Long (ed.), *Anthropological Theory in North America*, Westport, Connecticut: Bergin & Garvey, pp. 33–53.

Bachnik, Jane M. (1994), "Introduction: *Uchi/Soto*: Challenging Our Conceptualizations of Self, Social Order, and Language", in Jane M. Bachnik and Charles J. Quinn Jr. (eds.), *Situated Meaning: Inside and Outside in Japanese Self, Society, and Language*. Princeton: Princeton University Press, pp. 3–37.

Bakalaki, Alexandra (1997), "Students, Natives, Colleagues: Encounters in Academia and in the Field", *Cultural Anthropology* 12(4): 502–526.

Barrett, Richard (1991), *Culture and Conduct: An Excursion in Anthropology* (2nd ed.), Belmont, California: Wadsworth Publishing.

Beardsley, Richard K., John W. Hall, and Robert E. Ward (1959), *Village Japan*, Chicago: University of Chicago Press.

Befu, Harumi (1989), "Review. *Health, Illness, and Medical Care in Japan: Cultural and Social Dimensions* (Edward Norbeck and Margaret Lock (eds.), Honolulu: University of Honolulu Press, 1987)", *Journal of Japanese Studies* 15(1): 261–266.

——(1992), "Introduction: Framework of Analysis", in Harumi Befu and Joseph Kreiner (eds.), *Othernesses of Japan: Historical and Cultural Influences on Japanese Studies in Ten Countries*, München: Iudicium, pp. 15–35.

——(1994), "Japan as Other: Merits and Demerits of Overseas Japanese Studies", in Josef Kreiner (ed.), *Japan in Global Context*, München: Iudicium, pp. 33–45.

Bellah, Robert N. (1957), *Tokugawa Religion: The Values of Pre-Industrial Japan*, Glencoe: Free Press.『日本近代化と宗教倫理ー日本近世宗教論』(堀一郎・池田昭译)，未来社，1962。

Bellah, Robert N., Richard Madsen, William M. Sullivan, Ann Swidler, and Steven M. Tipton (1985), *Habits of the Heart: Individualism and Commitment in American Life*, Berkeley: University of California Press.『心の習慣ーアメリカ個人主義のゆくえ』(岛园进・中村圭志译)，MISUZU 书房，1991。

Benedict, Ruth F. (1934) *Patterns of Culture*, Boston: Houghton Mifflin.『文化の型』(米山俊直译)，讲谈社学术文库，2008。

—— (1946), *The Chrysanthemum and the Sword: Patterns of Japanese Culture*, Boston: Houghton Mifflin.『菊と刀—日本文化の型』(长谷川松治译)，讲谈社学术文库，2005。

—— (1948), "Patterns of American Culture," Ruth Fulton Benedict Papers,Vassar College Libraries (Folder 58.17).

—— n.d. [1] "Japanese Behavior Patterns", Ruth Fulton Benedict Papers, Vassar College Libraries (Folder 102.8).『日本人の行動パターン』(福井七子译)，NHK BOOKS，1997。

—— n.d. [2] "Japanese National Character", Ruth Fulton Benedict Papers,Vassar College Libraries (Folder 50.1).

—— n.d. [3] "What Shall Be Done about the Emperor", Ruth Fulton Benedict Papers, Vassar College Libraries (Folder 103.7).「天皇はいかに処遇されるべきか」,『日本人の行動パターン』(福井七子译)，NHK BOOKS，1997。

Bernard, H. Russell (2002), *Research Methods in Anthropology: Qualitative and Quantitative Approaches* (3rd ed.), New York: AltaMira Press.

Brettell, Caroline B. (ed.), (1993), *When They Read What We Write: The Politics of Ethnography*,Westport, Connecticut: Bergin & Garvey.

Bryan, C. D. B. (1997), *The National Geographic Society: 100 Years of Adventure and Discovery*, New York: Harry N. Abrams.

Caffrey, Margaret M. (1989), *Ruth Benedict: Strangers in This Land*, Austin: University of Texas Press.『ルース・ベネディクト—さまよえる人』(福井七子・上田誉志美译)，关西大学出版部，1993。

Chen, Kuan-Hsing (ed.), (1998), *Trajectories: Inter-Asia Cultural*

Studies, London: Routledge.

Clifford, James (1986), "Introduction: Partial Truths", in James Clifford and George E. Marcus (eds.), *Writing Culture: The Poetics and Politics of Ethnography*, Berkeley: University of California Press, pp. 1–26. 「序論—部分的真実」,『文化を書く』(春日直树等译),纪伊国屋书店,一九九六。

—— (1988), *The Predicament of Culture: Twentieth-Century Ethnography, Literature, and Art*, Cambridge, Massachusetts: Harvard University Press.『文化の窮状—二〇世紀の民族誌、文学、芸術』(太田好信等译),人文书院,二〇〇三。

Clifford, James, and George E. Marcus (eds.)(1986), *Writing Culture: The Poetics and Politics of Ethnography*, Berkeley: University of California Press.『文化を書く』(春日直树等译),纪伊国屋书店,一九九六。

Crapo, Richley H. (1993), *Cultural Anthropology: Understanding Ourselves and Others* (3rd ed.). Guilford, Connecticut: Dushkin Publishing.

Dale, Peter N. (1986), *The Myth of Japanese Uniqueness*, New York: St. Martin's Press.

Dirks, Nicholas B., Geoff Eley, and Sherry B. Ortner (1994), "Introduction", in Nicholas B. Dirks, Geoff Eley, and Sherry B. Ortner (eds.), *Culture/Power/History: A Reader in Contemporary Social Theory*, Princeton: Princeton University Press, pp. 3–45.

Doi, Takeo (1973), *The Anatomy of Dependence* (translated by John Bester), Tokyo: Kodansha International.『「甘え」の構造』,弘文堂,1971。

Dorson, Richard M. (ed.), (1963), *Studies in Japanese Folklore*, Bloomington: Indiana University Press.

Douglas, Mary (1966), *Purity and Danger: An Analysis of the Concepts of Pollution and Taboo*, London: Routledge.『汚穢と禁忌（新装版）』（塚本利明译），思潮社，1995。

Dower, John W. (1999), *Embracing Defeat: Japan in the Wake of World War II*, New York: W. W. Norton.『敗北を抱きしめて―第二次世界大戦後の日本人（増補版）上・下』（三浦阳一・高杉忠明・田代泰子译），岩波书店，2004。

Dundes, Alan (ed.), (1999), *International Folkloristics: Classic Contributions by the Founders of Folklore*, Lanham, Maryland: Rowman & Littlefield Publishers.

Eagleton, Terry (1991), *Ideology: An Introduction*, London: Verso.『イデオロギーとは何か』（大桥洋一译），平凡社 library，1999。

Edgerton, Robert B. (1985), *Rules, Exceptions, and Social Order*, Berkeley: University of California Press.

Edwards, Elizabeth (1992), "Introduction", in Elizabeth Edwards (ed.), *Anthropology and Photography 1860–1920*, New Haven and London: Yale University Press, pp. 3–17.

Ember, Carol R., and Melvin Ember (1990), *Cultural Anthropology* (6th ed.), Englewood Cliffs, New Jersey: Prentice Hall.

—— (1999), *Cultural Anthropology* (9th ed.), Upper Saddle River, New Jersey: Prentice Hall.

Embree, John F. (1939), *Suye Mura: A Japanese Village*, Chicago: University of Chicago Press.『日本の村―須恵村』（植村元觉译），日本经济评论社，1978。

Evans-Pritchard, E. E. (1940), *The Nuer: A Description of the Modes of Livelihood and Political Institutions of a Nilotic People*, New York: Oxford University Press.『ヌアー族―ナイル系民族の生業形態と政治制度の調査記録』（向井元子译），岩波书店，1978。

Fabian, Johannes (1983), *Time and the Other: How Anthropology*

Makes Its Object, New York: Columbia University Press.

Fahim, Hussein (ed.), (1982), *Indigenous Anthropology in Non-Western Countries: Proceedings of a Burg Wartenstein Symposium*, Durham, North Carolina: Carolina Academic Press.

Frazer, James (1967), *The Golden Bough: A Study in Magic and Religion* (abridged ed.), London: Macmillan (orig., 1890).『金枝篇』(永桥卓介译)，岩波文库，1996。

Freeman, Derek (1983), *Margaret Mead and Samoa: The Making and Unmaking of an Anthropological Myth*, Cambridge, Massachusetts: Harvard University Press.『マーガレット・ミードとサモア』(木村洋二译)，MISUZU 书房，1995。

Fromm, Eric (1980), *Greatness and Limitations of Freud's Thought*, New York: Harper and Row.

Geertz, Clifford (1983), *Local Knowledge: Further Essays in Interpretive Anthropology*, New York: Basic Books.『ローカル・ノレッジ一解釈人類学論集』(梶原景昭等译)，岩波 modern classics，1999。

—— (1988), *Works and Lives: The Anthropologist as Author*, Stanford: Stanford University Press.『文化の読み方 / 書き方』(森泉弘次译)，岩波书店，1996。

—— (1995), *After the Fact: Two Countries, Four Decades, One Anthropologist*, Cambridge, Massachusetts: Harvard University Press.

Gellner, Ernest (1983), *Nations and Nationalism*, Oxford: Blackwell.『民族とナショナリズム』(加藤节监译)，岩波书店，2000。

Gerholm, Tomas (1995), "Sweden: Central Ethnology, Peripheral Anthropology", in Han. F. Vermeulen and Arturo A. Roldán (eds.), *Fieldwork and Footnotes: Studies in the History of European Anthropology*, London: Routledge, pp. 159–170.

Gerholm, Tomas, and Ulf Hannerz (1982), "Introduction: The

Shaping of National Anthropologies", *Ethnos* 47(I–II): 5–35.

Gorer, Geoffrey (1943), "Japanese Character Structure", New York: Institute for Intercultural Studies (Ruth Fulton Benedict Papers, Vassar College Libraries, Folder 103.3).

—— (1964), *The American People: A Study in National Character* (revised ed.), New York: W. W. Norton, (orig. 1948).『アメリカ人の性格』(星新藏・志贺谦译), 北星堂书店, 1976。

Gupta, Akhil, and James Ferguson (1997), "Discipline and Practice: 'The Field' as Site, Method, and Location in Anthropology", in Akhil Gupta and James Ferguson (eds.), *Anthropological Locations: Boundaries and Grounds of a Field Science*, Berkeley: University of California Press, pp. 1–46.

Hall, Stuart (ed.)(1997), *Representation: Cultural Representations and Signifying Practices*, London: Sage.

Harootunian, H. D., (1998), "Figuring the Folk: History, Poetics, and Representation", in Stephen Vlastos (ed.), *Mirror of Modernity: Invented Traditions of Modern Japan*, Berkeley: University of California Press, pp. 144–162.

Harris, Marvin (1989), *Cows, Pigs, Wars, and Witches: The Riddles of Culture*, New York: Vintage Books, (orig. 1974).『文化の謎を解く—牛・豚・戦争・魔女』(御堂冈洁译), 东京创元社, 1988。

—— (1993), *Culture, People, Nature: An Introduction to General Anthropology* (6th ed.), New York: Harper Collins.

—— (1997), *Culture, People, Nature: An Introduction to General Anthropology* (7th ed.), New York: Longman.

Harris, Marvin, and Orna Johnson (2000), *Cultural Anthropology* (5th ed.), Boston: Allyn and Bacon.

Harris, Victor (1997), "Some Images of Japan Held by the West in the Meiji Period", in 吉田宪司・J・Mark 编『異文化へのまなざし―大英博物館と国立民族学博物館のコレクションから』，NHK service center，1997，pp. 142–145。

Haviland, William A. (1987), *Cultural Anthropology* (5th ed.), New York: Holt, Rinehart and Winston.

Hearn, Lafcadio (1972), *Kokoro: Hints and Echoes of Japanese Inner Life*, Tokyo: Charles E. Tuttle (orig., 1896).『心―日本の内面生活の暗示と影響』(平井呈一译)，岩波文库，1951。

Hendry, Joy (1998), "Introduction: The Contributions of Social Anthropology to Japanese Studies", in Joy Hendry (ed.), *Interpreting Japanese Society: Anthropological Approaches* (2nd ed.), London: Routledge, pp. 1–12.

—— (1999), *An Introduction to Social Anthropology: Other People's Worlds*, London: Macmillan.『社会人類学入門』(桑山敬已译)，法政大学出版局，2002。

Hobsbawm, Eric, and Terence Ranger (eds.), (1983), *The Invention of Tradition*, Cambridge: Cambridge University Press.『創られた伝統』(前川启治・梶原景昭等译)，纪伊国屋书店，1992。

Howard, Michael C., and Janet Dunaif-Haittis (1992), *Anthropology: Understanding Human Adaptation*, New York: Harper Collins.

Hsu, Francis, L. K. (1970), "American Core Value and National Character" (orig. 1961), in Michael McGiffert (ed.), *The Character of Americans: A Book of Readings* (revised ed.), Homewood, Illinois: The Dorsey Press, pp. 231–249.

Hymes, Dell (1972), "The Use of Anthropology: Critical, Political, Personal", in Dell Hymes (ed.), *Reinventing Anthropology*, New York: Random House, pp. 3–79.

Institute of Pacific Relations (1944), "Provisional Analytical

Summary of Institute of Pacific Relations Conference on Japanese Character Structure, December 16–17, 1944", Ruth Fulton Benedict Papers,Vassar College Libraries (Folder 103.4).

Johnson, Frank A. (1993), *Dependency and Japanese Socialization: Psychoanalytic and Anthropological Investigations into Amae*, New York: New York University Press.『「甘え」と依存—精神分析学的・人類学的研究』(江口重幸・五木田绅译)，弘文堂，1997。

Johnson, Sheila K. (1989), *The Japanese through American Eyes*, Tokyo: Kodansha International.『アメリカ人の日本観—ゆれ動く大衆感情』(铃木健次译)，SAIMARU 出版会，1986。

Jones, Delmos J. (1970), "Towards a Native Anthropology", *Human Organization* 29(4): 251–259.

Kahn, Miriam (1995), "Heterotopic Dissonance in the Museum Representation of Pacific Islands Culture", *American Anthropologist* 97(2): 324–328.

Kawada, Minoru (1993), *The Origin of Ethnography in Japan: Yanagita Kunio and His Times* (translated by Toshiko Kishida-Ellis), London: Kegan Paul International.

Kelly, William (1988), "Japan bashing", *American Ethnologist* 15(2): 365–368.

—— (1991), "Directions in the Anthropology of Contemporary Japan", *Annual Review of Anthropology* 20: 395–431.

Kluckhohn, Clyde (1949), *Mirror for Man: The Relation of Anthropology to Modern Life*, New York: McGraw- Hill.『人間のための鏡』(光延明洋译)，SAIMARU 出版会，1971;『文化人類学の世界』(外山滋比古・金丸由雄译)，讲谈社现代新书，1971。

Kohn, Hans (1994), "Western and Eastern Nationalisms", in John Hutchinson and Anthony D. Smith (eds.), *Nationalism*, Oxford: Oxford

University Press, pp. 162–165.

Kondo, Dorinne K. (1990), *Crafting Selves: Power, Gender, and Discourses in a Japanese Workplace*, Chicago: University of Chicago Press.

Koschmann, J. Victor, Keibo Oiwa, and Shinji Yamashita (eds.), (1985), *International Perspectives on Yanagita Kunio and Japanese Folklore Studies* (Cornell East Asia Series 37), Ithaca: Cornell University East Asia Program.

Kuper, Adam (1983), *Anthropology and Anthropologists: The Modern British School* (revised ed.), London: Routledge & Kegan Paul.『人類学の歴史一人類学と人類学者』(铃木清史译),明石书店,2000。

Kuwayama, Takami (1991), "Japanese Individuality: The Group Model Reconsidered through Native Eyes", *Anthropology Newsletter*, April, 1991.

—— (1992), "The Reference Other Orientation", in Nancy R. Rosenberger (ed.), *Japanese Sense of Self*, Cambridge: Cambridge University Press, pp. 121–151.

—— (1994), "Japan's Place in the Global Community: Is Japan Eastern or Western?" *Virginia Geographer* 26: 1–10.

—— (1996a), "The Familial (*Ie*) Model of Japanese Society", in Josef Kreiner and Hans D. Ölschleger (eds.), *Japanese Culture and Society: Models of Interpretation*, München: Iudicium, pp. 143–188.

—— (1997a), "Native Anthropologists: With Special Reference to Japanese Studies Inside and Outside Japan", *Japan Anthropology Workshop Newsletter* 26 and 27: 52–56.

—— (1997b), "Response to Jan van Bremen", *Japan Anthropology Workshop Newsletter* 26 and 27: 66–69.

—— (2000), "Native Anthropologists: With Special Reference to Japanese Studies Inside and Outside Japan", *Ritsumeikan Journal of Asia*

Pacific Studies, 6:7–33.

—— (2001), "The Discourse of *Ie* (Family) in Japan's Cultural Nationalism: A Critique", *Japanese Review of Cultural Anthropology* 2:3–37.

—— (2003a), "Natives as Dialogic Partners: Some Thoughts on Native Anthropology", *Anthropology Today*, 19(1):8–13.

—— (2003b), *Representations of Japan in American Textbooks of Anthropology: Focusing on the Use of Photographs*, Occasional Papers Series (Number 1), Europe Japan Research Centre, Oxford Brookes University, 2003.

—— (2004a), *Native Anthropology: The Japanese Challenge to Western Academic Hegemony*, Melbourne: Trans Pacific Press.

—— (2004b), "The 'World System' of Anthropology: Japan and Asia in the Global Community of Anthropologists", in Shinji Yamashita, Joseph Bosco, and J. S. Eades (eds.), *The Making of Anthropology in East and Southeast Asia*, New York: Berghahn Books, pp. 35–56.

—— (2005), "Native Discourse in the Academic World System: Kunio Yanagita's Project of Global Folkloristics Reconsidered", in Jan van Bremen, Eyal Ben-Ari, and Syed Farid Alatas (eds.), *Asian Anthropology*, London: Routledge, pp. 97–116.

—— (2006), "Anthropological Fieldwork Reconsidered: With Japanese Folkloristics as a Mirror", in Joy Hendry and Heung Wah Wong (eds.), *Dismantling the East-West Dichotomy: Essays in Honor of Jan van Bremen*, London: Routledge, pp. 49–55.

—— (2007a), "*Jomin*", in George Ritzer (ed.), *The Blackwell Encyclopedia of Sociology* (Volume 5), Oxford: Blackwell, pp. 2445–2447.

—— (2007b), "Yanagita, Kunio", in George Ritzer (ed.), *The Blackwell Encyclopedia of Sociology* (Volume 10), Oxford: Blackwell, pp.

5301–5305.

—— (2008), "Japanese Anthropology and Folklore Studies", in Hans Dieter Ölschleger (ed.), *Theories and Methods in Japanese Studies: Current State and Future Developments*, Bonn: Bonn University Press, pp. 25–41.

Lebra, Takie Sugiyama (1993), "Culture, Self, and Communication in Japan and the United States", in William B. Gudykunst (ed.), *Communication in Japan and the United States*, New York: State University of New York Press, pp. 51–87.

Lee, O-Young (1984), *The Compact Culture: The Japanese Tradition of 'Smaller is Better,'* Tokyo: Kodansha International. 李御寧『「縮み」志向の日本人』，学生社，1982。

Lévi-Strauss, Claude (1992), *The View from Afar*, Chicago: University of Chicago Press.『はるかなる視線（1）、（2）』（三保元译），MISUZU书房，1986–1987。

Lewis, Oscar (1951), *Life in a Mexican Village: Tepoztlan Restudied*. Urbana, Illinois: University of Illinois Press.

—— (1961), *The Children of Sanchez: Autobiography of a Mexican Family*, New York: Vintage Books.『サンチェスの子供たち—メキシコの一家族の自伝』（柴田稔彦・行方昭夫译），MISUZU书房，1986。

Linnekin, Jocelyn S. (1983), "Defining Tradition", *American Ethnologist* 10: 241–252.

Lutz, Catherine A., and Jane L. Collins (1993), *Reading National Geographic*, Chicago: University of Chicago Press.

Mabuchi, Toichi (1964), "Spiritual Predominance of the Sister", in Alan H. Smith (ed.), *Ryukyuan Culture and Society: A Survey*, Honolulu: University of Hawaii Press, pp. 79–91.

Malinowski, Bronislaw (1984), *Argonauts of the Western Pacific: An*

Account of Native Enterprise and Adventure in the Archipelagoes of Melanesian New Guinea, Prospect Heights, Illinois: Waveland Press, (orig. 1922).『西太平洋の遠洋航海者』(寺田和夫・増田义郎译),『マリノフスキー・レヴィ＝ストロース』(『世界の名著』シリーズ 59),中央公论社，1967。

—— (1978) *Coral Gardens and Their Magic: A Study of the Methods of Tilling the Soil and of Agricultural Rites in the Trobriand Islands* (Volumes 1 & 2), New York: Dover Publications, (orig. 1935).

—— (1989) *A Diary in the Strict Sense of the Term,* Stanford: Stanford University Press (orig. 1967).『マリノフスキー日記』(谷口佳子译),平凡社，1987。

Marcus, George E. and Michael M. J. Fischer (1986), *Anthropology as Cultural Critique: An Experimental Moment in the Human Sciences*, Chicago: University of Chicago Press.『文化批判としての人類学一人間科学における実験的試み』(永渕康之译)，纪伊国屋书店，1989。

Maquet, Jacques J. (1964), "Objectivity in Anthropology", *Current Anthropology* 5(1): 47–55.

Mathews, Gordon (2000), *Global Culture/Individual Identity: Searching for Home in the Cultural Supermarket*, London: Routledge.

Mautner, Thomas (ed.)(1999), *The Penguin Dictionary of Philosophy*, Harmondsworth: Penguin Books.

Maxwell, Joseph A. (1999), "A Realist/Postmodern Concept of Culture", in E. L. Cerroni-Long (ed.), *Anthropological Theory in North America*, Westport, Connecticut: Bergin & Garvey, pp. 142–173.

Mead, Margaret (1928), *Coming of Age in Samoa: A Psychological Study of Primitive Youth for Western Civilization*, New York: William Morrow.『サモアの思春期』(畑中幸子・山本真鸟译)，苍树书房，1976。

—— (1959), *An Anthropologist at Work: Writings of Ruth Benedict*, Boston: Houghton Mifflin.

—— (2000), *And Keep Your Powder Dry: An Anthropologist Looks at America* (with an introduction by Herve Varenne), New York: Berghahn Books, (orig. 1942).『火薬をしめらせるな一文化人類学者のアメリカ論』(国弘正雄・日野信行译)，南云堂，1986。

Mead, Margaret and Rhoda Metraux (eds.)(1953), *The Study of Culture at a Distance*, Chicago: University of Chicago Press.

Medicine, Beatrice (2001), *Learning to Be an Anthropologist and Remaining 'Native': Selected Writings*, Urbana and Chicago: University of Illinois Press.

Messenger, John (1969), *Inis Beag: Isle of Ireland*, New York: Holt, Rinehart and Winston.

Messerschmidt, Donald A. (1981), "On Anthropology 'at home'", in Donald A.

Messerschmidt (ed.), *Anthropologists at Home in North America: Methods and Issues in the Study of One's Own Society*, Cambridge: Cambridge University Press, pp. 3–14.

Messerschmidt, Donald A. (ed.)(1981), *Anthropologists at Home in North America: Methods and Issues in the Study of One's Own Society*, Cambridge: Cambridge University Press.

Miller, Daniel (1994), "Artefacts and the Meaning of Things", in Tim Ingold (ed.), *Companion Encyclopedia of Anthropology: Humanity, Culture, and Social Life*, London: Routledge.

Miyoshi, Masao (1991), *Off Center: Power and Culture Relations between Japan and the United States*, Cambridge, Massachusetts: Harvard University Press.『オフ・センター一日米摩擦の権力・文化構造』(佐復秀树译)，平凡社，1996。

Moore, Henrietta L. (1996), "The Changing Nature of Anthropological Knowledge: An Introduction", in Henrietta L. Moore (ed.), *The Future of Anthropological Knowledge*, London: Routledge, pp. 1–15.

Morgan, Lewis Henry (1877), *Ancient Society: Researches in the Lines of Human Progress from Savagery, through Barbarism to Civilization*, New York: Henry Holt.『古代社会（上・下）』(青山道夫译)，岩波文库，1958。

Morse, Ronald A. (1987), "Personalities and Issues in Yanagita Kunio Studies", in 后藤总一郎编『柳田国男研究資料集成（第20卷）』，日本图书中心，1987。

—— (1990), *Yanagita Kunio and the Folklore Movement: The Search for Japan's National Character and Distinctiveness*, New York: Garland Publishers.『近代化への挑戦—柳田国男の遺産』(冈田阳一・山野博史译)，日本放送出版协会，1977。

Nakane, Chie (1967), *Garo and Khasi: A Comparative Study in Matrilineal Systems*, The Hague: Mouton.

—— (1970), *Japanese Society*, Berkeley: University of California Press.

Nanda, Serena, and Richard L. Warms (1998), *Cultural Anthropology* (6th ed.), Belmont, California: Wadsworth.

Narayan, Kirin (1993a), "How Native is a 'Native' Anthropologist?" *American Anthropologist* 95(3): 671–686.

—— (1993b), "Refractions of the Field at Home: American Representations of Hindu Holy Men in the 19th and 20th Centuries", *Cultural Anthropology* 8(4): 476–509.

Niessen, Sandra A. (1994), "The Ainu in Mimpaku: A Representation of Japan's Indigenous People at the National Museum of Ethnology", *Museum Anthropology* 18(3): 18–25.

—— (1997), "Representing the Ainu Reconsidered", *Museum Anthropology* 20(3): 132–144.

Norbeck, Edward, and Margaret Lock (eds.), (1987), *Health, Illness, and Medical Care in Japan: Cultural and Social Dimensions*, Honolulu: University of Hawaii Press.

Oboler, Suzanne (1995), *Ethnic Labels, Latino Lives: Identity and the Politics of (Re)Presentation in the United States*, Minneapolis: University of Minnesota Press.

Ohnuki-Tierney, Emiko (1987), *The Monkey as Mirror: Symbolic Transformations in Japanese History and Ritual*, Princeton: Princeton University Press.『日本文化と猿』, 平凡社，1995。

Ohtsuka, Kazuyoshi (1997), "Exhibiting Ainu Culture at Minpaku: A Reply to Sandra A. Niessen", *Museum Anthropology* 20(3): 108–119.

Oswalt, Wendell (1986), *Life Cycles and Lifeways: An Introduction to Cultural Anthropology*, Palo Alto: Mayfield Publishing.

Peoples, James, and Garrick Bailey (1991), *Humanity: An Introduction to Cultural Anthropology*, St. Paul: West Publishing.

—— (2000), *Humanity: An Introduction to Cultural Anthropology* (5th ed.), Belmont, California: Wadsworth.

Redfield, Robert (1930), *Tepoztlan: A Mexican Village*, Chicago: University of Chicago Press.

Reischauer, Edwin O. (and Marius B. Jansen) (1995), *The Japanese Today: Change and Continuity* (enlarged ed.), Cambridge, Massachusetts: Harvard University Press.『ザ・ジャパニーズ』(国弘正雄译)，文艺春秋，1979。

Rosaldo, Renato (1989), *Culture and Truth: The Remaking of Social Analysis*, Boston: Beacon Press.『文化と真実—社会分析の再構築』(椎名美智译)，日本 editor school 出版部，1998。

Roscoe, Paul B. (1995), "The Perils of 'Positivism' in Cultural Anthropology", *American Anthropologist* 97(3): 492–504.

Rosman, Abraham, and Paul G. Rubel (1992), *The Tapestry of Culture: An Introduction to Cultural Anthropology* (4th ed.), New York: McGraw-Hill.

—— (1998), *The Tapestry of Culture: An Introduction to Cultural Anthropology* (6th ed.), New York: McGraw-Hill.

Sahlins, Marshall D. (1976), *Culture and Practical Reason*, Chicago: University of Chicago Press.『人類学と文化記号論—文化と実践理性』(山内昶译)，法政大学出版局，1987。

Said, Edward (1978), *Orientalism*, New York: Vintage Books.『オリエンタリズム（上・下）』(今井纪子译)，平凡社 library，1993。

Sakai, Naoki (1997), *Translation and Subjectivity: On 'Japan' and Cultural Nationalism*, Minneapolis: University of Minnesota Press.『日本思想という問題—翻訳と主体』，岩波 modern classics，2007。

Scheper-Hughes, Nancy (1979), *Saints, Scholars, and Schizophrenics: Mental Illness in Rural Ireland*, Berkeley: University of California Press.

Schneider, David M. (1968), *American Kinship: A Cultural Account*, Chicago: University of Chicago Press.

Schwimmer, Brian (1996), "Anthropology on the Internet: A Review and Evaluation of Networked Resources", *Current Anthropology* 37(3): 561–568.

Scupin, Raymond (2000), *Cultural Anthropology: A Global Perspective* (4th ed.), Upper Saddle River, New Jersey: Prentice Hall.

Scupin, Raymond, and Christopher R. DeCorse (1992), *Anthropology: A Global Perspective*. Englewood Cliffs, New Jersey: Prentice Hall.

—— (1998), *Anthropology: A Global Perspective* (3rd ed.), Upper

Saddle River, New Jersey: Prentice Hall.

Shahrani, M. Nazif (1994), "Honored Guest and Marginal Man: Long-Term Field Research and Predicaments of a Native Anthropologist", in Don D. Fowler and Donald L. Hardesty (eds.), *Others Knowing Others: Perspectives on Ethnographic Careers*, Washington: Smithsonian Institute Press, pp. 15–67.

Shimizu, Akitoshi (1997), "Cooperation, not Domination: A Rejoinder to Niessen on the Ainu Exhibition at Minpaku", *Museum Anthropology* 20(3): 120–131.

Shimizu, Akitoshi, and Jan van Bremen (eds.), *Wartime Japanese Anthropology in Asia and the Pacific*, Senri Ethnological Studies 65.

Shorter, Edward (1975), *The Making of Modern Family*. New York: Basic Books.『近代家族の形成』(田中俊宏译)，昭和堂，1987。

Sinha, Vineeta (2000a), "Moving beyond Critique: Practising the Social Sciences in the Context of Globalization, Postmodernity and Postcoloniality", *Southeast Asian Journal of Social Science* 28(1): 67–104.

—— (2000b), "Socio-Cultural Theory and Colonial Encounters: The Discourse on Indigenizing Anthropology in India", Working Papers No. 148, Department of Sociology, National University of Singapore.

Smith, Anthony D. (1991), *National Identity*, Harmondsworth: Penguin Books.『ナショナリズムの生命』(高柳先男译)，晶文社，1998。

Smith, Robert J. (1974), *Ancestor Worship in Contemporary Japan*, Stanford: Stanford University Press.『現代日本の祖先崇拝ー文化人類学からのアプローチ(上・下)』(前山隆译)，御茶之水书房，1981–1983。

—— (1983), *Japanese Society: Tradition, Self, and the Social Order*, Cambridge: Cambridge University Press.『日本社会ーその曖昧さの解

明』(村上健・草津攻译)，纪伊国屋书店，1995。

Sorokin, Pitirim, Carl Zimmerman, and Charles Gaplin (1965), "The Family as the Basic Institution and Familism as the Fundamental Relationship of Rural Social Organization", in Pitirim Sorokin, Carl Zimmerman, and Charles Gaplin (eds.), *A Systematic Source Book in Rural Sociology* (Volume.2), New York: Russel & Russel, pp. 3–123.

Sosnoski, Daniel (ed.)(1996), *Introduction to Japanese Culture*, Rutland,Vermont & Tokyo: Charles E. Tuttle Company.

Srinivas, M. N. (1966), *Social Change in Modern India*, Berkeley: University of California Press.

—— (1976), *The Remembered Village*. Berkeley: University of California Press.

Stevens, Rebecca A. T. (1996), "Introduction", in Rebecca A. T. Stevens and Yoshiko Iwamoto Wada (eds.), *The Kimono Inspiration: Art and Art-To-Wear in America*, San Francisco: Pomegranate Artbooks, pp.15–19.

Tanabe, Shigeharu (1994), *Ecology and Practical Technology: Peasant Farming Systems in Thailand*, Bangkok: White Lotus.

Thompson, John B. (1990), *Ideology and Modern Culture: Critical Social Theory in the Era of Mass Communication*, Stanford: Stanford University Press.

Trask, Haunani-Kay (1999), *From a Native Daughter: Colonialism and Sovereignty in Hawai'i* (revised ed.), Honolulu: University of Honolulu Press.『大地にしがみつけ—ハワイ先住民女性の訴え』(松原好次译)，春风社，2002。

Tsurumi, Kazuko (1975), "Yanagita Kunio's Work as a Model of Endogenous Development", *Japan Quarterly* 22 (3): 223–238.

Tylor, Edward B. (1958), *Primitive Culture: Researches into the Development of Mythology, philosophy, Religion, Language, Art, and Custom*

(Volumes 1 & 2), New York: Harper & Row (orig. 1871).『原始文化—神話・哲学・宗教・言語・芸能・風習に関する研究』(比屋根安定译)，诚信书房，1962。

van Bremen, Jan (1997), "Prompters who do not Appear on the Stage: Japanese Anthropology and Japanese Studies in American and European Anthropology", *Japan Anthropology Workshop Newsletter* 26/27: 57–65.

Wada, Yoshiko I. (1996), "The History of the Kimono: Japan's National Dress", in Rebecca A. T. Stevens and Yoshiko Iwamoto Wada (eds.), *The Kimono Inspiration: Art and Art-To-Wear in America*, San Francisco: Pomegranate Artbooks, pp. 131–160.

Wallerstein, Immanuel (1979), *The Capitalist World-Economy*, Cambridge: Cambridge University Press.『資本主義世界経済(上・下)』(藤瀬浩司等译)，名古屋大学出版会，1987。

Yanagita, Kunio (1957), *Japanese Manners and Customs in the Meiji Era* (translated and adapted by Charles S. Terry), Tokyo: Obunsha.

—— (1958), *Japanese Folklore Dictionary* [Microform] (translated by Masanori Takatsuka), Lexington, Ky.

—— (1970), *About Our Ancestors* (translated by Fanny H. Mayer and Yasuyo Ishiwara), Tokyo: Japan Society for the Promotion of Science.

—— (1972), *Japanese Folk Tales* (translated by Fanny H. Mayer), Taipei: Orient Cultural Service.

—— (1975), *The Legends of Tono* (translated, with an introduction, by Ronald A. Morse), Tokyo: Japan Foundation.

二、日语文献

網野善彦(1990),『日本論の視座—列島の社会と国家』，小学館。

五十嵐真子（2002），「日常のモノから探る、文化人類学的分析指南」，TIGAR研究会『概説書の分析を通して見る戦後日本の民族学・文化人類学教育の再検討』（平成14年度　公益信託澁澤民族学振興基金　民族学振興基金プロジェクト助成研究報告書），80-82。

石田英一郎（1976），『文化人類学入門』，講談社学術文庫。

伊藤亜人（1996），『韓国』，河出書房新社。

伊藤泰信（2007），『先住民の知識人類学―ニュージーランド＝マオリの知と社会に関するエスノグラフィ』，世界思想社。

岩田重則（1998），「民俗学と近代」，『日本民俗学』第215号，6-16。

岩竹美加子　編訳（1996），『民俗学の政治性―アメリカ民俗学100年目の省察から』，未来社。

岩本通弥（1998），「民俗・風俗・殊俗―都市文明史としての『一国民俗学』」，宮田登編『現代民俗学の視点（3）民俗の思想』，朝倉書店。

イーズ・J・S「外国から見た日本の文化人類学」，『Newsletter文化人類学』第1巻，12-13。

梅棹忠夫（1967），『文明の生態史観』，中央公論社。

江渕一公（1992），「アメリカ人の対日イメージ」，綾部恒雄編『外から見た日本―日本観の構造』，朝日新聞社。

太田好信（1993），「オリエンタリズム批判と文化人類学」，『国立民族学博物館研究紀要』第18巻，第3号，453-494。

——（1998），『トランスポジションの思想―文化人類学の再想像』，世界思想社。

岡正雄（1979），『異人その他―日本民族＝文化の源流と日本国家の形成』，言叢社。

川島武宣・南博・有賀喜左衛門・和辻哲郎・柳田国男（1950），

「ルース・ベネディクト『菊と刀』の与えるもの」,『民族学研究』第14巻，第4号，263–297。

川田順造（1997）,「日欧近代史の中の柳田国男」,『成城大学民俗学研究所紀要』第21巻，37–66。

川田稔（1985）,『柳田国男の思想史的研究』，未来社。

川橋範子（2000）,「ポストコロニアル状況における宗教とジェンダーの語り」,『地域研究論集』第3巻，第2号，7–9。

韓敬九（ハン・キョンク）・桑山敬己編（2008）,『日韓共同編集グローバル化時代をいかに生きるか–国際理解のためのレッスン』，平凡社。

木畑洋一（1994）,「世界史の構造と国民国家」，歴史学研究会編『国民国家を問う』，青木書店。

栗田靖之編（2001）,『海外の博物館・美術館における日本展示の基礎研究–日本は如何に展示されてきたか』（平成10年度～平成12年度科学研究費補助金研究成果報告書）。

桑山敬已（1996）,「アメリカの人類学の教科書と日本人像」,『Newsletter 文化人類学』第3巻，14–15。

——（1997）,「『現地』の人類学者–内外における日本研究を中心に」,『民族学研究』第61巻，第4号，517–542。

——（1999）,「相対主義と普遍主義のはざまで–人権を通して見た文化人類学的世界」，中野毅編『比較文化とは何か–研究方法と課題』，第三文明社。

——（2000）,「柳田国男の『世界民俗学』再考–文化人類学者の目で」,『日本民俗学』第222号，1–32。

——（2001）,「アメリカの文化人類学教科書の内容分析–1990年代前半からの変化を中心に」,『国立民族学博物館研究報告』第25巻，第3号，355–384。

——（2002）,「英語圏人類学におけるイエ研究の系譜」,『日本民俗学』第230号，61–77。

——（2004a），「大正の家族と文化ナショナリズム」，季武嘉也編『日本の時代史（24）大正社会と改造の潮流』，吉川弘文館。

——（2004b），「書評 SHIMIZU, Akitoshi and Jan VAN BREMEN (eds.), *Wartime Japanese Anthropology in Asia and the Pacific*, Senri Ethnological Studies 65」，『文化人類学』第69巻，第3号，472–475。

——（2006a），「日本人が英語で日本を語るとき—『民族誌の三者構造』における読者 / 聴衆について」，『文化人類学』第71巻，第2号，243–265。

——（2006b），「アメリカの人類学から学ぶもの」，『国立民族学博物館研究報告』第31巻，第1号，27–56。

——（2008），「国境を越えて—文化人類学的日本研究の場合」，星野勉編『内と外からのまなざし』，三和書籍。

グラック、キャロル（1995），「戦後史学のメタヒストリー」，『岩波講座日本通史（別巻1）歴史意識の現在』，岩波書店。

小泉凡（1995），『民俗学者・小泉八雲—日本時代の活動から』，恒文社。

小松和彦（1998），「民俗調査の二類型」，福田アジオ・小松和彦編『講座日本の民俗学（1）民俗学の方法』，雄山閣。

子安宣邦（1993），「一国民俗学の問題」，『岩波講座現代思想（1）思想としての20世紀』，岩波書店。

佐藤郁哉（1992），『フィールドワーク—書を持って街に出よう』，新曜社。

佐野賢二（1998），「比較研究」、福田アジオ・小松和彦編『講座日本の民俗学（1）民俗学の方法』，雄山閣。

佐野眞一（2000），『宮本常一が見た日本』（NHK人間講座テキスト），日本放送出版協会。

清水展（2003），『噴火のこだま―ピナトゥボ・アエタの被災と新生をめぐる文化・開発・NGO』，九州大学出版会。

杉本良夫（2000），『オーストラリア』，岩波新書。

鈴木栄太郎（1940），『日本農村社会学原理』，時潮社。

鈴木大拙（1940），『禅と日本文化』（北川桃雄訳），岩波新書。

須藤健一（2002），「コロニアリズムと文化人類学」，江渕一公ほか編『文化人類学研究』（放送大学大学院文化科学研究科テキスト），放送大学教育振興会。

スミス、ロバート（1989），「米国における日本研究」，『民族学研究』第54巻，第3号，360−374。

関本照夫（1955），「日本の人類学と日本史学」，『岩波講座日本通史（別巻1）歴史意識の現在』，岩波書店。

祖父江孝夫・王崧興・末成道夫（1989），「座談会―日本研究をどう考えるか」，『民族学研究』第54巻，第3号，410−419。

高原隆（1999），「ジョージ・ローレンス・ゴム民俗学の柳田国男への影響について」，『日本民俗学』第217号，97−117。

竹沢泰子（1988），「アメリカ合衆国におけるステレオタイプとエスニシティ」，『民族学研究』第52巻，第4号，363−390。

ダワー、ジョン（2004），『敗北を抱きしめて―第二次世界大戦後の日本人（増補版）上・下』（三浦陽一・高杉忠明・田代泰子訳），岩波書店。

鶴見和子（1973），「国際比較における個別性と普遍性」，神島二郎編『柳田國男研究』，筑摩書房。

土居健郎（1971），『「甘え」の構造』，弘文堂。

直江広治・竹田旦・崔仁鶴・桜井徳太郎・佐藤信行・谷川健一（1987），「座談会　柳田民俗学と朝鮮」、後藤総一郎編『柳田国男研究資料集成（第14巻）』，日本図書センター。

中西裕二（2003），「私は人類学者なのか？ ―『日本の文化人類学』という制度を考える」,『福岡大学人文論叢』第35巻，第1号，1–30。

中根千枝（1967),『タテ社会の人間関係ー単一社会の理論』, 講談社新書。

——（1987),『社会人類学ーアジア諸社会の考察』, 東京大学出版会。

西川長夫（1992),『国境の越え方ー比較文化論序説』, 筑摩書房。

日本民族学会（1995a),『学会名称変更提案関連資料』。

——（1995 b),『フォーラム　学会名称変更提案関連資料 II』。

——（1996),『フォーラム　学会名称変更提案関連資料 III』。

——（1997),『学会名称問題等検討委員会報告ー答申・活動報告・アンケート集計結果』。

沼崎一郎（2005),「書評　桑山敬己著 *Native Anthropology: The Japanese Challenge to Western Academic Hegemony*」,『文化人類学』第70巻，第2号，285–289。

浜口一夫（1957),『高千村史ー農民の生活と物の考え方』, 高千公民館。

浜口一夫編（1959),『佐渡の民話』, 未来社。

ハーン、ラフカディオ（1951),『心ー日本の内面生活の暗示と影響』(平井呈一訳), 岩波文庫。

福井七子（1997),「解説（1)「日本人の行動パターン」から『菊と刀』へ」, ルース・ベネディクト著，福井七子訳『日本人の行動パターン』, NHKブックス。

福澤昭司（1998),「地域研究の方法」, 福田アジオ・小松和彦編『講座日本の民俗学（1）民俗学の方法』, 雄山閣。

福田アジオ（1992),『柳田国男の民俗学』, 吉川弘文館。

ベネディクト、ルース（1997），『日本人の行動パターン』（福井七子訳），NHKブックス。

——（2005），『菊と刀ー日本文化の型』（長谷川松治訳），講談社学術文庫。

堀内正樹（1995），「実験民族誌とタバカートーモロッコにおける二種類の記述」，合田濤・大塚和夫編『民族誌の現在ー近代・開発・他者』，弘文堂。

松田素二（1997），「実践的文化相対主義考ー初期アフリカニストの跳躍」，『民族学研究』第62巻，第2号，184–204。

松本誠一（2003），「韓国大学の人類学教育」，『東洋大学社会学部紀要』第41号，第1号，93–112。

宮田登（1987），「比較民俗学の基準」，後藤総一郎編『柳田国男研究資料集成（第17巻）』，日本図書センター。

森正美（2003），「座談会②＜みる＞」（鵜飼正樹・杉本星子・高石浩一・西川祐子・森正美），鵜飼正樹ほか編『京都フィールドワークのススメ』，昭和堂。

モース、ロナルド（1977），『近代化への挑戦ー柳田国男の遺産』（岡田陽一・山野博史訳），日本放送出版協会。

文部省編（1937），『国体の本義』，内閣印刷局。

柳田国男（1959），『故郷七十年』，のじぎく文庫。

——（1964），「比較民俗学の問題」，『定本柳田國男集（第30巻）』，筑摩書房。

——（1997），『遠野物語』（『柳田國男全集（第2巻）』に収録、初版1910），筑摩書房。

——（1998a），『青年と学問』（『柳田國男全集（第4巻）』に収録、初版1928），筑摩書房。

——（1998b），『民間伝承論』（『柳田國男全集（第8巻）』に収録、初版1934），筑摩書房。

——（1998c），『郷土研究の方法』（『柳田国男全集（第8巻）』に収録、初版1935），筑摩書房。

柳田国男・折口信夫・石田英一郎（1965），「民俗学から民族学へ」，柳田国男ほか『民俗学について—第2柳田国男対談集』，筑摩書房。

山下晋司編（1996），『観光人類学』，新曜社。

山本真鳥（1994），「反植民地主義のセクシュアリティ」，『社会人類学年報』第20巻，111-130。

吉田憲司（1999），『文化の発見—驚異の部屋からヴァーチャル・ミュージアムまで』，岩波書店。

——（2001），「記憶と忘却の装置—東アジアの三つの『記念館』を訪ねて」，栗田靖之編『海外の博物館・美術館における日本展示の基礎研究—日本は如何に展示されてきたか』（平成10年度～平成12年度科学研究費補助金研究成果報告書）。

李御寧（1982），『「縮み」志向の日本人』，学生社。

李杜鉉・張籌根・李光奎（1991），『新稿版　韓国民俗学概説』（韓国語），一潮閣。

后　记

一

283

时间流逝，本书的英文版 *Native Anthropology: The Japanese Challenge to Western Academic Hegemony*（Trans Pacific Press, 2004）已经出版五年，期间身边环境发生了很大改变。执笔英文版的时候，我在东京的私立大学执教，出版几个月前的 2003 年 12 月，调动到了现在就职的北海道大学。之前，我与北方的土地几乎没有什么接触，不过去函馆和札幌旅行过几次，但也不能说完全无缘。回顾家族历史，外祖母小的时候在小樽奉公，赴任前离世的父亲在战时作为士兵曾驻留北海道与桦太。在他离世前与他聊天，我才知道他曾经有一段时间在距离日本最北端的宗谷岬南下约 120 公里的一个小镇——音威子府——生活过。无论如何，来到北海道虽然是一个偶然，但是却很喜欢这片土地，尤其是札幌。而北海道大学是我遇见过的最好的日本大学，能够在这里完成或许会成为自己代表作的这本书，心里感到特别欣慰。

284

二

在20世纪80年代的学生时期就结婚的我，到现在已经搬家十余次。一个地方平均也就是住两年。一半以上的搬家都是在美国国内进行的。1982年秋天，很幸运地获得了富布赖特奖学金的资助前往加利福尼亚大学洛杉矶校区（UCLA）的研究院留学。在洛杉矶居住不久，我决定一辈子都留在美国。对于公费留学生来说有一个很麻烦的签证问题，不过1989年获得学位后，总算在弗吉尼亚州里士满市弗吉尼亚联邦大学获得教职。1991年妻子也获得了永久居住权。但是，永久居住权拿到手后，反而觉得有些不安，为自己的工作和在美国出生的两个孩子的将来。经过仔细衡量，1993年夏天，我们一家离开了居住了11年的第二故乡。我虽然不是一个活跃的人，但是小时候因为经常迷路，非常喜欢闲逛，总之很喜欢接触去过的地方的人和事物，喜欢思考很多事情。这是与在一个场所进行多年集中田野调查的人类学家有所不同的身体知识形成的过程，本书可以说是这种个人经历的反映。

三

285 虽然有点自卖自夸，不过UCLA时代的我似乎很被看好。非西方的学生英语却很好，从早到晚只知道学习，成绩自然很好。指导教师也以调查助理的名义给了我连续三年每年6000美元（当时相当于150万日元）的补助。除此以外，还拿了很多校内的奖学金，总而言之就是顺风顺水。20 世纪 80 年代后期整体就业环境很差，我又是一个外国人，但是依然能够在一个还算有名的学校就职，客观来说还是受到好评的。

然而，从人类学来讲，就没那么好运了。给异文化研究带来革命性变化的萨义德的《东方学》面世的 1978 年，是我去洛杉矶的四年前。当时 UCLA 的老师都已经是稳定的研究者了，不太关心新生事物。《写文化》与《作为文化批判的人类学》这些人类学的新“经典”出版的 1986 年，我正在冈山市郊区的一个农村进行历时九个月的博士论文田野调查。从美国回国后，忙于调查结果的分析与写论文以及找工作，基本上没时间关注新动向。萨义德的东方主义批判所触发的内省人类学、法国现代思想影响下的后现代主义浪潮已经汹涌磅礴，而我却没有注意到。UCLA 的教育有些过于正统派了。

四

一直到研究生毕业，可以独立地在各种场合发言的时候，我才注意到了学界的异变。当然不能指望无名的新人发表一两次就受到名家学者的关注，当时我发表的方式，也就是以在田野中收集到的数据为基础进行的实证性研究报告，也基本上不会吸引人们的目光。受到关注的反而是罗列了不太熟悉的名字（如福柯等）和理论，以及没什么实质性内容但能很好地传达当地氛围的论文。其典型就是日裔三代的近藤（Dorinne K. Kondo），她写的《自我生成》超越了日本研究的范畴，转瞬间

286

风靡整个美国，被称为后现代民族志典型，从而成为抢手货。仿佛是哈佛大学招牌明星似的她，让别说能不能学好人类学，就是第二天能不能用英语上好课的我感到眩晕。

五

学生时代我的英语得到好评，但上了讲台也会被诟病。“你的英语太差了，所以我才考试失败”“回日本吧”，看到这些课程评论，感觉所有的努力都被否定了，十分沮丧。而且或许这是西海岸与南部的差异，美国大学生对于东亚人有着强烈的违和感。后来听说，哈佛大学近藤的助教、一位韩国人说，学生总是贬斥近藤的英语。她的英语可以说是非常棒的，所以说到底，问题就在于这张亚洲人脸吧。实际上，生在美国的儿子在小学低年级时也被这样对待过，当时我想，如果要在美国生活，那就必须接受这些现实。而就是在那时，我获得了永久居住权。现在想起来很好笑，但当心情郁结时，心里一响起“在山的那边追兔子，在海的这边钓小鱼”的节奏，就会泪流满面，尽管我是城市里出生的，从来就没见过兔子。

287

六

在美国，研究和生活都遇到了瓶颈，于是我决定回日本。话虽如此，我并不是在日本接受的人类学专业训练，老师和朋友也有限，与其说是回日本，不如说是去日本。绝对没有“我是日本人，回去了自然车到山前必有路”的想法。还不如说做好了这样一种思想准备，那就是在国外因为是外国人，大家都会对我睁一只眼闭一只眼的事，回到国内则会被严肃批评。且不说家庭问题，作为研究者的最大问题是，如何在日本开始研究生涯。当时主要是用英语详细书写冈山调查及相关结果，回国后第三年，突然开始思考为什么日本的人类学在英语圈评价这么低，甚至于很多人都不知道它的存在，为什么不能成为获得好评的对象？

在日本重新学习人类学，才发现虽然不能说是达到了世界水准，但是日本确实有很多活跃在第一线的不亚于美国研究者的优秀人才。对于带有美式偏见的我来说，这是一个意外发现。“尽管如此，为什么？”这是我自己找到的问题。坦白地讲，这个问题重合了在美国未受好评的日本人类学和在美国未受好评的我的影子。经过半年的自问自答，写出来的就是我在日本的处女作《“当地”的人类学家——以内外的日本研究为核心》(1997)。

七

288

该书的反响比预想得还要好。无论哪个国家、地域，研究人员一般都不太表扬别人写的东西，但是我却获得了几位学界泰斗的表扬，因此深受激励。当时又恰逢网络迅猛发展时期，我把论文的英文摘要放在东亚研究者的网络，结果从世界各地发来了无数的邮件。其中还有《作为文化批评的人类学》的合著人乔治·E. 马尔库斯。更让我吃惊的是，序章中也写到，荷兰的扬·冯·布莱曼读过我的日文论文后，将论文介绍给了 JAWS（Japan Anthropology Workshop）的通讯。其后，终于有各种研究人员跟我打招呼了。有会议邀请哪里都去，有人约稿什么都写。用英语整理这些文章后的成果就是《本土人类学》，而再加上日语考察的就是本书。

八

不过也有很为难的事情。一个是结束成为了开始。写下《"当地"的人类学家》的时候，我想的是，把在美国迷迷糊糊考虑的事情用东方批判以后的知识框架进行解读，完成了也就结束了，没想过要用"本土""吃饭"十多年以上。不过，人生就是偶然的持续，重要的是自己在所处环境下思考的内容，这样也不错。

还有一个问题，博士论文的调查是在冈山进行的，距离第一次调查（1984 年夏天）已经过去近四分之一个世纪。其后，为撰写论文 1986 年进行了九个月的正式调查，1988 年和 1990 年进行了追踪调查。博士论文的主题是农村（主要是兼业农户）人际关系表现出来的日本人的自我认知。追踪调查中将焦点置于家庭关系，特别是家的问题上。虽然现在与村民、邻村的人都还有联系，但回日本后一直埋头于本土问题之上，留下了庞大的资料还没有整理。特别是录音带里的生命史，如果就那么放着实在是太可惜了。就这样磨磨蹭蹭期间，时不时地就会接到曾经帮助过我的人去世的消息。因此，本书意味着

289

我的本土人类学研究暂告一个段落，接下来将重点返回冈山研究。

九

《本土人类学》得到的多是善意的好评。但是，或许因为是用英语写的，日本的书评很少，就我所知，只有《文化人类学》刊载了我十分尊重的朋友沼崎一郎的书评。他评论到，相当于本书第一部“学术世界体系”的部分是用“社会结构分析”法来对日本研究中的“描述者”“被描述者”“读者”的三角关系进行的分析，得出的就是“人类学的世界体系”。我对这一评价感到十分吃惊。因为人类学中重点进行社会结构分析的是英国的结构功能主义，我自认为并不是这一流派的。日本结构功能主义的代表人物中根千枝分析日本人的人际关系并提出著名的“纵式社会”原理，我的人类学世界体系论居然能与其相提并论，居然被评价为是一种类似的学术尝试，自然会感到吃惊。具体的判断当然由读者把握，不过，比起日本研究的相关文献，我更关注的是进行日本研究的国内外研究者无意中的言行举止，由此得出了本书的结论，所以应该也不是完全的谬误吧。

沼崎还因台湾研究而出名，他指出，人类学世界体系的力量关系因研究的国家、地区不同而不同。这是一个非常重要的评论，故而在此引用如下：

290

例如，评论人属于台湾研究中的“民族志三角关系”，英美人类学确实在其中位于中心位置，但是日本人类学绝没有被边缘化。日本作为曾经的宗主国，一直把中国台湾当作“研究对象”，通过五十年的殖民统治积累了大量的研究成果。欧美、日本的中国台湾留学生很多，在中国台湾研究这个“民族志三角关系”中，日本处于半中心半周边的位置。

另外，在日本研究这个“民族志三角关系”中，英语是霸权语言，在日本召开研究会、研讨会时用的也是英语，欧美人不用日语（有时是不会日语），但是在台湾研究这个“民族志三角关系”中情况则完全不同。欧美人、日本人、中国台湾人研究者都参与的会议上，即使会议的公共语言是英语和汉语，通常也是汉语用得比较多。

如此看来，“民族志三角关系”绝非一块板，人类学的“世界体系”也可能并非本书中所说的那么简单。“民族志三角关系”多样性的讨论应该能够成为跨越地域研究范畴的重要课题（沼崎 2005：288）。

沼崎所说的“民族志三角关系”是 ethnographic triad，本书译作“民族志三角结构”。其实，除沼崎外以前也从别人那里得到过类似的评判，而且对于日本研究在欧洲召开的国际会议有时也会用日语作为会议语言。或许我是受到自己批判的美国太多的影响。从此角度来讲，本书（特别是第一部分）可以说是一个在美国人类学日本研究中尝试 going native 的日本人，在回国后思考无法完全同化理由的思考轨迹的结果吧。

291

十

来到北海道之后注意到，《本土人类学》中展开的学术世界体系论不仅适用于日本和国外之间，同样也适用于日本国内。契机就是与阿伊努人的接触。在来到这片曾被叫作虾夷的土地之前，我并不十分关心阿伊努研究。当然，我知道和人研究者与阿伊努民族的关系是有问题的，也知道研究阿伊努的和人的态度和伦理一直是受到质疑的，但是并没有将其与自己的日本研究直接联系起来。但是，来到北海道之后，访问了阿伊努人居住的白老、二谷风、阿寒，与北海道同胞协会的工作人员逐渐熟悉，随着与真正的阿伊努人的接触增多，逐渐明白了问题是什么，现在还有什么问题，什么到现在依然是问题。简言之，就是一种不满，不满自己没有被同等对待为人，而是被当作研究对象的不满与屈辱，是无论创作民族志，还是建设水坝，还是原住民身份的认定问题，明明是涉及切身利益的自己的事，却不能发出声音的懊恼和愤怒。情况似乎是在一点点改变，但世世代代传承下来的“旧土人”的集体记忆不是那么容易消失且被治愈的。

问题是，有关这件事，我的立场与《本土人类学》中的立场发生了置换。也就是说，在人类学的世界体系中作为被描述者的我，在日本国内的阿伊努研究中成为了描述者。而且，我又是在与阿伊努关系史上有污点的北海道大学的教授，自然而然地就背负了这种罪。对于过去十数年来一直倡导本土人类学的人来说，没有比这更具讽刺性的了。但是，一个命运召唤了另一个命运，这或许只是一个偶然，在2007年4月北海道大学设立了“阿伊努·原住民研究中心”，我成为兼职馆员。倡导与阿伊努一体的这个研究中心，第一任所长是原住民法专家常本照树，很偶然的是他与我同岁，我与他成为知己，也由此逐渐深化参与了阿伊努研究。今后将会如何，自己也无法预测，偶然的连续或许就是神灵的安排，重要的是今后应该为了将这一研究做好而努力向前。

292

十一

仔细阅读论述《菊与刀》第七章“民族志的逆向阅读”的读者会发现我是有一点美国研究的素养的。实话说，开始在UCLA正式学习人类学之前，我在东京外国语大学对美国研究也有一定的了解。在本科阶段的社团活动中，我在管弦乐队中热衷于双簧管，所以并没有特别认真地学习。但是有一门课我却倾注了全部的精力，那就是三年级的“美国人的国民性”课程。当时，知道文化人类学中有一个领域叫作“文化与人格”，我对中国出身的许烺光的作品特别感兴趣。在众多美国大学中选择UCLA也是因为那里是20世纪80年代上半期被称作“心理人类学”的“文化与人格”领域的大本营。在UCLA念书时，追随2004年获得美国人类学会学会奖的罗伯特·B. 艾格顿（Robert B. Edgerton）等走在这一领域最前端的学者学习，毕业后对与东方主义以后的人类学完全不在一条线上的心理人类学感到不安，回国后基本不再接触。但是，最初心动主题的味道到现在仍无法忘却，所以在第七章挖出了已经过去了几十年的国民性概念进行讨论。在此请允许我向东京外国语大学指导我的已故小郎充老师和簗田长世老师表示感谢。

293

十二

如上所述，我并没有在日本大学接受过正式的人类学教育，所以没有老师或者敬仰的人。原本我还是学生的 20 世纪 70 年代，日本就没有几所大学配备有编制的人类学教员。因此，在这里要特别注明并感谢我在东京外国语大学时，给我很多关照的东京外国语大学（地域研究科）非常勤奋的铃木二郎（已故）老师和附属机构亚非语言文化研究所的饭岛茂老师。

期间，对我来说最特别的一位是 2007 年 8 月突然去世的绫部恒雄老师。其实在 2002 年金泽大学召开的第三十六届日本文化人类学会研究会见面之前，我们基本上是没有见过面的。但是，不经意的一次机会，我们相识相知，他非常照顾我。我们进行学术合作的一个成果就是绫部恒雄、桑山敬已编写的《易懂人类学》（MINERUBA 书房，2006），我的其他著作也得到老师很多建议。来北海道之前他曾给我很多启发，来到北海道后他也十分担心单身赴任的我，并经常给我打电话。2007 年 5 月中旬，绫部老师给我打电话，第一句话就是“那本书怎么样了”。老师高度评价了《本土人类学》，并建议我出日语版，但当时还没有得到出版社的用稿承诺。遗憾的是，那是与老师最后的对话，心里也因此而出现了巨大的空洞。如果说所有的相逢都会面临分别，分别自有其意义，或许老师已经把能给予我的都给了我，剩下的就让我自己走下去了。绫部老师，谢谢您！这本书是献给您的。

294

所有的著作在完成之前都会得到各方的关照。一一列举名字的话反而显得不礼貌，故而在此一并谢过。另外，绫部老师特别信赖的弘文堂编辑部的三德洋一先生在本书的出版过程中给予我特别的关照和帮助，在此特别感谢。

住在东京家里的岳父母，感谢你们对于家庭的照顾。同样在东京的年迈母亲，感谢您让我来到人世间，希望您今后更加健康。常年在欧洲生活的兄长、住在印度尼西亚巴厘岛的妹妹，且不说我们兄妹情深，更感谢你们开拓了我的世界。最后，无法经常在一起的妻子和两个孩子，对你们我想说的是，对不起、谢谢。两个孩子就好像刚刚在圣莫尼卡的医院出生似的，但是长子已经到了离巢的年纪。

本书的出版还得到了北海道大学研究生院文学研究科的资助，在此一并致谢。

2008 年秋

写于大马哈鱼归来时节的札幌

桑山敬己

人名索引

（页码为日文原著页码，即本书边码）

事项索引

（页码为日文原著页码，即本书边码）

图书在版编目（CIP）数据

学术世界体系与本土人类学：近现代日本经验 /（日）桑山敬已著；姜娜，麻国庆译．— 北京：商务印书馆，2019

（日本现代人类学译丛）

ISBN 978 - 7 - 100 - 17474 - 9

Ⅰ.①学…　Ⅱ.①桑…　②姜…　③麻…　Ⅲ.①人类学—研究—日本　Ⅳ.①Q98

中国版本图书馆CIP数据核字（2019）第087993号

权利保留，侵权必究。

日本现代人类学译丛

学术世界体系与本土人类学：近现代日本经验

〔日〕桑山敬已　著

姜娜　麻国庆　译

商　务　印　书　馆　出　版

（北京王府井大街 36 号　邮政编码 100710）

商　务　印　书　馆　发　行

北京市十月印刷有限公司印刷

ISBN 978 - 7 - 100 - 17474 - 9

2019 年 12 月第 1 版　　　　开本 880 × 1230　1/32

2019 年 12 月北京第 1 次印刷　　印张 11⁷/₈

定价：48.00 元